21世纪应用型本科系列教材

线性代数

(第2版)

寿纪麟　魏战线　编著

·西安·

内容提要

本教材是针对应用型本科院校的教学需要编写的，包含教育部制订的大学本科线性代数的“教学基本要求”的内容，适度地减弱了理论上的严密性和运算上的技巧性。

全书共分七章：第1章，行列式；第2章，矩阵；第3章，线性方程组及其求解法；第4章，n维向量与线性方程组的解的结构；第5章，特征值与特征向量；第6章，实二次型；第7章MATLAB在线性代数中的应用。每章后面附有习题(A)、(B)、复习题等三种练习。

本教材适用于应用型本科院校各专业，也适用于学时较少的其他院校。

图书在版编目(CIP)数据

线性代数/寿纪麟，魏战线编著. —2版. —西安：西安交通大学出版社，2010.8(2022.6重印)
ISBN 978-7-5605-3664-4

Ⅰ.①线… Ⅱ.①寿… ②魏… Ⅲ.①线性代数—高等学校—教材 Ⅳ.①O151.2

中国版本图书馆CIP数据核字(2010)第144694号

书　　名 线性代数(第2版)
编　　著 寿纪麟　魏战线
责任编辑 叶　涛

出版发行 西安交通大学出版社
(西安市兴庆南路1号　邮政编码710048)
网　　址 http://www.xjtupress.com
电　　话 (029)82668357　82667874(市场营销中心)
(029)82668315(总编办)
传　　真 (029)82668280
印　　刷 西安日报社印务中心

开　　本 727mm×960mm　1/16　**印张** 13　**字数** 236千字
版次印次 2010年8月第2版　2022年6月第15次印刷
书　　号 ISBN 978-7-5605-3664-4
定　　价 26.80元

如发现印装质量问题，请与市场营销中心联系。
订购热线：(029)82665248　(029)82667874
投稿热线：(029)82664954
读者信箱：jdlgy@yahoo.cn

第 2 版序言

本书第 1 版自 2007 年 2 月出版以来，不到三年的时间印刷了四次。通过这些年来的教学实践，验证了本书的编写原则——在教学内容上贯彻“少而精”的原则；适当减弱理论上的严密性和运算上的技巧性；文字上的易读性——是基本可行的和符合教学实际的。当然，书中也存在一些缺点、错误和不够完善的地方，需要加以修正或改写。

在第 2 版的改编中，第 1 至第 3 章基本保持原样，而第 4 至第 6 章有少量的改写和补充，使其在理论逻辑上更加清晰，文字上更加通顺。

鉴于培养应用型人才的需要以及学生对线性代数实际应用的兴趣，我们在第 2 版中增加了第 7 章——MATLAB 在线性代数中的应用。这样做也许会有些争议，但是，当我们在一些班级做了实际的教学试点，发现很多学生对此很感兴趣。因而挤出少量学时的讲解和课后的上机实验，不仅不会影响理论课程的学习，有时反而能加深对线性代数中重要的概念和理论的理解。何况学习 MATLAB 本身就为数学的实际应用开阔了思路和提供了强有力的工具。

在第 2 版编写的过程中得到西安交通大学城市学院的鼓励和资助。城市学院数学教研室的于大光副教授和张世梅副教授对教材的内容提出不少修改的建议，在此一并表示衷心的感谢。

编 者

2010 年 6 月于西安

第 1 版前言

随着我国的高等教育从精英教育进入大众化教育的发展阶段，高等教育在不同层次上的建设已经成为不可避免。近年来为培养应用型人才的本科大学已迅速发展起来，并已成为时代的不可忽视的潮流之一。然而目前还缺乏适用于这类学生的教材，本书就是针对应用型本科院校的教学需要而编写的，它与重点院校的教材相比，既有共同的基本内容，也有明显的差别。

首先，本书保留了教育部制订的大学本科线性代数的“教学基本要求”的内容，并凸显以矩阵为工具，研究线性方程组与线性变换等问题。

其次，在处理具体教学内容方面，在确保整体框架的逻辑完整性的前提下，适度地减弱理论上的严密性和运算上的技巧性，为了适应不同学时和专业要求的教学需要，我们对部分内容，特别是较困难的定理证明打“*”号，这些内容可以不讲或者选讲。

在阐述一些重要的概念与定理时，常常用具体例子为先导，使学生从实例中了解问题的由来，掌握解决问题的思路和算法步骤，以减少理解的障碍。在内容论述上力求逻辑严谨，清晰易懂，易于自学。

本书共分六章：第 1 章，行列式；第 2 章，矩阵；第 3 章，线性方程组及其求解法；第 4 章，n 维向量与线性方程组的解的结构；第 5 章，特征值与特征向量；第 6 章，实二次型。线性空间与线性变换安排在第 4 章中，每章后面都附有习题(A)、(B)、复习题等三种练习，学生在课后只须选做习题(A)中的题。

线性代数是一门高度抽象且逻辑性很强的基础课程，但它的系统性很强，问题的背景和方法比较清晰，相信读者通过本课程的学习应能逐步培养抽象思维和逻辑分析的能力，提高自学的能力。

在本课程试讲和教材编写的过程中得到西安交通大学城市学院的鼓励和支持。在教材评审中，西安交通大学理学院的王绵森教授对教材内容的改进提出许多具体建议，这些建议对保证教材的质量起到十分重要的作用。在此一并表示衷心的感谢。

由于编写的时间仓促以及编者水平有限，不妥与错误之处在所难免，敬请同行与读者批评指正。

编者

2007 年 1 月于西安

目　　录

第 1 章　行列式

行列式是线性代数的一个基本工具，在很多问题的研究中都要用到行列式. 在初等代数中，为了求解 2 元及 3 元线性方程组(即关于未知量的 1 次方程组)，引入了 2 阶和 3 阶行列式，并用 2 阶(3 阶)行列式简明地表达了一类 2 元(3 元)线性方程组的解. 本章将把类似的讨论及求解方法推广到 n 元线性方程组，为此，先要引入 n 阶行列式的概念和定义；进而讨论 n 阶行列式的基本性质及常用的计算方法；最后介绍求解 n 元线性方程组的克拉默法则. 克拉默法则只是行列式的一个应用，在本书后面关于逆矩阵、矩阵的秩、方阵的特征值等问题的讨论中，行列式都是必不可少的研究工具.

第 1 节　行列式的定义与性质

1.1.1　2 阶行列式与一类 2 元线性方程组的解

行列式的概念首先是在求解方程个数与未知量个数相同的线性方程组时提出的. 例如，对于由 2 个方程 2 个未知量组成的线性方程组(其中 x_1，x_2 为未知量)

$$\begin{cases} a_{11}x_1 + a_{12}x_2 = b_1 & \cdots① \\ a_{21}x_1 + a_{22}x_2 = b_2 & \cdots② \end{cases} \tag{1.1}$$

我们用消元法来求它的解. 注意 x_1 的系数 a_{11}、a_{21} 不全为零，不妨设 $a_{11} \neq 0$，于是可利用方程①消去方程②中的未知量 x_1，这只要方程②加上方程①的 $\left(-\frac{a_{21}}{a_{11}}\right)$ 倍，便可把方程组(1.1)化成为

$$\begin{cases} a_{11}x_1 + a_{12}x_2 = b_1 \\ (a_{22} - \frac{a_{21}}{a_{11}}a_{12})x_2 = b_2 - \frac{a_{21}}{a_{11}}b_1 \end{cases}$$

或

$$\begin{cases} a_{11}x_1 + a_{12}x_2 = b_1 & \cdots③ \\ (a_{11}a_{22} - a_{12}a_{21})x_2 = a_{11}b_2 - b_1a_{21} & \cdots④ \end{cases}$$

当 $a_{11}a_{22}-a_{12}a_{21}\neq 0$ 时,由方程④解出 x_2,再把解出的 x_2 代入方程③解出 x_1,便得方程组(1.1)有唯一解

$$x_1 = \frac{b_1a_{22} - a_{12}b_2}{a_{11}a_{22} - a_{12}a_{21}}, \quad x_2 = \frac{a_{11}b_2 - b_1a_{21}}{a_{11}a_{22} - a_{12}a_{21}} \tag{1.2}$$

为了简明地表达这个解,人们引入了 2 阶行列式. 2 阶行列式是由 4 个数 $a_{ij}(i,j=1,2)$ 排成 2(横)行、2(竖)列的算式

$$\begin{vmatrix} a_{11} & a_{12} \\ a_{21} & a_{22} \end{vmatrix} \tag{1.3}$$

并用它来表示数 $a_{11}a_{22}-a_{12}a_{21}$,即**2 阶行列式定义为**

$$\begin{vmatrix} a_{11} & a_{12} \\ a_{21} & a_{22} \end{vmatrix} \xlongequal{\text{def}} a_{11}a_{22} - a_{12}a_{21} \tag{1.4}$$

其中,a_{ij} 称为行列式的**元素**. a_{ij} 的两个下标用来表示该元素在行列式中的位置,第 1 个下标(称为行标)为 i,表明该元素位于行列式的第 i 行;第 2 个下标(称为列标)为 j,表明该元素位于行列式(左起)的第 j 列. 通常称位于行列式的第 i 行、第 j 列处的元素 a_{ij} 为行列式的(i,j)元素.

式(1.4)的右端也称为 2 阶行列式(1.3)的展开式,它可用对角线计算法则来记忆:如图 1.1,用实联线(称为行列式的主对角线)上两个元素的乘积,减去虚联线(称为行列式的副对角线)上两个元素的乘积,所得的差就是 2 阶行列式(1.3)的展开式.

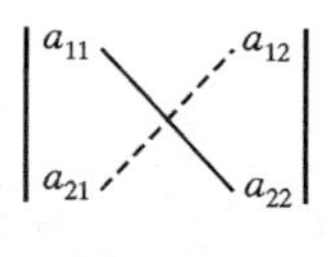

图 1.1

利用 2 阶行列式,(1.2)式可以表示为

$$x_1 = \frac{\begin{vmatrix} b_1 & a_{12} \\ b_2 & a_{22} \end{vmatrix}}{\begin{vmatrix} a_{11} & a_{12} \\ a_{21} & a_{22} \end{vmatrix}}, \quad x_2 = \frac{\begin{vmatrix} a_{11} & b_1 \\ a_{21} & b_2 \end{vmatrix}}{\begin{vmatrix} a_{11} & a_{12} \\ a_{21} & a_{22} \end{vmatrix}} \tag{1.5}$$

其中,分母是由方程组(1.1)的系数按它们原来在方程组中的次序所排成的 2 阶行列式,称为方程组(1.1)的**系数行列式**. 于是,可把方程组(1.1)的上述解法总结为:如果方程组(1.1)的系数行列式

$$D = \begin{vmatrix} a_{11} & a_{12} \\ a_{21} & a_{22} \end{vmatrix} \neq 0$$

则方程组(1.1)有唯一解

$$x_1 = \frac{D_1}{D}, \quad x_2 = \frac{D_2}{D} \tag{1.6}$$

其中,D_j 是将系数行列式 D 的第 j 列元素依次用方程组右端的常数项替换后所得的 2 阶行列式($j=1,2$),即

$$D_1 = \begin{vmatrix} b_1 & a_{12} \\ b_2 & a_{22} \end{vmatrix}, \qquad D_2 = \begin{vmatrix} a_{11} & b_1 \\ a_{21} & b_2 \end{vmatrix}$$

例 1.1　求解线性方程组

$$\begin{cases} 2x_1 + 3x_2 = 5 \\ x_1 - 4x_2 = -14 \end{cases}$$

解　由于方程组的系数行列式

$$D = \begin{vmatrix} 2 & 3 \\ 1 & -4 \end{vmatrix} = 2 \times (-4) - 3 \times 1 = -11 \neq 0$$

所以方程组有唯一解. 又由

$$D_1 = \begin{vmatrix} 5 & 3 \\ -14 & -4 \end{vmatrix} = 5 \times (-4) - 3 \times (-14) = 22$$

$$D_2 = \begin{vmatrix} 2 & 5 \\ 1 & -14 \end{vmatrix} = 2 \times (-14) - 5 \times 1 = 33$$

代入式(1.6),得方程组的唯一解为

$$x_1 = \frac{D_1}{D} = -2, \quad x_2 = \frac{D_2}{D} = 3 \quad \blacksquare$$

利用行列式对方程组(1.1)的上述讨论,其解的表示形式是简洁和优美的,而且是很有用的. 那么,能否将这一结果推广到由 n 个方程、n 个未知量组成的线性方程组上去呢? 答案是肯定的. 先从 3 阶行列式开始,对于由 3 个方程 3 个未知量组成的线性方程组

$$\begin{cases} a_{11}x_1 + a_{12}x_2 + a_{13}x_3 = b_1 \\ a_{21}x_1 + a_{22}x_2 + a_{23}x_3 = b_2 \\ a_{31}x_1 + a_{32}x_2 + a_{33}x_3 = b_3 \end{cases} \tag{1.7}$$

它的系数行列式为未知量的系数按它们原来在方程组中的次序所排成的一个 3 阶行列式

$$D = \begin{vmatrix} a_{11} & a_{12} & a_{13} \\ a_{21} & a_{22} & a_{23} \\ a_{31} & a_{32} & a_{33} \end{vmatrix}$$

我们定义上述 3 阶行列式的计算公式为

$$D = a_{11}a_{22}a_{33} + a_{12}a_{23}a_{31} + a_{13}a_{21}a_{32} - a_{11}a_{23}a_{32} - a_{12}a_{21}a_{33} - a_{13}a_{22}a_{31} \tag{1.8}$$

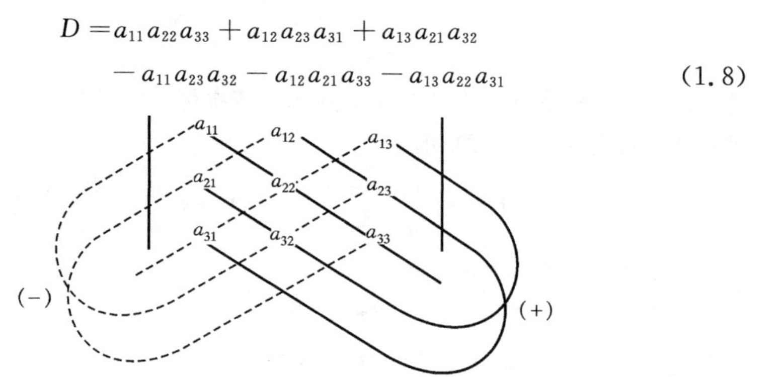

图 1.2

在上述 3 阶行列式的定义中，共由六项组成，前三项均取正号，分别是图1.2中三条实连线上元素的乘积. 后三项均取负号，分别是图 1.2 中虚连线上元素的乘积[①]. 现在我们将式(1.8)进行整理和变形，并用低一阶的行列式来表示如下：

$$\begin{aligned} D &= a_{11}(a_{22}a_{33} - a_{23}a_{32}) - a_{12}(a_{21}a_{33} - a_{23}a_{31}) + a_{13}(a_{21}a_{32} - a_{22}a_{31}) \\ &= a_{11}\begin{vmatrix} a_{22} & a_{23} \\ a_{32} & a_{33} \end{vmatrix} - a_{12}\begin{vmatrix} a_{21} & a_{23} \\ a_{31} & a_{33} \end{vmatrix} + a_{13}\begin{vmatrix} a_{21} & a_{22} \\ a_{31} & a_{32} \end{vmatrix} \\ &= a_{11}M_{11} - a_{12}M_{12} + a_{13}M_{13} \end{aligned}$$

其中 M_{11} 是原 3 阶行列式 D 中划掉元素 a_{11} 处所在的第 1 行和第 1 列的所有元素后所剩余下来的低一阶(2 阶)的行列式. 称 M_{11} 为元素 a_{11} 的余子(行列)式. 同理，M_{12} 和 M_{13} 分别是 a_{12} 和 a_{13} 的余子式. 一般地，记 M_{ij} 为元素 a_{ij} 的**余子式**，即划掉第 i 行和第 j 列的所有元素后所剩余下来的低一阶的行列式. 为了进一步使 3 阶行列式的表达式更加规范化，令

$$A_{ij} = (-1)^{i+j}M_{ij}$$

则 3 阶行列式的值可表示为

$$D = a_{11}A_{11} + a_{12}A_{12} + a_{13}A_{13} = \sum_{j=1}^{3} a_{1j}A_{1j} \tag{1.9}$$

其中：Σ 是求和符号；A_{ij} 称为元素 a_{ij} 的**代数余子式**. 利用代数余子式，式(1.9)中的各项都规范化为正号.

例如，在 3 阶行列式

① 必须指出，对角线展开法则只适用于 2 阶及 3 阶行列式，它对 4 阶及 4 阶以上的行列式不适用.

$$\begin{vmatrix} 1 & 2 & 3 \\ 4 & 5 & 6 \\ 7 & 8 & 9 \end{vmatrix}$$

中，a_{23}元素的余子式和代数余子式分别为

$$M_{23} = \begin{vmatrix} 1 & 2 \\ 7 & 8 \end{vmatrix} = -6, \quad A_{23} = (-1)^{2+3} M_{23} = 6$$

这样一来，根据(1.9)式便可把 3 阶行列式的定义说成：**3 阶行列式等于它的第 1 行各元素分别与其对应的代数余子式的乘积之和**，并称式(1.9)为**3 阶行列式按第 1 行展开的公式**.

例 1.2　计算 3 阶行列式

$$D = \begin{vmatrix} 3 & -2 & 1 \\ -2 & -1 & 0 \\ 3 & 1 & -2 \end{vmatrix}$$

解　由定义(1.9)式，得

$$\begin{aligned} D &= 3(-1)^{1+1}\begin{vmatrix} -1 & 0 \\ 1 & -2 \end{vmatrix} + (-2)(-1)^{1+2}\begin{vmatrix} -2 & 0 \\ 3 & -2 \end{vmatrix} \\ &\quad + 1(-1)^{1+3}\begin{vmatrix} -2 & -1 \\ 3 & 1 \end{vmatrix} \\ &= 3\times 2 + 2\times 4 + 1\times 1 \\ &= 15 \end{aligned}$$

▌

一般地，由定义(1.9)式，可得 3 阶行列式的计算公式为

$$D = \begin{vmatrix} a_{11} & a_{12} & a_{13} \\ a_{21} & a_{22} & a_{23} \\ a_{31} & a_{32} & a_{33} \end{vmatrix}$$

$$= a_{11}(-1)^{1+1}\begin{vmatrix} a_{22} & a_{23} \\ a_{32} & a_{33} \end{vmatrix} + a_{12}(-1)^{1+2}\begin{vmatrix} a_{21} & a_{23} \\ a_{31} & a_{33} \end{vmatrix} + a_{13}(-1)^{1+3}\begin{vmatrix} a_{21} & a_{22} \\ a_{31} & a_{32} \end{vmatrix}$$

以上定义了 2 阶和 3 阶行列式. 特别是对 3 阶行列式规范化表示后，3 阶行列式按第 1 行展开的公式(1.9)实质上是由 3 个 2 阶行列式项来表示 3 阶行列式. 这种由低一阶行列式项来表示高一阶行列式的方法称为**递归法**，正是这种递归法启发人们将行列式的定义推广到一般的 n 阶行列式的情况.

1.1.2　行列式的定义

定义 1.1 (n 阶行列式)　n 阶行列式是由 n^2 个数 $a_{ij}\,(i,j=1,2,\cdots,n)$排成 n 行、n 列的算式

$$D=\begin{vmatrix} a_{11} & a_{12} & \cdots & a_{1n} \\ a_{21} & a_{22} & \cdots & a_{2n} \\ \vdots & \vdots & & \vdots \\ a_{n1} & a_{n2} & \cdots & a_{nn} \end{vmatrix} \tag{1.10}$$

可简记成 $\det(a_{ij})_{n\times n}$ 或 $\det(a_{ij})$，并用它来表示一个数. 当 $n=1$ 时，规定

$$D=|a_{11}| \overset{\text{def}}{=\!=\!=} a_{11}$$

(注意不要把 1 阶行列式 $|a_{11}|$ 与 a_{11} 的绝对值相混淆). 当 $n=2,3,\cdots$ 时，用以下公式递归地定义 n 阶行列式的值为

$$D \overset{\text{def}}{=\!=\!=} a_{11}A_{11}+a_{12}A_{12}+\cdots+a_{1n}A_{1n}=\sum_{j=1}^{n}a_{1j}A_{1j} \tag{1.11}$$

其中，$A_{1j}=(-1)^{1+j}M_{1j}$，而 M_{1j} 是删去 D 中第 1 行元素和第 j 列元素后所形成的 $n-1$ 阶行列式，即

$$M_{1j}=\begin{vmatrix} a_{21} & \cdots & a_{2,j-1} & a_{2,j+1} & \cdots & a_{2n} \\ a_{31} & \cdots & a_{3,j-1} & a_{3,j+1} & \cdots & a_{3n} \\ \vdots & & \vdots & \vdots & & \vdots \\ a_{n1} & \cdots & a_{n,j-1} & a_{n,j+1} & \cdots & a_{nn} \end{vmatrix},\quad j=1,2,\cdots,n$$

定义 1.2 (余子式与代数余子式) 在 n 阶行列式 $D=\det(a_{ij})$ 中，称删去 a_{ij} 所在的第 i 行元素和第 j 列元素后所形成的 $n-1$ 阶行列式为 a_{ij} 的**余子式**，记为 M_{ij}，而称

$$A_{ij}=(-1)^{i+j}M_{ij}$$

为 a_{ij} 的**代数余子式**.

在 n 阶行列式(1.10)中，称元素 $a_{11},a_{22},\cdots,a_{nn}$ 所在的对角线为行列式的**主对角线**，相应地称 $a_{11},a_{22},\cdots,a_{nn}$ 为行列式的**主对角线元素**；另一条对角线(即从右上角到左下角的对角线)称为行列式的副对角线，位于副对角线上的元素称为行列式的副对角线元素.

n 阶行列式代表一个数，以后在不致发生混淆时，我们把 n 阶行列式与它的值不予严格区分.

例 1.3 证明：下三角行列式(主对角线上(下)边的元素全为零的行列式称为**下(上)三角行列式**)的值等于它的主对角线元素之积，即

$$D=\begin{vmatrix} a_{11} & 0 & 0 & \cdots & 0 \\ a_{21} & a_{22} & 0 & \cdots & 0 \\ a_{31} & a_{32} & a_{33} & \cdots & 0 \\ \vdots & \vdots & \vdots & & \vdots \\ a_{n1} & a_{n2} & a_{n3} & \cdots & a_{nn} \end{vmatrix}=a_{11}a_{22}\cdots a_{nn}$$

证　对行列式的阶数 n 用数学归纳法. 当 $n=2$ 时,结论显然成立. 假设结论对 $n-1$ 阶下三角行列式成立,则由定义1.1,得 n 阶下三角行列式

$$D=a_{11}(-1)^{1+1}M_{11}=a_{11}\begin{vmatrix} a_{22} & 0 & \cdots & 0 \\ a_{32} & a_{23} & \cdots & 0 \\ \vdots & \vdots & & \vdots \\ a_{n2} & a_{n3} & \cdots & a_{nn} \end{vmatrix}$$

上式右端的行列式是一个 $n-1$ 阶的下三角行列式,由归纳假设,它等于其主对角线元素之积 $a_{22}a_{33}\cdots a_{nn}$,所以

$$D=a_{11}a_{22}\cdots a_{nn}$$ ▌

作为下三角行列式的特例,可知对角行列式(主对角线以外的元素全为零的行列式称为对角行列式)的值也等于它的主对角线元素之积,即

$$\begin{vmatrix} d_1 & 0 & \cdots & 0 \\ 0 & d_2 & \cdots & 0 \\ \vdots & \vdots & & \vdots \\ 0 & 0 & \cdots & d_n \end{vmatrix}=d_1d_2\cdots d_n$$

同理可证,副对角线上边的元素全为零的行列式

$$\begin{vmatrix} 0 & \cdots & 0 & 0 & a_{1n} \\ 0 & \cdots & 0 & a_{2,n-1} & a_{2n} \\ 0 & \cdots & a_{3,n-2} & a_{3,n-1} & a_{3n} \\ \vdots & & \vdots & \vdots & \vdots \\ a_{n1} & \cdots & a_{n,n-2} & a_{n,n-1} & a_{nn} \end{vmatrix}=(-1)^{\frac{n(n-1)}{2}}a_{1n}a_{2,n-1}\cdots a_{n1}$$

注意这种行列式并不都等于其副对角线元素之积. 事实上,当 $n=4k$,或 $n=4k+1$时,它等于副对角线元素之积;而当 $n=4k-2$,或 $n=4k-1$ 时,它等于副对角线元素之积的负值($k=1,2,\cdots$).

1.1.3　行列式的基本性质

行列式的计算是一个重要问题. 但是,一般来说,按照定义来计算 n 阶行列式,当 n 较大时,计算将变得很复杂,计算量也很大. 所以,要解决行列式的计算问题,就必须利用行列式的定义,推导出行列式的一些基本性质,并利用这些性质来简化行列式的计算.

以下来讨论 n 阶行列式 D 的基本性质. 这些性质在行列式的计算及应用中都起着很重要的作用.

把行列式 D 的行依次换成列(或者说把 D 的列依次换成行)所得到的行列式称为 D 的**转置行列式**,记成 D^{T}(或 D'),即

$$D^{\mathrm{T}} = \begin{vmatrix} a_{11} & a_{21} & \cdots & a_{n1} \\ a_{12} & a_{22} & \cdots & a_{n2} \\ \vdots & \vdots & & \vdots \\ a_{1n} & a_{2n} & \cdots & a_{nn} \end{vmatrix}$$

性质 1.1 行列式与它的转置行列式相等,即 $D=D^{\mathrm{T}}$.

由性质 1.1 可知,行列式对行成立的性质,对列也成立;反之亦然. 因此,以下仅以"行"或"列"的一种情形来论述行列式的其他性质.

性质 1.2 互换行列式两列的位置,行列式的值相反.

性质 1.1 和性质 1.2 都可用数学归纳法来证明,但由于其证明的表述较繁,本书略去其证明.

性质 1.3[①] 行列式 D 等于它的任一行各元素分别与其对应的代数余子式的乘积之和,即

$$D = a_{i1}A_{i1} + a_{i2}A_{i2} + \cdots + a_{in}A_{in} = \sum_{j=1}^{n} a_{ij}A_{ij}, \quad i = 1,2,\cdots,n \tag{1.12}$$

并称(1.12)式为**行列式按第 i 行展开的公式**.

证 将 D 的第 i 行依次与它的前面 1 行作相邻两行位置的互换,直至将 D 的第 i 行换到了第 1 行,由性质 1.2,得

$$D = (-1)^{i-1} \begin{vmatrix} a_{i1} & a_{i2} & \cdots & a_{in} \\ a_{11} & a_{12} & \cdots & a_{1n} \\ \vdots & \vdots & & \vdots \\ a_{i-1,1} & a_{i-1,2} & \cdots & a_{i-1,n} \\ a_{i+1,1} & a_{i+1,2} & \cdots & a_{i+1,n} \\ \vdots & \vdots & & \vdots \\ a_{n1} & a_{n2} & \cdots & a_{nn} \end{vmatrix}$$

注意上式右端行列式的 $(1,j)$ 元素的余子式就是 D 的 (i,j) 元素的余子式 M_{ij} $(j=1,2,\cdots,n)$,利用定义 1.1,将上式右端的行列式按第 1 行展开,得

$$\begin{aligned} D &= (-1)^{i-1}[a_{i1}(-1)^{1+1}M_{i1} + a_{i2}(-1)^{1+2}M_{i2} + \cdots + a_{in}(-1)^{1+n}M_{in}] \\ &= a_{i1}(-1)^{i+1}M_{i1} + a_{i2}(-1)^{i+2}M_{i2} + \cdots + a_{in}(-1)^{i+n}M_{in} \\ &= a_{i1}A_{i1} + a_{i2}A_{i2} + \cdots + a_{in}A_{in} \quad \blacksquare \end{aligned}$$

性质 1.3 表明行列式可以按任一行展开,这就把由定义 1.1 所提供的行列式计算方法作了很大推广. 再结合性质 1.1,可知行列式也可按任一列展开,即

---

① 性质 1.3 在行列式的理论中有极其重要的作用,从应用的角度甚至可以把(1.12)和(1.13)式看作行列式的出发点或定义.

$$D = a_{1j}A_{1j} + a_{2j}A_{2j} + \cdots + a_{nj}A_{nj} = \sum_{i=1}^{n} a_{ij}A_{ij}, \quad j = 1,2,\cdots,n \tag{1.13}$$

并称式(1.13)为**行列式按第 j 列展开的公式**，而把由公式(1.12)(公式(1.13))提供的行列式计算法则称为**行列式按一行(列)展开法则**. 由于用这个法则计算行列式,是将较高阶行列式的计算化为较低阶行列式的计算,因而也称这个法则为**降阶法**.

例如计算行列式 $D=\begin{vmatrix} 1 & 2 & 3 \\ 0 & 1 & 2 \\ -1 & 0 & 1 \end{vmatrix}$. 由性质 1.3

按第 1 行展开：
$$\begin{vmatrix} 1 & 2 & 3 \\ 0 & 1 & 2 \\ -1 & 0 & 1 \end{vmatrix} = 1\times\begin{vmatrix} 1 & 2 \\ 0 & 1 \end{vmatrix} + 2\times(-1)\begin{vmatrix} 0 & 2 \\ -1 & 1 \end{vmatrix} + 3\times\begin{vmatrix} 0 & 1 \\ -1 & 0 \end{vmatrix} = 0$$

按第 1 列展开：
$$\begin{vmatrix} 1 & 2 & 3 \\ 0 & 1 & 2 \\ -1 & 0 & 1 \end{vmatrix} = 1\times\begin{vmatrix} 1 & 2 \\ 0 & 1 \end{vmatrix} + 0\times(-1)\begin{vmatrix} 2 & 3 \\ 0 & 1 \end{vmatrix} + (-1)\begin{vmatrix} 2 & 3 \\ 1 & 2 \end{vmatrix} = 0$$

按第 2 行展开：
$$\begin{vmatrix} 1 & 2 & 3 \\ 0 & 1 & 2 \\ -1 & 0 & 1 \end{vmatrix} = 0\times(-1)\begin{vmatrix} 2 & 3 \\ 0 & 1 \end{vmatrix} + 1\times\begin{vmatrix} 1 & 3 \\ -1 & 1 \end{vmatrix} + 2\times(-1)\begin{vmatrix} 1 & 2 \\ -1 & 0 \end{vmatrix} = 0$$

按第 2 列展开：
$$\begin{vmatrix} 1 & 2 & 3 \\ 0 & 1 & 2 \\ -1 & 0 & 1 \end{vmatrix} = 2\times(-1)\begin{vmatrix} 0 & 2 \\ -1 & 1 \end{vmatrix} + 1\times\begin{vmatrix} 1 & 3 \\ -1 & 1 \end{vmatrix} + 0\times(-1)\begin{vmatrix} 1 & 3 \\ 0 & 2 \end{vmatrix} = 0$$

按第 3 行或第 3 列展开的结果都是零,请读者自行验证.

性质 1.4　若行列式某行的各元素有公因子 k,则可将 k 提到行列式符号外边来(或者说,用一个数 k 去乘行列式,就等于用 k 去乘行列式某行的每个元素),即

$$\begin{vmatrix} a_{11} & a_{12} & \cdots & a_{1n} \\ \vdots & \vdots & & \vdots \\ ka_{i1} & ka_{i2} & \cdots & ka_{in} \\ \vdots & \vdots & & \vdots \\ a_{n1} & a_{n2} & \cdots & a_{nn} \end{vmatrix} = k\begin{vmatrix} a_{11} & a_{12} & \cdots & a_{1n} \\ \vdots & \vdots & & \vdots \\ a_{i1} & a_{i2} & \cdots & a_{in} \\ \vdots & \vdots & & \vdots \\ a_{n1} & a_{n2} & \cdots & a_{nn} \end{vmatrix} \tag{1.14}$$

证 记式(1.14)左端的行列式为 M，则 M 与行列式 $D=\det(a_{ij})$ 所不同的仅仅是第 i 行元素. 注意行列式的 (i,j) 元素的代数余子式与行列式的第 i 行元素和第 j 列元素都是无关的，所以，M 的 (i,j) 元素的代数余子式就是 D 的 (i,j) 元素的代数余子式 A_{ij}. 于是利用性质 1.3，将 M 按第 i 行展开，便得

$$M=\sum_{j=1}^{n}(ka_{ij})A_{ij}=\sum_{j=1}^{n}k(a_{ij}A_{ij})=k\sum_{j=1}^{n}a_{ij}A_{ij}=kD$$

即式(1.14)的左端与其右端相等. ▌

在式(1.14)中取 $k=0$，可得

推论 1.1 若行列式 D 的某行元素全为零，则 $D=0$.

性质 1.5 若行列式某行的每个元素都是两个数的和，则可将此行列式写成两个行列式的和，即

$$\begin{vmatrix} a_{11} & a_{12} & \cdots & a_{1n} \\ \vdots & \vdots & & \vdots \\ a_{i1}+b_{i1} & a_{i2}+b_{i2} & \cdots & a_{in}+b_{in} \\ \vdots & \vdots & & \vdots \\ a_{n1} & a_{n2} & \cdots & a_{nn} \end{vmatrix}$$

$$=\begin{vmatrix} a_{11} & a_{12} & \cdots & a_{1n} \\ \vdots & \vdots & & \vdots \\ a_{i1} & a_{i2} & \cdots & a_{in} \\ \vdots & \vdots & & \vdots \\ a_{n1} & a_{n2} & \cdots & a_{nn} \end{vmatrix} + \begin{vmatrix} a_{11} & a_{12} & \cdots & a_{1n} \\ \vdots & \vdots & & \vdots \\ b_{i1} & b_{i2} & \cdots & b_{in} \\ \vdots & \vdots & & \vdots \\ a_{n1} & a_{n2} & \cdots & a_{nn} \end{vmatrix} \tag{1.15}$$

性质 1.5 的证明也是利用性质 1.3，其证明留给读者完成.

性质 1.6 若行列式 D 中有两行的对应元素都相等，则 $D=0$.

证 设 D 的第 i 行与第 j 行相同，将这两行互换，由性质 1.2 得 $D=-D$，所以，$D=0$. ▌

由性质 1.4 和性质 1.6，立即可得

推论 1.2 若行列式 D 中有两行的元素对应成比例，则 $D=0$.

利用性质 1.5 和性质 1.6 的推论，立即可得

性质 1.7 行列式某行加上另一行的 k 倍(指某行每个元素加上另一行对

应元素的 k 倍)，行列式的值不变，即

$$\begin{vmatrix} a_{11} & a_{12} & \cdots & a_{1n} \\ \vdots & \vdots & & \vdots \\ a_{i1} & a_{i2} & \cdots & a_{in} \\ \vdots & \vdots & & \vdots \\ a_{j1} & a_{j2} & \cdots & a_{jn} \\ \vdots & \vdots & & \vdots \\ a_{n1} & a_{n2} & \cdots & a_{nn} \end{vmatrix} = \begin{vmatrix} a_{11} & a_{12} & \cdots & a_{1n} \\ \vdots & \vdots & & \vdots \\ a_{i1} & a_{i2} & \cdots & a_{in} \\ \vdots & \vdots & & \vdots \\ a_{j1}+ka_{i1} & a_{j2}+ka_{i2} & \cdots & a_{jn}+ka_{in} \\ \vdots & \vdots & & \vdots \\ a_{n1} & a_{n2} & \cdots & a_{nn} \end{vmatrix} \tag{1.16}$$

行列式的第 j 行加上第 i 行的 k 倍，也说成“把第 i 行的 k 倍加到第 j 行上去”，注意在这个变换中，只有第 j 行变了，第 i 行没有改变.

性质 1.7 是一条很重要的性质，在下节将看到，在行列式的计算中，常常利用这个性质将行列式中的某些元素化为零，以便简化计算.

性质 1.8　行列式 D 的任一行各元素分别与另一行对应元素的代数余子式的乘积之和等于零，即

$$a_{i1}A_{k1}+a_{i2}A_{k2}+\cdots+a_{in}A_{kn}=0,\quad i\neq k \tag{1.17}$$

证　设 $i\neq k$，把 D 的第 k 行元素分别换成 D 的第 i 行的对应元素，D 的其他元素保持不变，设所得行列式为 M，即

$$M=\begin{vmatrix} a_{11} & a_{12} & \cdots & a_{1n} \\ \vdots & \vdots & & \vdots \\ a_{i1} & a_{i2} & \cdots & a_{in} \\ \vdots & \vdots & & \vdots \\ a_{i1} & a_{i2} & \cdots & a_{in} \\ \vdots & \vdots & & \vdots \\ a_{n1} & a_{n2} & \cdots & a_{nn} \end{vmatrix} \begin{matrix} \\ \\ \leftarrow \text{第 } i \text{ 行} \\ \\ \leftarrow \text{第 } k \text{ 行} \\ \\ \\ \end{matrix}$$

注意 M 与 D 只是第 k 行不同，因此由代数余子式的定义知 M 的 (k,l) 元素的代数余子式就是 D 的 (k,l) 元素的代数余子式 A_{kl} $(l=1,2,\cdots,n)$. 于是将 M 按第 k 行展开，即得

$$M=a_{i1}A_{k1}+a_{i2}A_{k2}+\cdots+a_{in}A_{kn}$$

另一方面，由于 M 有两行相同，故 $M=0$，于是得(1.17)式. ▎

由性质 1.1 和性质 1.8，立即可得：行列式 D 的任一列各元素分别与另一列对应元素的代数余子式的乘积之和等于零，即

$$a_{1j}A_{1s}+a_{2j}A_{2s}+\cdots+a_{nj}A_{ns}=0,\quad j\neq s \tag{1.18}$$

第2节 行列式的计算

前已指出,按照定义来计算阶数较高的行列式,一般来说,并不是一个可行的方法,所以需要研究计算行列式的有效方法. 本节通过一些具体例子,来说明计算行列式的一些常用方法. 其基本思想是利用行列式的性质,通过一些变换,将行列式化成较简单的行列式来计算.

为了简明地表示对行列式所作的变换,我们引入以下记号:用“$r_i \leftrightarrow r_j$”表示互换行列式的第 i 行与第 j 行的位置;用“kr_i”表示用数 k 乘行列式的第 i 行;用“$r_i \div k$”表示从第 i 行提出公因子 k;用“$r_j + kr_i$”表示行列式第 j 行加上第 i 行的 k 倍. 对行列式的列所作的变换用类似的记号,只是将其中的字母“r”换成“c”. 利用这些变换,可以简化行列式的计算.

例 1.4 证明:上三角行列式的值等于其主对角线元素之积,即

$$D = \begin{vmatrix} a_{11} & a_{12} & a_{13} & \cdots & a_{1n} \\ 0 & a_{22} & a_{23} & \cdots & a_{2n} \\ 0 & 0 & a_{33} & \cdots & a_{3n} \\ \vdots & \vdots & \vdots & & \vdots \\ 0 & 0 & 0 & \cdots & a_{nn} \end{vmatrix} = a_{11}a_{22}\cdots a_{nn}$$

证 由行列式的性质 1.1 及例 1.3,得

$$D = D^{\mathrm{T}} = \begin{vmatrix} a_{11} & 0 & 0 & \cdots & 0 \\ a_{12} & a_{22} & 0 & \cdots & 0 \\ a_{13} & a_{23} & a_{33} & \cdots & 0 \\ \vdots & \vdots & \vdots & & \vdots \\ a_{1n} & a_{2n} & a_{3n} & \cdots & a_{nn} \end{vmatrix} = a_{11}a_{22}\cdots a_{nn} \quad \blacksquare$$

既然上(下)三角行列式的计算非常简单,那么,能否利用行列式的性质将行列式化成上(下)三角行列式,从而求得其值呢? 请看下例.

例 1.5 计算行列式

$$D = \begin{vmatrix} 3 & -3 & 7 & 1 \\ 1 & -1 & 3 & 1 \\ 4 & -5 & 10 & 3 \\ 2 & -4 & 5 & 2 \end{vmatrix}$$

解法 1 利用行列式的性质把 D 化成上三角行列式的方法通常是从 D 的左起第 1 列开始,依次把每一列中位于主对角线下边的元素都化成零,就把行列式化成了上三角行列式. 利用行列式的性质 1.2、性质 1.4 和性质 1.7,得

$$D \xlongequal{r_1 \leftrightarrow r_2} -\begin{vmatrix} 1 & -1 & 3 & 1 \\ 3 & -3 & 7 & 1 \\ 4 & -5 & 10 & 3 \\ 2 & -4 & 5 & 2 \end{vmatrix} \xlongequal[r_4-2r_1]{\substack{r_2-3r_1 \\ r_3-4r_1}} -\begin{vmatrix} 1 & -1 & 3 & 1 \\ 0 & 0 & -2 & -2 \\ 0 & -1 & -2 & -1 \\ 0 & -2 & -1 & 0 \end{vmatrix}$$

$$\xlongequal{r_2 \leftrightarrow r_3} \begin{vmatrix} 1 & -1 & 3 & 1 \\ 0 & -1 & -2 & -1 \\ 0 & 0 & -2 & -2 \\ 0 & -2 & -1 & 0 \end{vmatrix} \xlongequal{r_4-2r_2} \begin{vmatrix} 1 & -1 & 3 & 1 \\ 0 & -1 & -2 & -1 \\ 0 & 0 & -2 & -2 \\ 0 & 0 & 3 & 2 \end{vmatrix}$$

$$\xlongequal{\substack{r_2 \div (-1) \\ r_3 \div (-2)}} 2\begin{vmatrix} 1 & -1 & 3 & 1 \\ 0 & 1 & 2 & 1 \\ 0 & 0 & 1 & 1 \\ 0 & 0 & 3 & 2 \end{vmatrix} \xlongequal{r_4-3r_3} 2\begin{vmatrix} 1 & -1 & 3 & 1 \\ 0 & 1 & 2 & 1 \\ 0 & 0 & 1 & 1 \\ 0 & 0 & 0 & -1 \end{vmatrix} = -2$$

上述计算中,先作了变换 $r_1 \leftrightarrow r_2$,其目的是把 a_{11} 换成 1,从而用变换 $r_i + (-a_{i1})r_1$,便可把元素 $a_{i1}(i=2,3,4)$ 化成零. 如果不先作变换 $r_1 \leftrightarrow r_2$,则由于原来的 $a_{11}=3$,因而要把 $a_{i1}(i=2,3,4)$ 化成零,就要作变换 $r_i + \left(-\frac{a_{i1}}{3}\right)r_1$,这样计算时就比较麻烦. 第 2 步是把依次所作的变换 r_2-3r_1,r_3-4r_1,r_4-2r_1 写在了一起,而且等号右端是 3 次变换的最后结果(以后都这样约定). 第 3 步所作变换 $r_2 \leftrightarrow r_3$,是为了把 a_{22} 换成非零元素,从而利用变换 $r_4 + \left(-\frac{a_{42}}{a_{22}}\right)r_2$,便可把元素 a_{42} 化成零.

从上述解法可以看出,利用行列式的 3 种变换"$r_i \leftrightarrow r_j$","$r_i \div k$"及"$r_j + kr_i$"总可以把一个元素是数字的行列式化成上三角行列式,而且这个方法比直接按定义计算要简单得多,所以这种方法有一定的普遍性.

解法 2　一般来说,低阶行列式比高阶行列式容易计算,因而降阶法也是计算行列式的一种常用方法. 但究竟按哪一行(列)来展开行列式呢? 从按第 i 行展开的公式

$$D = \sum_{j=1}^{n} a_{ij}A_{ij} = \sum_{j=1}^{n} a_{ij}(-1)^{i+j}M_{ij}$$

来看,如果 D 的第 i 行元素都不为零,就要计算 n 个 $n-1$ 阶行列式 $M_{i1}, M_{i2}, \cdots, M_{in}$,计算量一般仍很大;而如果 D 的第 i 行有零元素,例如 $a_{il}=0$,则由于 $a_{il}A_{il}=0$,从而就不必去计算 A_{il},也就减少了计算量;特别地,如果 D 的第 i 行只有 1 个元素 $a_{ij} \neq 0$,而其他元素全为零,则有 $D=a_{ij}A_{ij}$,这时就只需计算 1 个 $n-1$阶行列式 M_{ij}. 所以,用降阶法计算行列式时,应该选择零元素较多的行

(列)来展开，必要时，可先把行列式某行(列)较多的元素化成零后，再按该行(列)展开行列式.

现在，用降阶法来计算本例的行列式：

$$D=\begin{vmatrix}3 & -3 & 7 & 1\\1 & -1 & 3 & 1\\4 & -5 & 10 & 3\\2 & -4 & 5 & 2\end{vmatrix}\xlongequal{c_2+c_1}\begin{vmatrix}3 & 0 & 7 & 1\\1 & 0 & 3 & 1\\4 & -1 & 10 & 3\\2 & -2 & 5 & 2\end{vmatrix}$$

$$\xlongequal{r_4-2r_3}\begin{vmatrix}3 & 0 & 7 & 1\\1 & 0 & 3 & 1\\4 & -1 & 10 & 3\\-6 & 0 & -15 & -4\end{vmatrix}\xlongequal{\text{按第 2 列展开}}-1(-1)^{3+2}\begin{vmatrix}3 & 7 & 1\\1 & 3 & 1\\-6 & -15 & -4\end{vmatrix}$$

$$\xlongequal[c_2-3c_3]{c_1-c_3}\begin{vmatrix}2 & 4 & 1\\0 & 0 & 1\\-2 & -3 & -4\end{vmatrix}\xlongequal{\text{按第 2 行展开}}(-1)^{2+3}\begin{vmatrix}2 & 4\\-2 & -3\end{vmatrix}$$

$$\xlongequal[r_2\div(-1)]{r_1\div 2}2\begin{vmatrix}1 & 2\\2 & 3\end{vmatrix}=-2$$ ▌

数字行列式的计算方法较多，读者可试用两种其他展开方法来计算例 1.5 中的行列式.

例 1.6 计算 n 阶行列式

$$D_n=\begin{vmatrix}a & b & b & \cdots & b\\b & a & b & \cdots & b\\b & b & a & \cdots & b\\\vdots & \vdots & \vdots & & \vdots\\b & b & b & \cdots & a\end{vmatrix}$$

解 这个行列式的特点是主对角线上的元素全是 a，其余元素全是 b，因此每列元素之和都是 $a+(n-1)b$. 注意到这一事实后，把行列式的第 $2,3,\cdots,n$ 行都加到第 1 行上去，则第 1 行各元素都变成了 $a+(n-1)b$，提出这个公因子后，则得

$$D_n=[a+(n-1)b]\begin{vmatrix}1 & 1 & 1 & \cdots & 1\\b & a & b & \cdots & b\\b & b & a & \cdots & b\\\vdots & \vdots & \vdots & & \vdots\\b & b & b & \cdots & a\end{vmatrix}$$

现在，再把第 1 列的(−1)倍分别加到其他各列，就把行列式化成了下三角行列式(也可以把第 1 行的($-b$)倍分别加到后面各行，从而把行列式化成上三角行列式)，得

$$D_n=[a+(n-1)b]\begin{vmatrix}1&0&0&\cdots&0\\b&a-b&0&\cdots&0\\b&0&a-b&\cdots&0\\\vdots&\vdots&\vdots&&\vdots\\b&0&0&\cdots&a-b\end{vmatrix}$$

$$=[a+(n-1)b](a-b)^{n-1}\quad\blacksquare$$

例 1.6 提供了每列(行)元素之和都相等的行列式的常用的计算方法.

例 1.7　计算行列式 $D=\begin{vmatrix}x^2+1&xy&xz\\xy&y^2+1&yz\\xz&yz&z^2+1\end{vmatrix}$

解　这是一个含有文字的行列式，展开计算后是一个代数式，计算过程主要运用性质 1.5、性质 1.4 和性质 1.6.

$$D\xlongequal{\text{性质 1.5}}\begin{vmatrix}x^2&xy&xz\\xy&y^2+1&yz\\xz&yz&z^2+1\end{vmatrix}+\begin{vmatrix}1&xy&xz\\0&y^2+1&yz\\0&yz&z^2+1\end{vmatrix}$$

$$=x\begin{vmatrix}x&y&z\\xy&y^2+1&yz\\xz&yz&z^2+1\end{vmatrix}+\begin{vmatrix}1&xy&xz\\0&y^2+1&yz\\0&yz&z^2+1\end{vmatrix}$$

$$=x\begin{vmatrix}x&y&z\\xy&y^2+1&yz\\xz&yz&z^2+1\end{vmatrix}+\begin{vmatrix}y^2+1&yz\\yz&z^2+1\end{vmatrix}$$

$$\xlongequal[r_3-zr_1]{r_2-yr_1}x\begin{vmatrix}x&y&z\\0&1&0\\0&0&1\end{vmatrix}+\begin{vmatrix}y^2+1&yz\\yz&z^2+1\end{vmatrix}$$

$$=x^2+\begin{vmatrix}y^2&yz\\yz&z^2+1\end{vmatrix}+\begin{vmatrix}1&yz\\0&z^2+1\end{vmatrix}$$

$$=x^2+\begin{vmatrix}y^2&yz\\yz&z^2\end{vmatrix}+\begin{vmatrix}y^2&0\\yz&1\end{vmatrix}+z^2+1$$

$$=x^2+y^2+z^2+1$$

例 1.8 求方程 $\begin{vmatrix} x & -1 & -1 \\ -2 & x+1 & -1 \\ 4 & -2 & x+2 \end{vmatrix}=0$ 的根,其中 x 为未知数.

解 容易看出,所求方程是一个关于 x 的 3 次代数方程. 我们选择先对行列式的第 3 列化零.

$$\text{左式}=\begin{vmatrix} x & -1 & -1 \\ -2 & x+1 & -1 \\ 4 & -2 & x+2 \end{vmatrix} \xlongequal[r_3+(x+2)r_1]{r_2-r_1} \begin{vmatrix} x & -1 & -1 \\ -(x+2) & x+2 & 0 \\ x(x+2)+4 & -(x+4) & 0 \end{vmatrix}$$

$$\xlongequal{\text{按第 3 列展开}}(-1)\begin{vmatrix} -(x+2) & x+2 \\ x(x+2)+4 & -(x+4) \end{vmatrix}$$

$$\xlongequal{c_1+c_2}(-1)\begin{vmatrix} 0 & x+2 \\ x(x+1) & -(x+4) \end{vmatrix}=x(x+1)(x+2)$$

则原方程为
$$x(x+1)(x+2)=0$$
故 $x=0,x=-1,x=-2$ 是该方程的三个根.

例 1.9 证明:$n(n\geqslant 2)$阶范德蒙(Vandermonde)行列式

$$D_n=\begin{vmatrix} 1 & 1 & \cdots & 1 \\ a_1 & a_2 & \cdots & a_n \\ a_1^2 & a_2^2 & \cdots & a_n^2 \\ \vdots & \vdots & & \vdots \\ a_1^{n-1} & a_2^{n-1} & \cdots & a_n^{n-1} \end{vmatrix}=\prod_{1\leqslant j<i\leqslant n}(a_i-a_j) \qquad (1.19)$$

其中“$\prod$”为连乘号,$\prod\limits_{1\leqslant j<i\leqslant n}(a_i-a_j)$ 表示所有的形如$(a_i-a_j)(1\leqslant j<i\leqslant n)$的因子的乘积.

例如对 4 阶范德蒙行列式,由式(1.19),就有

$$\begin{vmatrix} 1 & 1 & 1 & 1 \\ a_1 & a_2 & a_3 & a_4 \\ a_1^2 & a_2^2 & a_3^2 & a_4^2 \\ a_1^3 & a_2^3 & a_3^3 & a_4^3 \end{vmatrix}=(a_2-a_1)(a_3-a_1)(a_4-a_1)(a_3-a_2)(a_4-a_2)(a_4-a_3)$$

* **证** 对行列式的阶数 n 使用数学归纳法. 由于

$$D_2=\begin{vmatrix} 1 & 1 \\ a_1 & a_2 \end{vmatrix}=a_2-a_1=\prod_{1\leqslant j<i\leqslant 2}(a_i-a_j)$$

所以,当 $n=2$ 时结论正确. 假设对于 $n-1$ 阶范德蒙行列式的结论成立,现在来证 n 阶的情形. 为此,设法把 D_n 降阶:从第 $n-1$ 行开始(向上),依次把每行的$(-a_1)$倍加至下一行,得

$$D_n=\begin{vmatrix}1 & 1 & 1 & \cdots & 1\\ 0 & a_2-a_1 & a_3-a_1 & \cdots & a_n-a_1\\ 0 & a_2(a_2-a_1) & a_3(a_3-a_1) & \cdots & a_n(a_n-a_1)\\ \vdots & \vdots & \vdots & & \vdots\\ 0 & a_2^{n-2}(a_2-a_1) & a_3^{n-2}(a_3-a_1) & \cdots & a_n^{n-2}(a_n-a_1)\end{vmatrix}$$

按第 1 列展开，然后提出每列的公因子，得

$$D_n=(a_2-a_1)(a_3-a_1)\cdots(a_n-a_1)\begin{vmatrix}1 & 1 & \cdots & 1\\ a_2 & a_3 & \cdots & a_n\\ \vdots & \vdots & & \vdots\\ a_2^{n-2} & a_3^{n-2} & \cdots & a_n^{n-2}\end{vmatrix}$$

上式右端的行列式是一个 $n-1$ 阶的范德蒙行列式，由归纳假设，它等于 $\prod\limits_{2\leqslant j<i\leqslant n}(a_i-a_j)$，于是得

$$\begin{aligned}D_n&=(a_2-a_1)(a_3-a_1)\cdots(a_n-a_1)\prod_{2\leqslant j<i\leqslant n}(a_i-a_j)\\&=\prod_{1\leqslant j<i\leqslant n}(a_i-a_j).\end{aligned}$$

所以，(1.19)式对任意正整数 $n(n\geqslant 2)$ 均成立. ▎

例 1.10　计算 5 阶行列式

$$D_5=\begin{vmatrix}2 & -1 & 0 & 0 & 0\\ -1 & 2 & -1 & 0 & 0\\ 0 & -1 & 2 & -1 & 0\\ 0 & 0 & -1 & 2 & -1\\ 0 & 0 & 0 & -1 & 2\end{vmatrix}$$

解　记 D_5 的左上角的 k 阶子式为 D_k，则 D_3，D_4 及 D_5 的结构是相似的. 将 D_5 的 2～5 行都加到第 1 行上去，得

$$D_5=\begin{vmatrix}1 & 0 & 0 & 0 & 1\\ -1 & 2 & -1 & 0 & 0\\ 0 & -1 & 2 & -1 & 0\\ 0 & 0 & -1 & 2 & -1\\ 0 & 0 & 0 & -1 & 2\end{vmatrix}$$

$$\xlongequal{\text{按第 1 行展开}} D_4+(-1)^{1+5}\begin{vmatrix}-1 & 2 & -1 & 0\\ 0 & -1 & 2 & -1\\ 0 & 0 & -1 & 2\\ 0 & 0 & 0 & -1\end{vmatrix}$$

$$= 1 + D_4$$

一般地，有

$$D_n = 1 + D_{n-1}, \quad n \geqslant 3$$

逐次利用此递推关系式，得

$$D_5 = 1 + D_4 = 1 + 1 + D_3 = 2 + D_3 = 2 + 1 + D_2 = 3 + D_2$$

注意 $D_2 = 3$，所以 $D_5 = 3 + 3 = 6$. ▎

从以上几例可以看出，计算阶数较高的行列式的基本方法，是利用行列式的性质进行化简. 其中，又以化为三角形行列式和降阶法最为常用. 对于每个具体的行列式，还应注意观察其特点，以便根据其特点采取适当的化简方法.

第 3 节　克拉默法则

在这一节，将把第一节所讲的利用 2 阶行列式求解 2 元线性方程组的方法，推广到利用 n 阶行列式求解 n 元线性方程组上去，这个法则就是著名的克拉默[①](Cramer)法则.

定理 1.1（克拉默法则） 对于由 n 个方程、n 个未知量组成的线性方程组

$$\begin{cases} a_{11}x_1 + a_{12}x_2 + \cdots + a_{1n}x_n = b_1 \\ a_{21}x_1 + a_{22}x_2 + \cdots + a_{2n}x_n = b_2 \\ \quad\vdots \\ a_{n1}x_1 + a_{a2}x_2 + \cdots + a_{m}x_n = b_n \end{cases} \tag{1.20}$$

其中 $x_1, x_2, \cdots, x_n$ 为未知量；a_{ij} 为第 i 个方程中未知量 x_j 的系数，$i, j = 1, \cdots, n$；$b_1, \cdots, b_n$ 为常数项. 如果它的系数行列式

$$D = \begin{vmatrix} a_{11} & a_{12} & \cdots & a_{1n} \\ a_{21} & a_{22} & \cdots & a_{2n} \\ \vdots & \vdots & & \vdots \\ a_{n1} & a_{n2} & \cdots & a_{m} \end{vmatrix} \neq 0$$

则方程组(1.20)有唯一解

$$x_1 = \frac{D_1}{D}, \quad x_2 = \frac{D_2}{D}, \quad \cdots, \quad x_n = \frac{D_n}{D} \tag{1.21}$$

其中，D_j 是将 D 的第 j 列元素 $a_{1j}, a_{2j}, \cdots, a_{nj}$ 依次用方程组右端的常数项 $b_1, b_2, \cdots, b_n$ 替换后得到的 n 阶行列式，即

① 又译作“克莱姆”.

$$D_j=\begin{vmatrix}a_{11}&\cdots&a_{1,j-1}&b_1&a_{1,j+1}&\cdots&a_{1n}\\a_{21}&\cdots&a_{2,j-1}&b_2&a_{2,j+1}&\cdots&a_{2n}\\\vdots&&\vdots&\vdots&\vdots&&\vdots\\a_{n1}&\cdots&a_{n,j-1}&b_n&a_{n,j+1}&\cdots&a_{nn}\end{vmatrix},\quad j=1,2,\cdots,n$$

证　首先来证(1.21)式是方程组(1.20)的解，即要证明

$$a_{i1}\frac{D_1}{D}+a_{i2}\frac{D_2}{D}+\cdots+a_{in}\frac{D_n}{D}=b_i,\quad i=1,2,\cdots,n \tag{1.22}$$

我们来证明(1.22)式成立：

$$\begin{aligned}\text{左端}&=\frac{1}{D}\sum_{j=1}^{n}a_{ij}D_j &&\text{(将 }D_j\text{ 按第 }j\text{ 列展开)}\\&=\frac{1}{D}\sum_{j=1}^{n}a_{ij}\Big(\sum_{k=1}^{n}b_kA_{kj}\Big) &&\text{(利用双重求和符号的可交换性)}\\&=\frac{1}{D}\sum_{k=1}^{n}b_k\Big(\sum_{j=1}^{n}a_{ij}A_{kj}\Big) &&\text{(利用(1.17)式，只留下 }k=i\text{ 的一项)}\\&=\frac{1}{D}b_i\sum_{j=1}^{n}a_{ij}A_{ij}=\frac{1}{D}b_iD=b_i=\text{右端}\end{aligned}$$

其次还要证解的唯一性，即方程组(1.20)的任一解必如式(1.21)所示. 用 D 的第 j 列元素的代数余子式 $A_{1j},A_{2j},\cdots,A_{nj}$ 分别乘方程组(1.20)的 n 个方程的两端，然后把 n 个方程的两端分别相加，得

$$\Big(\sum_{k=1}^{n}a_{k1}A_{kj}\Big)x_1+\cdots+\Big(\sum_{k=1}^{n}a_{kj}A_{kj}\Big)x_j+\cdots+\Big(\sum_{k=1}^{n}a_{kn}A_{kj}\Big)x_n=\sum_{k=1}^{n}b_kA_{kj}$$

根据式(1.18)可知，上式中 x_j 的系数等于 D，其余 $x_l(l\neq j)$ 的系数均为零；而等式右端(为 D_j 按第 j 列的展开式)等于 D_j，于是有

$$Dx_j=D_j\quad(j=1,2,\cdots,n)$$

由已知条件 $D\neq0$，即得 $x_j=\frac{D_j}{D}$，$(j=1,2,\cdots,n)$. 所以，式(1.21)是方程组(1.20)的唯一解. ▌

例 1.11　用克拉默法则求解方程组

$$\begin{cases}2x_1-x_2+x_3=0\\3x_1+2x_2-5x_3=17\\x_1+3x_2-2x_3=13\end{cases}$$

解　由于方程组的系数行列式

$$D=\begin{vmatrix}2&-1&1\\3&2&-5\\1&3&-2\end{vmatrix}=28\neq0$$

所以方程组有唯一解. 计算可得

$$D_1=\begin{vmatrix}0&-1&1\\17&2&-5\\13&3&-2\end{vmatrix}=56,\quad D_2=\begin{vmatrix}2&0&1\\3&17&-5\\1&13&-2\end{vmatrix}=84$$

$$D_3=\begin{vmatrix}2&-1&0\\3&2&17\\1&3&13\end{vmatrix}=-28$$

将 D,D_1,D_2,D_3 代入式(1.21),得方程组的唯一解为 $x_1=2,x_2=3,x_3=-1$. ▌

例 1.12 问 λ 为何值时,线性方程组

$$\begin{cases}\lambda x_1+x_2+x_3=0\\x_1+\lambda x_2+x_3=0\\x_1+x_2+\lambda x_3=0\end{cases}\tag{1.23}$$

有唯一解? 求此解.

解 要使线性方程组(1.23)有唯一解,由克拉默法则,它的系数行列式必不等于零. 而

$$D=\begin{vmatrix}\lambda&1&1\\1&\lambda&1\\1&1&\lambda\end{vmatrix}\xlongequal[r_1+r_3]{r_1+r_2}\begin{vmatrix}\lambda+2&\lambda+2&\lambda+2\\1&\lambda&1\\1&1&\lambda\end{vmatrix}=(\lambda+2)\begin{vmatrix}1&1&1\\1&\lambda&1\\1&1&\lambda\end{vmatrix}$$

$$\xlongequal[r_3-r_1]{r_2-r_1}(\lambda+2)\begin{vmatrix}1&1&1\\0&\lambda-1&0\\0&0&\lambda-1\end{vmatrix}=(\lambda+2)(\lambda-1)^2$$

由 $D\neq0$ 知,当 $\lambda\neq1,\lambda\neq-2$ 时,方程组有唯一解. 由式(1.21)知 $x_1=x_2=x_3=0$ 为方程组的唯一解. ▌

克拉默法则是线性方程组理论中的一个重要结果,它给出了 n 个未知量、n 个方程的线性方程组有唯一解的充分必要条件,即它的系数行列式 $D\neq0$,同时给出了求唯一解的公式(1.21). 克拉默法则在线性代数中有着重要的理论价值,在本书的后几章中还将多次用到这一理论结果.

然而,克拉默法则在处理线性方程组时有很大的局限性. 首先,它不能适用于方程组中方程的个数与未知量的个数不相同的一般情况. 其次,当未知量 n 较大时,要计算 $n+1$ 个 n 阶行列式时,计算量相当大. 所以,在具体求解方程组时很少用克拉默法则.

另外,克拉默法则只告诉我们,当系数行列式 $D\neq0$ 时,方程组存在唯一解. 但是,它并没有告诉我们当 $D=0$ 时,究竟是否有解? 若有解,有多少解? 而线性方程组的基本问题恰恰要我们回答下列的问题:即什么时候有解? 什么时候

无解？什么时候会有很多的解？在行列式的理论和克拉默法则中很难找到满意的答案. 所以,我们必须寻求别的方法来解决. 从下章开始的矩阵理论和方法是能够回答这些问题的极有效的工具.

习　题　一

(A)

1. 利用公式(1.6)求解方程组

$$\begin{cases} 3x_1 + 2x_2 = 6 \\ 5x_1 + 3x_2 = 8 \end{cases}$$

2. 设 D 为 4 阶行列式,A_{ij} 为 D 中 a_{ij} 的代数余子式.

(1) $D=\begin{vmatrix} 1 & -1 & 0 & 2 \\ 3 & 5 & -8 & 9 \\ 2 & 0 & -4 & 2 \\ 1 & 2 & 10 & 4 \end{vmatrix}$

求 A_{22} 和 A_{34}.

(2) $D=\begin{vmatrix} 1 & 0 & 0 & 0 \\ 1 & 1 & 1 & 1 \\ 2 & 1 & 0 & 7 \\ 2 & 4 & 1 & 8 \end{vmatrix}$

求 $A_{31}+A_{32}+A_{33}+A_{34}$.

3. 计算下列行列式

(1) $\begin{vmatrix} 2 & 1 & 4 \\ -4 & 3 & 7 \\ 4 & 6 & 10 \end{vmatrix}$

(2) $\begin{vmatrix} 4 & 1 & 2 & 4 \\ 1 & 2 & 0 & 2 \\ 10 & 5 & 2 & 0 \\ 0 & 1 & 1 & 7 \end{vmatrix}$

(3) $\begin{vmatrix} -ab & ac & ae \\ bd & -cd & de \\ bf & cf & -ef \end{vmatrix}$

(4) $\begin{vmatrix} a & 1 & 0 & 0 \\ -1 & b & 1 & 0 \\ 0 & -1 & c & 1 \\ 0 & 0 & -1 & d \end{vmatrix}$

4. 证明下列等式

(1) $\begin{vmatrix} a^2 & ab & b^2 \\ 2a & a+b & 2b \\ 1 & 1 & 1 \end{vmatrix}=(a-b)^3$

(2) $\begin{vmatrix} a_1+b_1x & a_1x+b_1 & c_1 \\ a_2+b_2x & a_2x+b_2 & c_2 \\ a_3+b_3x & a_3x+b_3 & c_3 \end{vmatrix}=(1-x^2)\begin{vmatrix} a_1 & b_1 & c_1 \\ a_2 & b_2 & c_2 \\ a_3 & b_3 & c_3 \end{vmatrix}$

(3) $\begin{vmatrix} a^2 & (a+1)^2 & (a+2)^2 & (a+3)^2 \\ b^2 & (b+1)^2 & (b+2)^2 & (b+3)^2 \\ c^2 & (c+1)^2 & (c+2)^2 & (c+3)^2 \\ d^2 & (d+1)^2 & (d+2)^2 & (d+3)^2 \end{vmatrix}=0$

(4) $\begin{vmatrix} a & a^2 & a^3 \\ b & b^2 & b^3 \\ c & c^2 & c^3 \end{vmatrix} = abc(c-a)(c-b)(b-a)$

5. 计算下列 n 阶行列式

(1) $\begin{vmatrix} a & 0 & \cdots & 0 & 1 \\ 0 & a & \cdots & 0 & 0 \\ \vdots & \vdots & \ddots & \vdots & \vdots \\ 0 & 0 & \cdots & a & 0 \\ 1 & 0 & \cdots & 0 & a \end{vmatrix}$，其中主对角线上的元素都是 a，其他未写出的元素都是 0.

(2) $\begin{vmatrix} 0 & 1 & 1 & \cdots & 1 \\ 1 & 0 & 1 & \cdots & 1 \\ 1 & 1 & 0 & \cdots & 1 \\ \vdots & \vdots & \vdots & \ddots & \vdots \\ 1 & 1 & 1 & \cdots & 0 \end{vmatrix}$　　(3) $\begin{vmatrix} x & a & \cdots & a \\ a & x & \cdots & a \\ \vdots & \vdots & \ddots & \vdots \\ a & a & \cdots & x \end{vmatrix}$

(4) $\begin{vmatrix} 1+a_1 & 1 & \cdots & 1 \\ 1 & 1+a_2 & \cdots & 1 \\ \vdots & \vdots & & \vdots \\ 1 & 1 & \cdots & 1+a_n \end{vmatrix}$，其中($a_1a_2\cdots a_n \neq 0$)

6. 用克拉默法则求解下列方程组

(1) $\begin{cases} 2x_1 - x_2 - x_3 = 4 \\ 3x_1 + 4x_2 - 2x_3 = 11 \\ 3x_1 - 2x_2 + 4x_3 = 11 \end{cases}$　　(2) $\begin{cases} x_1 + x_2 + x_3 + x_4 = 5 \\ x_1 + 2x_2 - x_3 + 4x_4 = -2 \\ 2x_1 - 3x_2 - x_3 - 5x_4 = -2 \\ 3x_1 + x_2 + 2x_3 + 11x_4 = 0 \end{cases}$

7. λ 为何值时，下列方程组有唯一解

(1) $\begin{cases} \lambda x_1 + x_2 + x_3 = 0 \\ x_1 + \lambda x_2 + x_3 = 0 \\ 3x_1 - x_2 + x_3 = 0 \end{cases}$　　(2) $\begin{cases} (1-\lambda)x_1 - 2x_2 + 4x_3 = 0 \\ 2x_1 + (3-\lambda)x_2 + x_3 = 0 \\ x_1 + x_2 + (1-\lambda)x_3 = 0 \end{cases}$

(B)

1. 计算行列式

(1) $\begin{vmatrix} x & y & x+y \\ y & x+y & x \\ x+y & x & y \end{vmatrix}$　　(2) $\begin{vmatrix} 1 & 1 & 1 \\ a & b & c \\ a^3 & b^3 & c^3 \end{vmatrix}$

2. 利用范德蒙行列式计算 $n+1$ 阶行列式

$$D_{n+1}=\begin{vmatrix} a^n & (a-1)^n & \cdots & (a-n)^n \\ a^{n-1} & (a-1)^{n-1} & \cdots & (a-n)^{n-1} \\ \vdots & \vdots & & \vdots \\ a & a-1 & \cdots & a-n \\ 1 & 1 & \cdots & 1 \end{vmatrix}$$

3. 证明

$$D_{2n}=\begin{vmatrix} a_n & & & & & b_n \\ & \ddots & & & \unicode{x22F0} & \\ & & a_1 & b_1 & & \\ & & c_1 & d_1 & & \\ & \unicode{x22F0} & & & \ddots & \\ c_n & & & & & d_n \end{vmatrix}=\prod_{i=1}^{n}(a_i d_i - b_i c_i)$$

其中,不在两条对角线上的元素都是 0.

4. 问 λ,μ 为何值时,下列方程组只有零解:$x_1=0, x_2=0, x_3=0$.

$$\begin{cases} \lambda x_1+x_2+x_3=0 \\ x_1+\mu x_2+x_3=0 \\ x_1+2\mu x_2+x_3=0 \end{cases}$$

复　习　题　一

1. 填空题

(1) 3 阶行列式 $D_3=\begin{vmatrix} 0 & 0 & 1 \\ 0 & 2 & 0 \\ 3 & 0 & 0 \end{vmatrix}=$________.

(2) 设 $\begin{vmatrix} a & b & 0 \\ -b & a & 0 \\ 100 & 0 & -1 \end{vmatrix}=0$, 则 $a=$________, $b=$________.

(3) 设 $\begin{vmatrix} 2 & 1 & -1 \\ 1 & 1 & 1 \\ 4 & -1 & 0 \end{vmatrix}$, 则 $A_{31}+A_{32}+A_{33}=$________.

(4) 4 阶行列式 $\begin{vmatrix} 1 & 2 & 0 & 0 \\ 3 & 4 & 0 & 0 \\ 0 & 0 & 5 & 4 \\ 0 & 0 & 4 & 5 \end{vmatrix}=$________.

(5) 若齐次线性方程组

$$\begin{cases} \lambda x_1+x_2+x_3=0 \\ x_1+\lambda x_2+x_3=0 \\ x_1+x_2+x_3=0 \end{cases}$$

只有零解，则 λ 应满足的条件是________.

2. 选择题

(1) 设 D_n 为 n 阶行列式，则 $D_n=0$ 的必要条件是(　　).

(A) D_n 中有两行(列)元素对应成比例

(B) D_n 中有一行(列)元素为零

(C) D_n 中各行元素之和为零，或 D_n 中各列元素之和为零

(D) 以 D_n 为系数行列式的齐次线性方程组有非零解，即 x_i 不全为零的解.

(2) 四阶行列式

$$\begin{vmatrix} a_1 & 0 & 0 & b_1 \\ 0 & a_2 & b_2 & 0 \\ 0 & b_3 & a_3 & 0 \\ b_4 & 0 & 0 & a_4 \end{vmatrix}$$

的值等于(　　).

(A) $a_1a_2a_3a_4-b_1b_2b_3b_4$　　(B) $a_1a_2a_3a_4+b_1b_2b_3b_4$

(C) $(a_1a_2-b_1b_2)(a_3a_4-b_3b_4)$　　(D) $(a_2a_3-b_2b_3)(a_1a_4-b_1b_4)$

(3) 行列式

$$\begin{vmatrix} a_1+b & a_1+c & 1 \\ a_2+b & a_2+c & 1 \\ a_3+b & a_3+c & 0 \end{vmatrix}$$

之值为(　　).

(A) 0　　(B) $b-c$　　(C) $(c-b)(a_2-a_1)$　　(D) $b(a_2-a_1)$

(4) 若

$$D=\begin{vmatrix} a_{11} & a_{12} & a_{13} \\ a_{21} & a_{22} & a_{23} \\ a_{31} & a_{32} & a_{33} \end{vmatrix}=1,\qquad D_1=\begin{vmatrix} 5a_{11} & 4a_{11}-a_{12} & a_{13} \\ 5a_{21} & 4a_{21}-a_{22} & a_{23} \\ 5a_{31} & 4a_{31}-a_{32} & a_{33} \end{vmatrix}$$

则 D_1 等于(　　).

(A) 5　　(B) -5　　(C) 20　　(D) -20

(5) 记行列式

$$\begin{vmatrix} x-2 & x-1 & x-2 & x-3 \\ 2x-2 & 2x-1 & 2x-2 & 2x-3 \\ 3x-3 & 3x-2 & 4x-5 & 3x-5 \\ 4x & 4x-3 & 5x-7 & 4x-3 \end{vmatrix}$$

为 $f(x)$，则方程 $f(x)=0$ 的根的个数为(　　).

(A) 1　　(B) 2　　(C) 3　　(D) 4

3. 计算下列行列式

(1) $\begin{vmatrix} 3 & 2 & 1 & 1 \\ 2 & 3 & 5 & 9 \\ -1 & 2 & 5 & -2 \\ 1 & 0 & -1 & 3 \end{vmatrix}$　　(2) $\begin{vmatrix} 1 & 1 & 2 & 3 \\ 1 & 2-x^2 & 2 & 3 \\ 2 & 3 & 1 & 5 \\ 2 & 3 & 1 & 9-x^2 \end{vmatrix}$

4. 计算行列式

$$D=\begin{vmatrix} -a_1 & a_1 & 0 & 0 & 0 \\ 0 & -a_2 & a_2 & 0 & 0 \\ 0 & 0 & -a_3 & a_3 & 0 \\ 0 & 0 & 0 & -a_4 & a_4 \\ 1 & 1 & 1 & 1 & 1 \end{vmatrix}$$

5. 解线性方程组

$$\begin{cases} 2x_1+x_2+x_3+x_4=1 \\ x_1+x_2+2x_3+4x_4=\dfrac{1}{2} \\ 2x_1-x_2+x_3-x_4=1 \\ 2x_1+3x_2+4x_3+27x_4=1 \end{cases}$$

6. 论述题

(1) 余子式与代数余子式有什么特点？它们之间有什么联系？

(2) 学习克拉默法则的意义是什么？

第2章　矩　阵

矩阵是最基本的数学概念之一，是代数学特别是线性代数的主要研究对象之一，也是数学研究和应用的一个重要工具．矩阵为应用计算机进行科学计算与研究以及日常管理等带来极大的方便与可能．本章主要介绍矩阵的基本概念及其基本运算．矩阵理论是线性代数的基础，因此本章的学习对后面各章的学习是十分重要的．

第1节　矩阵及其运算

2.1.1　矩阵的概念

在给出矩阵的定义之前，我们先来看1个有关矩阵的简单例子．

例2.1　在平面直角坐标系中，坐标轴绕原点沿逆时针方向旋转 θ 角（图2.1），点 M 的新坐标 (x',y') 和旧坐标 (x,y) 之间的关系①为

$$\begin{cases} x=\cos\theta x'-\sin\theta y' \\ y=\sin\theta x'+\cos\theta y' \end{cases} \tag{2.1}$$

显然，由 x',y' 的系数所形成的矩形数表

$$\begin{bmatrix} \cos\theta & -\sin\theta \\ \sin\theta & \cos\theta \end{bmatrix} \tag{2.2}$$

可以完全刻画新旧坐标之间的这种关系．矩形数表(2.2)在研究平面直角坐标系旋转变换(2.1)的性质，及二次曲线方程的化简中十分有用．

数学上把一个矩形数表就称为一个矩阵．在自然科学、工程技术和生产实践中有许多实际问题的数学表述和研究都要用到矩阵，从而促使了矩阵概念的

---

①　在图2.1中，设 $|OM|=r$，则有

$$\begin{cases} x=r\cos\varphi \\ y=r\sin\phi \end{cases},\quad \begin{cases} x'=r\cos\varphi' \\ y'=r\sin\varphi' \end{cases}$$

由于 $\varphi=\varphi'+\theta$，所以

$x=r\cos\varphi=r\cos(\varphi'+\theta)=r(\cos\varphi'\cos\theta-\sin\phi'\sin\theta)=(r\cos\varphi')\cos\theta-(r\sin\varphi')\sin\theta=\cos\theta x'-\sin\theta y'$，

同理可得 $y=\sin\theta x'+\cos\theta y'$．

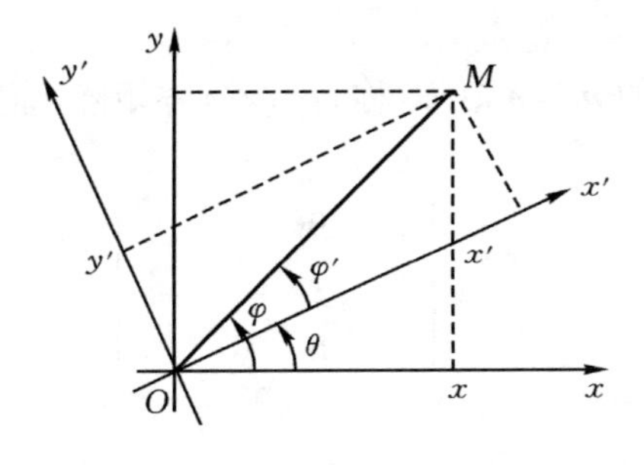

图 2.1

产生,及对其理论及应用的深入研究.

定义 2.1(矩阵)　由 $m\times n$ 个数 $a_{ij}(i=1,\cdots,m;j=1,\cdots,n)$ 排成的 m 行、n 列的矩形数表

$$\begin{bmatrix} a_{11} & a_{12} & \cdots & a_{1n} \\ a_{21} & a_{22} & \cdots & a_{2n} \\ \vdots & \vdots & & \vdots \\ a_{m1} & a_{m2} & \cdots & a_{mn} \end{bmatrix} \tag{2.3}$$

称为一个 $m\times n$ **矩阵**. 其中 a_{ij} 称为该矩阵的第 i 行第 j 列元素,简称为该矩阵的 (i,j) 元素. i 与 j 分别称为元素 a_{ij} 的行标与列标.

元素是实(复)数的矩阵称为**实(复)矩阵**. 但是本章的矩阵主要用实矩阵来举例子.

例如,矩阵

$$\begin{bmatrix} 1 & -2 & 3 \\ 6 & 0 & 8 \end{bmatrix}$$

就是一个 2×3 实矩阵,它的(1,2)元素是 -2.

通常用大写黑体英文字母表示矩阵. 如果用 $\boldsymbol{A}$ 表示式(2.3)中的矩阵,则因它的 (i,j) 元素是 a_{ij},所以也可以把它简记为 $\boldsymbol{A}=(a_{ij})_{m\times n}$ 或 $\boldsymbol{A}=(a_{ij})$,如果只强调它的行数和列数分别是 m 和 n,也可把它简记为 $\boldsymbol{A}_{m\times n}$.

当 $m=n$ 时,矩阵 $\boldsymbol{A}=(a_{ij})_{n\times n}$ 称为 **n 阶方阵**或 **n 阶矩阵**. 例如代表平面上坐标旋转变换的矩阵(2.2)就是一个 2 阶方阵. 对于方阵 $\boldsymbol{A}=(a_{ij})_{n\times n}$,称元素 $a_{11},a_{22},\cdots,a_{nn}$ 所在的对角线为 $\boldsymbol{A}$ 的**主对角线**,而称元素 $a_{1n},a_{2,n-1},\cdots,a_{n1}$ 所在的对角线为 $\boldsymbol{A}$ 的**副(或次)对角线**. 相应地,称位于主(副)对角线上的元素为主(副)对角线元素.

下面介绍几种重要的特殊矩阵.

1. 零矩阵

所有元素都是零的 $m\times n$ 矩阵，称为 $m\times n$ 零矩阵，记为 $\boldsymbol{O}_{m\times n}$ 或 $\boldsymbol{O}$，即

$$\boldsymbol{O}=\begin{bmatrix}0&0&\cdots&0\\0&0&\cdots&0\\\vdots&\vdots&&\vdots\\0&0&\cdots&0\end{bmatrix}$$

2. 单位矩阵

主对角线元素都是 1，而其他元素全为零的 n 阶方阵

$$\begin{bmatrix}1&0&\cdots&0\\0&1&\cdots&0\\\vdots&\vdots&&\vdots\\0&0&\cdots&1\end{bmatrix}$$

称为 n 阶单位矩阵，记为 $\boldsymbol{I}$ 或 $\boldsymbol{E}$，有时为了明确其阶数，也把它记为 $\boldsymbol{I}_n$ 或 $\boldsymbol{E}_n$.

3. 行矩阵与列矩阵

仅有 1 行的 $1\times n$ 矩阵

$$\boldsymbol{\alpha}=[a_1\quad a_2\quad\cdots\quad a_n]$$

称为一个行矩阵或 n 维行向量，并称数 a_i 为向量 $\boldsymbol{\alpha}$ 的第 i 个分量(或坐标)($i=1,2,\cdots,n$). 为了区分行向量的分量，行向量也常写成

$$\boldsymbol{\alpha}=(a_1,a_2,\cdots,a_n)$$

仅有 1 列的 $m\times 1$ 矩阵

$$\boldsymbol{\beta}=\begin{bmatrix}b_1\\b_2\\\vdots\\b_m\end{bmatrix}$$

称为一个列矩阵或 m 维列向量，并称数 b_i 为向量 $\boldsymbol{\beta}$ 的第 i 个分量(或坐标)($i=1,2,\cdots,m$).

4. 上(下)三角矩阵

主对角线下(上)边的元素全为零的 n 阶方阵. 称为上(下)三角矩阵. 例如，矩阵

$$\begin{bmatrix}1&2&3\\0&0&4\\0&0&8\end{bmatrix}$$

就是一个 3 阶上三角矩阵.

5. 对角矩阵

主对角线以外的元素全为零的 n 阶方阵

$$\boldsymbol{D}=\begin{bmatrix} d_1 & 0 & \cdots & 0 \\ 0 & d_2 & \cdots & 0 \\ \vdots & \vdots & & \vdots \\ 0 & 0 & \cdots & d_n \end{bmatrix}$$

称为 n 阶对角矩阵,它也可简记成 $\boldsymbol{D}=\mathrm{diag}(d_1,d_2,\cdots,d_n)$.

从矩阵的定义可以看出,矩阵可以是各种各样的矩形数表. 为了判断矩阵的异同以及后面定义矩阵运算的需要,我们引入矩阵相等的概念. 简单地说,所谓两个矩阵相等,就是它们"完全相同",用精确的数学语言来说就是:

定义 2.2 (矩阵相等) 设矩阵 $\boldsymbol{A}=(a_{ij})_{m\times n}$,$\boldsymbol{B}=(b_{ij})_{m\times n}$,若 $\boldsymbol{A}$ 与 $\boldsymbol{B}$ 的行数与列数都分别相等,则称矩阵 $\boldsymbol{A}$ 与 $\boldsymbol{B}$ 为**同型矩阵**. 如果上述两个同型矩阵 $\boldsymbol{A}$ 与 $\boldsymbol{B}$ 的对应元素都相等,即 $a_{ij}=b_{ij}(i=1,\cdots,m;j=1,\cdots,n)$,则称 $\boldsymbol{A}$ 与 $\boldsymbol{B}$ **相等**,记为 $\boldsymbol{A}=\boldsymbol{B}$.

例如

$$\begin{bmatrix} a+b & 3 \\ 0 & d \end{bmatrix}=\begin{bmatrix} 1 & a-b \\ c & 8 \end{bmatrix}$$

意味着 $a+b=1,a-b=3,c=0,d=8$,因此有 $a=2,b=-1,c=0,d=8$.

注意,两个不同型的矩阵必不相等. 特别注意,两个不同型的零矩阵是不相等的(虽然它们的元素都是零),两个阶数不同的单位矩阵也是不相等的(虽然它们的形状相似).

下面引入矩阵的基本运算,并讨论这些运算的基本性质. 矩阵的运算也是现实世界中数量关系的一种反映,它是矩阵理论中最基本的内容之一. 正是由于矩阵各种运算的引入,才使矩阵理论获得了广泛的应用.

2.1.2 矩阵的代数运算

定义 2.3 (矩阵加法) 设 $\boldsymbol{A}=(a_{ij})_{m\times n}$ 和 $\boldsymbol{B}=(b_{ij})_{m\times n}$ 是两个同型矩阵,规定 $\boldsymbol{A}$ 与 $\boldsymbol{B}$ 的和是由 $\boldsymbol{A}$ 与 $\boldsymbol{B}$ 的对应元素相加所得到的 $m\times n$ 矩阵,记为 $\boldsymbol{A}+\boldsymbol{B}$,即

$$\boldsymbol{A}+\boldsymbol{B}=(a_{ij}+b_{ij})_{m\times n}$$

例如

$$\begin{bmatrix} 1 & 2 & 3 \\ -1 & 0 & 7 \end{bmatrix}+\begin{bmatrix} 2 & 3 & 7 \\ 1 & 2 & 1 \end{bmatrix}=\begin{bmatrix} 3 & 5 & 10 \\ 0 & 2 & 8 \end{bmatrix}$$

由定义可见,只有同型矩阵才可以相加,而且同型矩阵相加归结为它们的对应元素相加. 因此应特别注意不同型的矩阵不能相加.

对于矩阵 $\boldsymbol{B}=(b_{ij})_{m\times n}$，称矩阵 $(-b_{ij})_{m\times n}$ 为 $\boldsymbol{B}$ 的**负矩阵**，记为 $-\boldsymbol{B}$. 由负矩阵可以定义矩阵的**减法**为

$$\boldsymbol{A}-\boldsymbol{B}=\boldsymbol{A}+(-\boldsymbol{B})=(a_{ij}-b_{ij})_{m\times n}$$

即两个同型矩阵相减，归结为它们的对应元素相减. 由此可知，当矩阵 $\boldsymbol{A}$ 与 $\boldsymbol{B}$ 相等时，就有 $\boldsymbol{A}-\boldsymbol{B}=\boldsymbol{O}$；反过来，当 $\boldsymbol{A}-\boldsymbol{B}=\boldsymbol{O}$ 时，也有 $\boldsymbol{A}=\boldsymbol{B}$. 即同型矩阵 $\boldsymbol{A}$ 与 $\boldsymbol{B}$ 相等的充要条件是 $\boldsymbol{A}-\boldsymbol{B}=\boldsymbol{O}$.

矩阵的加法运算满足下列运算规律(假定其中的运算都有意义)：

(1) $\boldsymbol{A}+\boldsymbol{B}=\boldsymbol{B}+\boldsymbol{A}$ (加法交换律)

(2) $(\boldsymbol{A}+\boldsymbol{B})+\boldsymbol{C}=\boldsymbol{A}+(\boldsymbol{B}+\boldsymbol{C})$ (加法结合律)

(3) $\boldsymbol{A}+\boldsymbol{O}=\boldsymbol{A}$ (零矩阵的作用)

(4) $\boldsymbol{A}+(-\boldsymbol{A})=\boldsymbol{O}$ (负矩阵的作用)

利用定义，很容易验证这些运算规律. 比如为验证加法交换律，设 $\boldsymbol{A}=(a_{ij})_{m\times n}$，$\boldsymbol{B}=(b_{ij})_{m\times n}$，则由数的加法满足交换律，立即可得

$$\boldsymbol{A}+\boldsymbol{B}=(a_{ij}+b_{ij})_{m\times n}=(b_{ij}+a_{ij})_{m\times n}=\boldsymbol{B}+\boldsymbol{A}$$

由于矩阵加法满足结合律，所以在三个或三个以上同型矩阵相加时，可以不加括号. 例如三个矩阵 $\boldsymbol{A},\boldsymbol{B},\boldsymbol{C}$ 之和就可以写成 $\boldsymbol{A}+\boldsymbol{B}+\boldsymbol{C}$.

定义 2.4 (数乘矩阵) 设矩阵 $\boldsymbol{A}=(a_{ij})_{m\times n}$，$k$ 为数，规定 k 与 $\boldsymbol{A}$ 的数乘是用 k 去乘 $\boldsymbol{A}$ 的每个元素所得到的 $m\times n$ 矩阵，记为 $k\boldsymbol{A}$，即

$$k\boldsymbol{A}=(ka_{ij})_{m\times n}$$

例如

$$(-2)\begin{bmatrix}1 & 2\\3 & 0\end{bmatrix}=\begin{bmatrix}-2 & -4\\-6 & 0\end{bmatrix}$$

矩阵的数乘运算满足下列运算规律(其中 $\boldsymbol{A},\boldsymbol{B}$ 为任意 $m\times n$ 同型矩阵，k,l 为任意常数)：

(1) $1\boldsymbol{A}=\boldsymbol{A}$

(2) $k(l\boldsymbol{A})=(kl)\boldsymbol{A}$ (结合律)

(3) $(k+l)\boldsymbol{A}=k\boldsymbol{A}+l\boldsymbol{A}$ (分配律)

(4) $k(\boldsymbol{A}+\boldsymbol{B})=k\boldsymbol{A}+k\boldsymbol{B}$ (分配律)

矩阵的加法及数乘运算统称为矩阵的**线性运算**.

例 2.2 设矩阵 $\boldsymbol{C}$ 满足关系式 $3(\boldsymbol{A}+\boldsymbol{C})=2(\boldsymbol{B}-\boldsymbol{C})$，其中矩阵

$$\boldsymbol{A}=\begin{bmatrix}2 & 3 & 6\\-1 & 3 & 5\end{bmatrix},\quad \boldsymbol{B}=\begin{bmatrix}3 & 2 & 4\\1 & -3 & 5\end{bmatrix}$$

求矩阵 $\boldsymbol{C}$.

解 由题设关系式，利用矩阵线性运算的运算规律解得

$$C = \frac{1}{5}(2B - 3A)$$

由于

$$2B - 3A = \begin{bmatrix} 6 & 4 & 8 \\ 2 & -6 & 10 \end{bmatrix} - \begin{bmatrix} 6 & 9 & 18 \\ -3 & 9 & 15 \end{bmatrix} = \begin{bmatrix} 0 & -5 & -10 \\ 5 & -15 & -5 \end{bmatrix}$$

所以

$$C = \frac{1}{5}\begin{bmatrix} 0 & -5 & -10 \\ 5 & -15 & -5 \end{bmatrix} = \begin{bmatrix} 0 & -1 & -2 \\ 1 & -3 & -1 \end{bmatrix} \quad \blacksquare$$

定义 2.5（矩阵乘法） 设矩阵 $A=(a_{ij})_{m\times s}$，$B=(b_{ij})_{s\times n}$，规定 A 与 B 的乘积为矩阵 $C=(c_{ij})_{m\times n}$，记为 $AB=C$，其中

$$c_{ij} = a_{i1}b_{1j} + a_{i2}b_{2j} + \cdots + a_{is}b_{sj} = \sum_{k=1}^{s} a_{ik}b_{kj}, \quad i = 1,\cdots,m; j = 1,\cdots,n$$

即 AB 的第 i 行第 j 列元素为 A 的第 i 行各元素分别与 B 的第 j 列对应元素的乘积之和.

关于矩阵乘法的定义，必须注意以下两点：

(1) 因为乘积矩阵 AB 的 (i,j) 元素规定为左边矩阵 A 的第 i 行元素与右边矩阵 B 的第 j 列对应元素的乘积之和，所以只有当左边矩阵的列数等于右边矩阵的行数时，它们才可以相乘，否则不能相乘；

(2) 乘积矩阵的行数等于左边矩阵的行数，乘积矩阵的列数等于右边矩阵的列数. 矩阵 $A_{m\times s}$ 与 $B_{s\times n}$ 相乘可用图 2.2 来表示，当内部的两个数字相同时，AB 就有意义，此时外边的两个数字就分别给出了乘积矩阵 AB 的行数和列数.

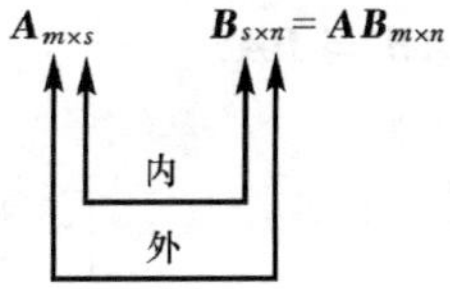

图 2.2

例 2.3 设矩阵

$$A = \begin{bmatrix} 1 & 2 \\ 3 & 4 \\ -1 & 0 \\ 7 & -1 \end{bmatrix}, \qquad B = \begin{bmatrix} 1 & 2 & 0 \\ -1 & 3 & 4 \end{bmatrix}$$

求 AB.

解 因为 A 是一个 4×2 矩阵，B 是一个 2×3 矩阵，所以 A 与 B 可以相乘，且 AB 是 4×3 矩阵. 由定义可得

$$\boldsymbol{AB}=\begin{bmatrix}1 & 2\\3 & 4\\-1 & 0\\7 & -1\end{bmatrix}\begin{bmatrix}1 & 2 & 0\\-1 & 3 & 4\end{bmatrix}$$

$$=\begin{bmatrix}1\times1+2\times(-1) & 1\times2+2\times3 & 1\times0+2\times4\\3\times1+4\times(-1) & 3\times2+4\times3 & 3\times0+4\times4\\-1\times1+0\times(-1) & -1\times2+0\times3 & -1\times0+0\times4\\7\times1+(-1)\times(-1) & 7\times2+(-1)\times3 & 7\times0+(-1)\times4\end{bmatrix}$$

$$=\begin{bmatrix}-1 & 8 & 8\\-1 & 18 & 16\\-1 & -2 & 0\\8 & 11 & -4\end{bmatrix}$$ ▎

注意,例 2.3 中的 $\boldsymbol{B}$ 与 $\boldsymbol{A}$ 不能相乘,因为 $\boldsymbol{B}$ 的列数不等于 $\boldsymbol{A}$ 的行数.

例 2.4 设矩阵

$$\boldsymbol{A}=\begin{bmatrix}a_1\\a_2\\\vdots\\a_n\end{bmatrix},\qquad \boldsymbol{B}=\begin{bmatrix}b_1 & b_2 & \cdots & b_n\end{bmatrix}$$

求 $\boldsymbol{AB}$ 与 $\boldsymbol{BA}$.

解

$$\boldsymbol{AB}=\begin{bmatrix}a_1\\a_2\\\vdots\\a_n\end{bmatrix}\begin{bmatrix}b_1 & b_2 & \cdots & b_n\end{bmatrix}=\begin{bmatrix}a_1b_1 & a_1b_2 & \cdots & a_1b_n\\a_2b_1 & a_2b_2 & \cdots & a_2b_n\\\vdots & \vdots & & \vdots\\a_nb_1 & a_nb_2 & \cdots & a_nb_n\end{bmatrix}$$

$$\boldsymbol{BA}=\begin{bmatrix}b_1 & b_2 & \cdots & b_n\end{bmatrix}\begin{bmatrix}a_1\\a_2\\\vdots\\a_n\end{bmatrix}=b_1a_1+b_2a_2+\cdots+b_na_n$$

可见 $\boldsymbol{AB}$ 是一个 n 阶方阵,而 $\boldsymbol{BA}$ 是一个 1 阶方阵或者说是一个数. 当 $n\geqslant2$ 时,显然有 $\boldsymbol{AB}\neq\boldsymbol{BA}$. ▎

例 2.4 中的 $\boldsymbol{B}$ 与 $\boldsymbol{A}$ 相乘,左边矩阵 $\boldsymbol{B}$ 是一个行矩阵,右边矩阵 $\boldsymbol{A}$ 是一个列矩阵,则乘积 $\boldsymbol{BA}$ 是一个数. 其实,我们求一般乘积矩阵的元素时,也都是作这种乘法. 所以,我们也说矩阵乘法的实质就是"左行乘右列".

例 2.5　设矩阵

$$\boldsymbol{A}=\begin{bmatrix}1&0\\1&0\end{bmatrix},\qquad \boldsymbol{B}=\begin{bmatrix}0&0\\1&1\end{bmatrix}$$

求 $\boldsymbol{AB}$ 及 $\boldsymbol{BA}$.

解

$$\boldsymbol{AB}=\begin{bmatrix}1&0\\1&0\end{bmatrix}\begin{bmatrix}0&0\\1&1\end{bmatrix}=\begin{bmatrix}0&0\\0&0\end{bmatrix}=\boldsymbol{O}$$

$$\boldsymbol{BA}=\begin{bmatrix}0&0\\1&1\end{bmatrix}\begin{bmatrix}1&0\\1&0\end{bmatrix}=\begin{bmatrix}0&0\\2&0\end{bmatrix}$$ ▌

注意,例 2.5 中的 $\boldsymbol{AB}$ 与 $\boldsymbol{BA}$ 虽然都是 2 阶方阵,但 $\boldsymbol{AB}\neq\boldsymbol{BA}$.

从以上几例可以看出矩阵乘法不满足交换律,就是说:当 $\boldsymbol{A}$ 与 $\boldsymbol{B}$ 可以相乘时,$\boldsymbol{B}$ 与 $\boldsymbol{A}$ 不一定能相乘;即使 $\boldsymbol{AB}$ 与 $\boldsymbol{BA}$ 都有意义,$\boldsymbol{AB}$ 与 $\boldsymbol{BA}$ 也不一定相等. 所以,在矩阵乘法运算中,不可随意颠倒相乘的两个矩阵的次序. 为了区分相乘矩阵的次序,我们也常把乘积 $\boldsymbol{AB}$ 说成是"用 $\boldsymbol{A}$ 左乘 $\boldsymbol{B}$"或"用 $\boldsymbol{B}$ 右乘 $\boldsymbol{A}$". "左乘"与"右乘"一般是不同的,这一点是和数的乘法运算不同的,读者应该特别注意.

矩阵乘法不满足交换律,但并不是说对所有的矩阵 $\boldsymbol{A}$、$\boldsymbol{B}$,都有 $\boldsymbol{AB}\neq\boldsymbol{BA}$. 例如,当 $\boldsymbol{A}$、$\boldsymbol{B}$ 都是 n 阶对角矩阵时,就有 $\boldsymbol{AB}=\boldsymbol{BA}$(请读者自己验证).

从例 2.5 还可以看出,虽然矩阵 $\boldsymbol{A}\neq\boldsymbol{O}$,$\boldsymbol{B}\neq\boldsymbol{O}$,但却有 $\boldsymbol{AB}=\boldsymbol{O}$. 这表明:在矩阵乘法中,当 $\boldsymbol{AB}=\boldsymbol{O}$ 时,不一定有 $\boldsymbol{A}=\boldsymbol{O}$ 或 $\boldsymbol{B}=\boldsymbol{O}$. 这也是矩阵乘法与数的乘法的一个不同之处.

矩阵乘法满足下列运算规律(假定其中的矩阵运算都有意义,k 为任一常数):

(1) $\boldsymbol{I}_m\boldsymbol{A}_{m\times n}=\boldsymbol{A}_{m\times n}\boldsymbol{I}_n=\boldsymbol{A}_{m\times n}$　　(单位矩阵的作用)

(2) $(\boldsymbol{AB})\boldsymbol{C}=\boldsymbol{A}(\boldsymbol{BC})$　　(乘法结合律)

(3) $(k\boldsymbol{A})\boldsymbol{B}=\boldsymbol{A}(k\boldsymbol{B})=k(\boldsymbol{AB})$　　(关于数乘的结合律)

(4) $\boldsymbol{A}(\boldsymbol{B}+\boldsymbol{C})=\boldsymbol{AB}+\boldsymbol{AC}$　　(左分配律)

(5) $(\boldsymbol{A}+\boldsymbol{B})\boldsymbol{C}=\boldsymbol{AC}+\boldsymbol{BC}$　　(右分配律)

运算规律(1)说明:单位矩阵 $\boldsymbol{I}$ 在矩阵乘法中的作用,与数字 1 在数的乘法中的作用类似. 例如

$$\begin{bmatrix}1&0\\0&1\end{bmatrix}\begin{bmatrix}1&2&3\\4&5&6\end{bmatrix}=\begin{bmatrix}1&2&3\\4&5&6\end{bmatrix}$$

下面,我们来证明矩阵乘法的结合律(其他运算规律的证明留给读者完成):

设矩阵

$$\boldsymbol{A}=(a_{ij})_{m\times s},\quad \boldsymbol{B}=(b_{ij})_{s\times p},\quad \boldsymbol{C}=(c_{ij})_{p\times n}$$

我们来证明

$$(\boldsymbol{AB})\boldsymbol{C} = \boldsymbol{A}(\boldsymbol{BC}) \tag{2.4}$$

容易看出式(2.4)两端的矩阵都是 $m\times n$ 矩阵,因此要证明它成立,只需证明两端矩阵的对应元素都相等. 令矩阵

$$\boldsymbol{AB} = \boldsymbol{V} = (v_{il})_{m\times p},\quad \boldsymbol{BC} = \boldsymbol{W} = (w_{ij})_{s\times n}$$

则

$$v_{il} = \sum_{t=1}^{s} a_{it}b_{tl},\quad w_{tj} = \sum_{l=1}^{p} b_{tl}c_{lj}$$

于是得$(\boldsymbol{AB})\boldsymbol{C}$ 的(i,j)元素为

$$\sum_{l=1}^{p} v_{il}c_{lj} = \sum_{l=1}^{p}(\sum_{t=1}^{s} a_{it}b_{tl})c_{lj} = \sum_{l=1}^{p}\sum_{t=1}^{s} a_{it}b_{tl}c_{lj} \tag{2.5}$$

$\boldsymbol{A}(\boldsymbol{BC})$的$(i,j)$元素为

$$\sum_{t=1}^{s} a_{it}w_{tj} = \sum_{t=1}^{s} a_{it}(\sum_{l=1}^{p} b_{tl}c_{lj}) = \sum_{t=1}^{s}\sum_{l=1}^{p} a_{it}b_{tl}c_{lj} \tag{2.6}$$

由于双重求和符号可以交换,所以,式(2.5)与式(2.6)的右端相等,即$(\boldsymbol{AB})\boldsymbol{C}$ 与 $\boldsymbol{A}(\boldsymbol{BC})$的对应元素均相等,因此,式(2.4)成立. ▎

例如,利用矩阵相等的定义,可将旋转变换(2.1)写成

$$\begin{bmatrix} x \\ y \end{bmatrix} = \begin{bmatrix} \cos\theta x' - \sin\theta y' \\ \sin\theta x' + \cos\theta y' \end{bmatrix}$$

再利用矩阵乘法,就可以将式(2.1)表示成

$$\begin{bmatrix} x \\ y \end{bmatrix} = \begin{bmatrix} \cos\theta & -\sin\theta \\ \sin\theta & \cos\theta \end{bmatrix}\begin{bmatrix} x' \\ y' \end{bmatrix} \tag{2.7}$$

或

$$\boldsymbol{\xi} = \boldsymbol{A\eta} \tag{2.8}$$

其中

$$\boldsymbol{\xi} = \begin{bmatrix} x \\ y \end{bmatrix},\quad \boldsymbol{\eta} = \begin{bmatrix} x' \\ y' \end{bmatrix},\quad \boldsymbol{A} = \begin{bmatrix} \cos\theta & -\sin\theta \\ \sin\theta & \cos\theta \end{bmatrix}$$

并称列向量 $\boldsymbol{\xi}$、$\boldsymbol{\eta}$ 分别为点 M 的旧、新坐标向量. 从式(2.7)或式(2.8)可见,要从点 M 的新坐标向量 $\boldsymbol{\eta}$ 去计算其旧坐标向量 $\boldsymbol{\xi}$,只需用代表这个坐标旋转变换的矩阵 $\boldsymbol{A}$ 从左边去乘向量 $\boldsymbol{\eta}$,所得乘积即向量 $\boldsymbol{\xi}$. 在旋转变换(2.1)中,由于将新坐标系 $Ox'y'$绕原点沿逆时针方向旋转 $2\pi-\theta$ 角度,即得旧坐标系 Oxy,因此,利用式(2.7)又可得到用点 M 的旧坐标向量计算其新坐标向量的公式

$$\begin{bmatrix} x' \\ y' \end{bmatrix} = \begin{bmatrix} \cos(2\pi-\theta) & -\sin(2\pi-\theta) \\ \sin(2\pi-\theta) & \cos(2\pi-\theta) \end{bmatrix}\begin{bmatrix} x \\ y \end{bmatrix} = \begin{bmatrix} \cos\theta & \sin\theta \\ -\sin\theta & \cos\theta \end{bmatrix}\begin{bmatrix} x \\ y \end{bmatrix}$$

在介绍了矩阵的乘法运算之后,我们再回头来看线性方程组与矩阵及矩阵

乘法的联系.

例 2.6 (线性方程组与矩阵) 在中学代数中讨论过2元及3元线性方程组,但在自然科学和工程技术中所遇到的线性方程组,其未知量个数可能更多,而且方程个数与未知量个数也不一定相等. 因此需要讨论一般的线性方程组. 由 m 个方程、n 个未知量组成的线性方程组(称为一个 $m\times n$ 线性方程组)的一般形式是

$$\begin{cases} a_{11}x_1 + a_{12}x_2 + \cdots + a_{1n}x_n = b_1 \\ a_{21}x_1 + a_{22}x_2 + \cdots + a_{2n}x_n = b_2 \\ \vdots \\ a_{m1}x_1 + a_{m2}x_2 + \cdots + a_{mn}x_n = b_m \end{cases} \tag{2.9}$$

式(2.9)左端未知量的系数依次排列的数阵称为方程组(2.9)的**系数矩阵**,记作

$$\boldsymbol{A} = \begin{bmatrix} a_{11} & a_{12} & \cdots & a_{1n} \\ a_{21} & a_{22} & \cdots & a_{2n} \\ \vdots & \vdots & & \vdots \\ a_{m1} & a_{m2} & \cdots & a_{mn} \end{bmatrix}$$

利用矩阵相等和矩阵乘法的定义,可将方程组(2.9)简写成矩阵形式

$$\begin{bmatrix} a_{11} & a_{12} & \cdots & a_{1n} \\ a_{21} & a_{22} & \cdots & a_{2n} \\ \vdots & \vdots & & \vdots \\ a_{m1} & a_{m2} & \cdots & a_{mn} \end{bmatrix} \begin{bmatrix} x_1 \\ x_2 \\ \vdots \\ x_n \end{bmatrix} = \begin{bmatrix} b_1 \\ b_2 \\ \vdots \\ b_m \end{bmatrix}$$

或

$$\boldsymbol{Ax} = \boldsymbol{b} \tag{2.10}$$

其中,$\boldsymbol{x}$,$\boldsymbol{b}$ 分别是由未知量和方程组右端的常数项组成的列向量

$$\boldsymbol{x} = \begin{bmatrix} x_1 \\ x_2 \\ \vdots \\ x_n \end{bmatrix}, \quad \boldsymbol{b} = \begin{bmatrix} b_1 \\ b_2 \\ \vdots \\ b_m \end{bmatrix}$$

在系数矩阵 $\boldsymbol{A}$ 的右边拼写上常数项列向量 $\boldsymbol{b}$,则可组成 $m\times(n+1)$ 矩阵

$$\bar{\boldsymbol{A}} = \begin{bmatrix} a_{11} & \cdots & a_{1n} & b_1 \\ a_{21} & \cdots & a_{2n} & b_2 \\ \vdots & & \vdots & \vdots \\ a_{m1} & \cdots & a_{mn} & b_m \end{bmatrix}$$

称 $\bar{\boldsymbol{A}}$ 为方程组(2.9)的**增广矩阵**. 显然,线性方程组的增广矩阵完全确定了该线性方程组.

由式(2.10)可见,如果 $x_1=c_1,x_2=c_2,\cdots,x_n=c_n$ 是方程组(2.9)的一个解,则列向量

$$\boldsymbol{x}_0=\begin{bmatrix}c_1\\c_2\\\vdots\\c_n\end{bmatrix}$$

就是矩阵方程(2.10)的一个解,反之亦然. 因此,从方程组的矩阵形式看,n 元线性方程组的一个解就是一个 n 维列向量,称为它的一个**解向量**. 把线性方程组表示成矩阵形式,不仅仅是一个形式简洁的问题,更重要的是可以利用矩阵和向量的理论与方法完整地解决线性方程组的问题,这一点读者将在第 3、4 两章中看到.

方阵的幂

设 $\boldsymbol{A}$ 为 n 阶方阵,由于矩阵乘法满足结合律,所以 m 个矩阵 $\boldsymbol{A}$ 的乘积 $\boldsymbol{AA}\cdots\boldsymbol{A}$ 可以不加括号而有完全确定的意义. 由此,我们定义 $\boldsymbol{A}$ 的**幂**为

$$\boldsymbol{A}^0=\boldsymbol{I},\quad \boldsymbol{A}^1=\boldsymbol{A},\quad \boldsymbol{A}^2=\boldsymbol{AA},\quad \cdots,\quad \boldsymbol{A}^m=\underbrace{\boldsymbol{AA}\cdots\boldsymbol{A}}_{m\text{个}}$$

由定义,显然有

$$\boldsymbol{A}^k\boldsymbol{A}^l=\boldsymbol{A}^{k+l},\quad (\boldsymbol{A}^k)^l=\boldsymbol{A}^{kl}$$

其中 k、l 为任意非负整数.

但由于矩阵乘法不满足交换律,所以对同阶方阵 $\boldsymbol{A}$、$\boldsymbol{B}$ 来说,下列等式:

$$(\boldsymbol{AB})^m=\boldsymbol{A}^m\boldsymbol{B}^m,\quad (\boldsymbol{A}+\boldsymbol{B})^2=\boldsymbol{A}^2+2\boldsymbol{AB}+\boldsymbol{B}^2,\quad (\boldsymbol{A}+\boldsymbol{B})(\boldsymbol{A}-\boldsymbol{B})=\boldsymbol{A}^2-\boldsymbol{B}^2$$

不一定成立. 它们只有在 $\boldsymbol{AB}=\boldsymbol{BA}$ 时才成立.

例 2.7 设方阵

$$\boldsymbol{A}=\begin{bmatrix}1&1&1&1\\1&1&-1&-1\\1&-1&1&-1\\1&-1&-1&1\end{bmatrix}$$

求 $\boldsymbol{A}^n(n=2,3,\cdots)$.

解 因为

$$\boldsymbol{A}^2=\begin{bmatrix}1&1&1&1\\1&1&-1&-1\\1&-1&1&-1\\1&-1&-1&1\end{bmatrix}\begin{bmatrix}1&1&1&1\\1&1&-1&-1\\1&-1&1&-1\\1&-1&-1&1\end{bmatrix}=\begin{bmatrix}4&0&0&0\\0&4&0&0\\0&0&4&0\\0&0&0&4\end{bmatrix}=4\boldsymbol{I}$$

所以,对 $k=1,2,\cdots$,有

$$\boldsymbol{A}^{2k}=(\boldsymbol{A}^2)^k=(4\boldsymbol{I})^k=4^k\boldsymbol{I}=\begin{bmatrix}4^k&0&0&0\\0&4^k&0&0\\0&0&4^k&0\\0&0&0&4^k\end{bmatrix}$$

$$\boldsymbol{A}^{2k+1}=\boldsymbol{A}^{2k}\boldsymbol{A}=4^k\boldsymbol{I}\boldsymbol{A}=4^k\boldsymbol{A}=\begin{bmatrix}4^k&4^k&4^k&4^k\\4^k&4^k&-4^k&-4^k\\4^k&-4^k&4^k&-4^k\\4^k&-4^k&-4^k&4^k\end{bmatrix}$$ ▌

2.1.3　矩阵的转置

定义 2.6（矩阵转置）　把 $m\times n$ 矩阵 $\boldsymbol{A}=(a_{ij})_{m\times n}$ 的行依次换成列（列依次换成行）所得到的 $n\times m$ 矩阵，称为 $\boldsymbol{A}$ 的转置矩阵，记为 $\boldsymbol{A}^{\mathrm{T}}$，即

$$\boldsymbol{A}^{\mathrm{T}}=\begin{bmatrix}a_{11}&a_{21}&\cdots&a_{m1}\\a_{12}&a_{22}&\cdots&a_{m2}\\\vdots&\vdots&&\vdots\\a_{1n}&a_{2n}&\cdots&a_{mn}\end{bmatrix}$$

例如

$$\begin{bmatrix}-2&3\\0&7\\6&5\end{bmatrix}^{\mathrm{T}}=\begin{bmatrix}-2&0&6\\3&7&5\end{bmatrix},\quad [1\quad 3\quad 8]^{\mathrm{T}}=\begin{bmatrix}1\\3\\8\end{bmatrix}$$

矩阵的转置满足下列运算规律：

(1) $(\boldsymbol{A}^{\mathrm{T}})^{\mathrm{T}}=\boldsymbol{A}$

(2) $(\boldsymbol{A}+\boldsymbol{B})^{\mathrm{T}}=\boldsymbol{A}^{\mathrm{T}}+\boldsymbol{B}^{\mathrm{T}}$

(3) $(k\boldsymbol{A})^{\mathrm{T}}=k\boldsymbol{A}^{\mathrm{T}}$（$k$ 为数）

(4) $(\boldsymbol{A}\boldsymbol{B})^{\mathrm{T}}=\boldsymbol{B}^{\mathrm{T}}\boldsymbol{A}^{\mathrm{T}}$

规律(1)，(2)，(3)的验证是容易的，留给读者完成. 下面验证规律(4).

设矩阵

$$\boldsymbol{A}=(a_{ij})_{m\times s},\qquad \boldsymbol{B}=(b_{ij})_{s\times n}$$

容易看出，矩阵 $(\boldsymbol{A}\boldsymbol{B})^{\mathrm{T}}$ 和矩阵 $\boldsymbol{B}^{\mathrm{T}}\boldsymbol{A}^{\mathrm{T}}$ 都是 $n\times m$ 矩阵，所以要证明它们相等，只需证明它们的对应元素都相等. 我们来看它们的 (j,i) 元素. 由转置的定义知，$(\boldsymbol{A}\boldsymbol{B})^{\mathrm{T}}$ 的 (j,i) 元素是 $\boldsymbol{A}\boldsymbol{B}$ 的 (i,j) 元素，它等于

$$a_{i1}b_{1j}+a_{i2}b_{2j}+\cdots+a_{is}b_{sj}\tag{2.11}$$

另一方面，由于 $\boldsymbol{B}^{\mathrm{T}}$ 的第 j 行为

$$[b_{1j} \quad b_{2j} \quad \cdots \quad b_{sj}]$$

$\boldsymbol{A}^{\mathrm{T}}$ 的第 i 列为

$$[a_{i1} \quad a_{i2} \quad \cdots \quad a_{is}]^{\mathrm{T}}$$

所以,$\boldsymbol{B}^{\mathrm{T}}\boldsymbol{A}^{\mathrm{T}}$ 的(j,i)元素为

$$b_{1j}a_{i1}+b_{2j}a_{i2}+\cdots+b_{sj}a_{is} \tag{2.12}$$

比较式(2.11)与式(2.12)即知$(\boldsymbol{AB})^{\mathrm{T}}$ 与 $\boldsymbol{B}^{\mathrm{T}}\boldsymbol{A}^{\mathrm{T}}$ 的对应元素相等,故$(\boldsymbol{AB})^{\mathrm{T}}=\boldsymbol{B}^{\mathrm{T}}\boldsymbol{A}^{\mathrm{T}}$. ▎

不难将规律(4)推广为:

$$(\boldsymbol{A}_1\boldsymbol{A}_2\cdots\boldsymbol{A}_m)^{\mathrm{T}}=\boldsymbol{A}_m^{\mathrm{T}}\cdots\boldsymbol{A}_2^{\mathrm{T}}\boldsymbol{A}_1^{T}$$

例 2.8 设矩阵 $\boldsymbol{A}=[\frac{1}{2} \quad 0 \quad \frac{1}{2}]$,$\boldsymbol{B}=\boldsymbol{I}-\boldsymbol{A}^{\mathrm{T}}\boldsymbol{A}$, $\boldsymbol{C}=\boldsymbol{I}+2\boldsymbol{A}^{\mathrm{T}}\boldsymbol{A}$,其中 $\boldsymbol{I}$ 为 3 阶单位矩阵,求 $\boldsymbol{BC}$.

解 由矩阵乘法的运算规律,得

$$\begin{aligned}\boldsymbol{BC}&=(\boldsymbol{I}-\boldsymbol{A}^{\mathrm{T}}\boldsymbol{A})(\boldsymbol{I}+2\boldsymbol{A}^{\mathrm{T}}\boldsymbol{A})=\boldsymbol{I}+2\boldsymbol{A}^{\mathrm{T}}\boldsymbol{A}-\boldsymbol{A}^{\mathrm{T}}\boldsymbol{A}-2\boldsymbol{A}^{\mathrm{T}}\boldsymbol{A}\boldsymbol{A}^{\mathrm{T}}\boldsymbol{A}\\&=\boldsymbol{I}+\boldsymbol{A}^{\mathrm{T}}\boldsymbol{A}-2\boldsymbol{A}^{\mathrm{T}}(\boldsymbol{A}\boldsymbol{A}^{\mathrm{T}})\boldsymbol{A}\end{aligned}$$

因为

$$\boldsymbol{A}\boldsymbol{A}^{\mathrm{T}}=[\frac{1}{2} \quad 0 \quad \frac{1}{2}]\begin{bmatrix}\frac{1}{2}\\0\\\frac{1}{2}\end{bmatrix}=\frac{1}{2}$$

所以

$$\boldsymbol{BC}=\boldsymbol{I}+\boldsymbol{A}^{\mathrm{T}}\boldsymbol{A}-2\left(\frac{1}{2}\right)\boldsymbol{A}^{\mathrm{T}}\boldsymbol{A}=\boldsymbol{I}+\boldsymbol{A}^{\mathrm{T}}\boldsymbol{A}-\boldsymbol{A}^{\mathrm{T}}\boldsymbol{A}=\boldsymbol{I}$$ ▎

在例 2.8 的求解中,由于先利用矩阵的运算规律进行化简,从而极大地简化了运算,显然比“先分别求出矩阵 $\boldsymbol{B}$ 和 $\boldsymbol{C}$,再计算 $\boldsymbol{BC}$”的方法简单得多.

对称矩阵 若方阵 $\boldsymbol{A}=(a_{ij})_{n\times n}$满足 $\boldsymbol{A}^{\mathrm{T}}=\boldsymbol{A}$,或 $a_{ij}=a_{ji}(i,j=1,2,\cdots,n;\ i\neq j)$,则称 $\boldsymbol{A}$ 为对称矩阵.

例如,矩阵

$$\boldsymbol{A}=\begin{bmatrix}1&2&-3\\2&0&6\\-3&6&8\end{bmatrix}$$

就是一个 3 阶对称矩阵.

反对称矩阵 若方阵 $\boldsymbol{B}=(b_{ij})_{n\times n}$满足 $\boldsymbol{B}^{\mathrm{T}}=-\boldsymbol{B}$,或 $b_{ij}=-b_{ji}(i,j=1,2,\cdots,n)$,则称 $\boldsymbol{B}$ 为反对称矩阵.

在反对称矩阵的定义中取 $j=i$,可得 $b_{ii}=-b_{ii}$,所以 $b_{ii}=0$,即反对称矩阵的主对角线元素全为零. 例如,矩阵

$$\boldsymbol{B}=\begin{bmatrix}0 & 1 & 2\\ -1 & 0 & -3\\ -2 & 3 & 0\end{bmatrix}$$

就是一个反对称矩阵.

2.1.4　方阵的行列式

定义 2.7(方阵的行列式)　对于 n 阶方阵 $\boldsymbol{A}=(a_{ij})_{n\times n}$,称 n 阶行列式

$$\begin{vmatrix}a_{11} & a_{12} & \cdots & a_{1n}\\ a_{21} & a_{22} & \cdots & a_{2n}\\ \vdots & \vdots & & \vdots\\ a_{n1} & a_{n2} & \cdots & a_{nn}\end{vmatrix}$$

为方阵 $\boldsymbol{A}$ 的行列式,简记为 $\det(\boldsymbol{A})$(或 $|\boldsymbol{A}|$).

必须注意,方阵与行列式是完全不同的两个概念. n 阶方阵 $\boldsymbol{A}$ 是由 n^2 个数排成 n 行、n 列的数表,而 n 阶行列式 $\det(\boldsymbol{A})$ 则是由方阵 $\boldsymbol{A}$ 所确定的一个数. 二者在记号上也是不同的,方阵的元素是用括号"[]"围起来的,而行列式的元素则是用两条竖线"| |"围起来的,读者不可将二者混为一谈.

方阵的行列式满足下列运算规律(设 $\boldsymbol{A},\boldsymbol{B}$ 均为 n 阶方阵,k 为数):

(1) $\det(\boldsymbol{A}^{\mathrm{T}})=\det(\boldsymbol{A})$

(2) $\det(k\boldsymbol{A})=k^n\det(\boldsymbol{A})$

(3) $\det(\boldsymbol{AB})=\det(\boldsymbol{A})\cdot\det(\boldsymbol{B})$

证　运算规律(1)和(2)由行列式的性质立即可得. 现证明运算规律(3). 为简明起见,以 $n=2$ 为例写出证明过程如下:

$$\begin{aligned}\det(\boldsymbol{AB}) &= \left|\begin{bmatrix}a_{11} & a_{12}\\ a_{21} & a_{22}\end{bmatrix}\begin{bmatrix}b_{11} & b_{12}\\ b_{21} & b_{22}\end{bmatrix}\right|\\
&= \begin{vmatrix}a_{11}b_{11}+a_{12}b_{21} & a_{11}b_{12}+a_{12}b_{22}\\ a_{21}b_{11}+a_{22}b_{21} & a_{21}b_{12}+a_{22}b_{22}\end{vmatrix}\\
&= \begin{vmatrix}a_{11}b_{11} & a_{11}b_{12}\\ a_{21}b_{11} & a_{21}b_{12}\end{vmatrix}+\begin{vmatrix}a_{11}b_{11} & a_{12}b_{22}\\ a_{21}b_{11} & a_{22}b_{22}\end{vmatrix}+\begin{vmatrix}a_{12}b_{21} & a_{11}b_{12}\\ a_{22}b_{21} & a_{21}b_{12}\end{vmatrix}+\begin{vmatrix}a_{12}b_{21} & a_{12}b_{22}\\ a_{22}b_{21} & a_{22}b_{22}\end{vmatrix}\\
&= \begin{vmatrix}a_{11} & a_{11}\\ a_{21} & a_{21}\end{vmatrix}b_{11}b_{12}+\begin{vmatrix}a_{11} & a_{12}\\ a_{21} & a_{22}\end{vmatrix}b_{11}b_{22}+\begin{vmatrix}a_{12} & a_{11}\\ a_{22} & a_{21}\end{vmatrix}b_{21}b_{12}+\begin{vmatrix}a_{12} & a_{12}\\ a_{22} & a_{22}\end{vmatrix}b_{21}b_{22}\\
&= \begin{vmatrix}a_{11} & a_{12}\\ a_{21} & a_{22}\end{vmatrix}b_{11}b_{22}-\begin{vmatrix}a_{11} & a_{12}\\ a_{21} & a_{22}\end{vmatrix}b_{21}b_{12}\end{aligned}$$

$$= \begin{vmatrix} a_{11} & a_{12} \\ a_{21} & a_{22} \end{vmatrix} (b_{11}b_{22} - b_{21}b_{12}) = \begin{vmatrix} a_{11} & a_{12} \\ a_{21} & a_{22} \end{vmatrix} \cdot \begin{vmatrix} b_{11} & b_{12} \\ b_{21} & b_{22} \end{vmatrix} = \det(\boldsymbol{A}) \cdot \det(\boldsymbol{B})$$ ▌

上述运算规律(3)也称为**行列式的乘法公式**. 容易将运算规律(3)推广为

$$\det(\boldsymbol{A}_1\boldsymbol{A}_2\cdots\boldsymbol{A}_m) = \det(\boldsymbol{A}_1)\det(\boldsymbol{A}_2)\cdots\det(\boldsymbol{A}_m)$$

其中 $\boldsymbol{A}_1,\boldsymbol{A}_2,\cdots,\boldsymbol{A}_m$ 为同阶方阵.

由于 $\det(\boldsymbol{A})\det(\boldsymbol{B})=\det(\boldsymbol{B})\det(\boldsymbol{A})$,所以,由运算规律(3)知,对于同阶方阵 $\boldsymbol{A}$、$\boldsymbol{B}$ 来说,虽然 $\boldsymbol{AB}$ 与 $\boldsymbol{BA}$ 未必相等,但总有 $\det(\boldsymbol{AB})=\det(\boldsymbol{BA})$.

例 2.9 设 $\boldsymbol{A}$、$\boldsymbol{B}$ 都是 4 阶方阵,$\boldsymbol{A}=[\boldsymbol{\alpha}_1 \quad \boldsymbol{\alpha}_2 \quad \boldsymbol{\alpha}_3 \quad \boldsymbol{\beta}]$,$\boldsymbol{B}=[\boldsymbol{\alpha}_1 \quad \boldsymbol{\alpha}_2 \quad \boldsymbol{\alpha}_3 \quad \boldsymbol{\gamma}]$,其中 $\boldsymbol{\alpha}_i(i=1,2,3)$,$\boldsymbol{\beta}$,$\boldsymbol{\gamma}$ 都是 4 维列向量,已知 $\det(\boldsymbol{A})=1$,$\det(\boldsymbol{B})=4$,求方阵 $\boldsymbol{A}+\boldsymbol{B}$的行列式.

解 由矩阵加法及数乘运算的定义,有

$$\boldsymbol{A}+\boldsymbol{B}=[2\boldsymbol{\alpha}_1 \quad 2\boldsymbol{\alpha}_2 \quad 2\boldsymbol{\alpha}_3 \quad \boldsymbol{\beta}+\boldsymbol{\gamma}]$$

由行列式的性质,得

$$\begin{aligned}\det(\boldsymbol{A}+\boldsymbol{B}) &= 8\det[\boldsymbol{\alpha}_1 \quad \boldsymbol{\alpha}_2 \quad \boldsymbol{\alpha}_3 \quad \boldsymbol{\beta}+\boldsymbol{\gamma}] \\ &= 8(\det[\boldsymbol{\alpha}_1 \quad \boldsymbol{\alpha}_2 \quad \boldsymbol{\alpha}_3 \quad \boldsymbol{\beta}]+\det[\boldsymbol{\alpha}_1 \quad \boldsymbol{\alpha}_2 \quad \boldsymbol{\alpha}_3 \quad \boldsymbol{\gamma}]) \\ &= 8(\det(\boldsymbol{A})+\det(\boldsymbol{B})) = 8(1+4) = 40\end{aligned}$$ ▌

例 2.10 证明:奇数阶反对称矩阵的行列式为零.

证 设 $\boldsymbol{A}$ 为 $2m-1$ 阶的反对称矩阵. 由 $\boldsymbol{A}^{\mathrm{T}}=-\boldsymbol{A}$,得

$$\det(\boldsymbol{A}) = \det(-\boldsymbol{A}^{\mathrm{T}}) = (-1)^{2m-1}\det(\boldsymbol{A}^{\mathrm{T}}) = -\det(\boldsymbol{A})$$

故 $2\det(\boldsymbol{A})=0$,即 $\det(\boldsymbol{A})=0$. ▌

例 2.11 设方阵 $\boldsymbol{A}$ 满足 $\boldsymbol{AA}^{\mathrm{T}}=\boldsymbol{I}$,且 $\det(\boldsymbol{A})<0$. 证明:$\det(\boldsymbol{A}+\boldsymbol{I})=0$.

证 $$\begin{aligned}\det(\boldsymbol{A}+\boldsymbol{I}) &= \det(\boldsymbol{A}+\boldsymbol{AA}^{\mathrm{T}})=\det[\boldsymbol{A}(\boldsymbol{I}+\boldsymbol{A}^{\mathrm{T}})] \\ &= \det(\boldsymbol{A})\det(\boldsymbol{I}+\boldsymbol{A}^{\mathrm{T}})=\det(\boldsymbol{A})\det(\boldsymbol{I}+\boldsymbol{A}^{\mathrm{T}})^{\mathrm{T}} \\ &= \det(\boldsymbol{A})\det(\boldsymbol{I}+\boldsymbol{A})=\det(\boldsymbol{A})\det(\boldsymbol{A}+\boldsymbol{I})\end{aligned}$$

移项,得

$$[1-\det(\boldsymbol{A})]\det(\boldsymbol{A}+\boldsymbol{I})=0$$

因为 $\det(\boldsymbol{A})<0$, $1-\det(\boldsymbol{A})>0$, 所以 $\det(\boldsymbol{A}+\boldsymbol{I})=0$. ▌

第 2 节 逆矩阵

上一节介绍了矩阵代数运算中的加、减法,数乘以及矩阵的乘法运算,但是没有提及矩阵的除法运算. 我们知道在数字的代数运算中,加、减、乘、除的四则运算是很基础的. 除法运算在解代数方程时是很有用的. 如 1 元 1 次代数方程

$ax=b$,因为在数字计算中有除法运算,所以 $a\neq 0$ 时,方程 $ax=b$ 的解为 $x=\dfrac{b}{a}$. 但是这种运算不可能直接推广到矩阵运算中去. 然而如果我们把解写成 $x=a^{-1}\cdot b$ 的形式,即把它看成是用 a 的"逆"a^{-1}左乘方程 $ax=b$ 的两端而得,其中 a^{-1}满足 $a^{-1}\cdot a=a\cdot a^{-1}=1$. 这样,我们可以利用矩阵的乘法将同样的思想和方法应用于 n 个 n 元线性方程组成的线性方程组 $\boldsymbol{Ax}=\boldsymbol{b}$ 中去,即如果存在 n 阶方阵 $\boldsymbol{B}$,使得 $\boldsymbol{BA}=\boldsymbol{I}$,则用 $\boldsymbol{B}$ 左乘方程组 $\boldsymbol{Ax}=\boldsymbol{b}$ 的两端,从而得到方程组 $\boldsymbol{Ax}=\boldsymbol{b}$ 的解为 $\boldsymbol{x}=\boldsymbol{Bb}$. 对于 n 阶方阵 $\boldsymbol{A}$,数学上把这样的方阵 $\boldsymbol{B}$(使得 $\boldsymbol{BA}=\boldsymbol{I}$)就称为方阵 $\boldsymbol{A}$ 的逆矩阵. 逆矩阵是矩阵理论中的又一个重要概念,本节介绍逆矩阵的基本概念及利用伴随矩阵求逆矩阵的公式.

定义 2.8 (逆矩阵) 设 $\boldsymbol{A}$ 为 n 阶方阵,如果存在 n 阶方阵 $\boldsymbol{B}$,使得

$$\boldsymbol{AB}=\boldsymbol{BA}=\boldsymbol{I} \tag{2.13}$$

则称方阵 $\boldsymbol{A}$ 是可逆的,并称方阵 $\boldsymbol{B}$ 为方阵 $\boldsymbol{A}$ 的逆矩阵或逆阵,记为 $\boldsymbol{A}^{-1}$,即 $\boldsymbol{A}^{-1}=\boldsymbol{B}$.

我们要着重指出,矩阵没有除法运算,因此,对于矩阵 $\boldsymbol{A}$、$\boldsymbol{B}$ 来说,表达式"$\dfrac{\boldsymbol{A}}{\boldsymbol{B}}$"是无意义的,也不能把 $\boldsymbol{A}^{-1}$写成$\dfrac{1}{\boldsymbol{A}}$.

如果方阵 $\boldsymbol{A}$ 可逆,那么 $\boldsymbol{A}$ 的逆矩阵必是唯一的. 事实上,如果 $\boldsymbol{B}$ 和 $\boldsymbol{C}$ 都是 $\boldsymbol{A}$ 的逆矩阵,则有

$$\boldsymbol{AB}=\boldsymbol{BA}=\boldsymbol{I},\quad \boldsymbol{AC}=\boldsymbol{CA}=\boldsymbol{I}$$

于是有

$$\boldsymbol{B}=\boldsymbol{BI}=\boldsymbol{B}(\boldsymbol{AC})=(\boldsymbol{BA})\boldsymbol{C}=\boldsymbol{IC}=\boldsymbol{C}$$

所以 $\boldsymbol{A}$ 的逆矩阵是唯一的.

从定义 2.8 可见,只有方阵才有可能存在逆矩阵. 但是并非任何方阵都是可逆的. 例如矩阵

$$\boldsymbol{A}=\begin{bmatrix}1 & 0\\ 2 & 0\end{bmatrix}$$

就是不可逆的. 这是因为,对于任何 2 阶方阵 $\boldsymbol{B}=(b_{ij})$,都有

$$\boldsymbol{BA}=\begin{bmatrix}b_{11} & b_{12}\\ b_{21} & b_{22}\end{bmatrix}\begin{bmatrix}1 & 0\\ 2 & 0\end{bmatrix}=\begin{bmatrix}b_{11}+2b_{12} & 0\\ b_{21}+2b_{22} & 0\end{bmatrix}\neq \boldsymbol{I}$$

所以由定义即知 $\boldsymbol{A}$ 是不可逆的.

那么,方阵在什么条件下可逆的呢? 当方阵可逆时,又如何求其逆矩阵呢? 这是关于逆矩阵的两个基本问题,下面就来讨论这些问题. 为此,先引入与逆矩阵密切相关的伴随矩阵概念.

定义 2.9（伴随矩阵） 设 $\boldsymbol{A}=(a_{ij})_{n\times n}$ 为 $n(n\geqslant 2)$ 阶方阵，$\det(\boldsymbol{A})$ 中元素 a_{ij} 的代数余子式为 $A_{ij}(i,j=1,\cdots,n)$，则称以 A_{ji} 为 (i,j) 元素的 n 阶方阵为 $\boldsymbol{A}$ 的伴随矩阵，记为 $\boldsymbol{A}^*$，即

$$\boldsymbol{A}^* = \begin{bmatrix} A_{11} & A_{21} & \cdots & A_{n1} \\ A_{12} & A_{22} & \cdots & A_{n2} \\ \vdots & \vdots & & \vdots \\ A_{1n} & A_{2n} & \cdots & A_{nn} \end{bmatrix}$$

例 2.12 求方阵

$$\boldsymbol{A} = \begin{bmatrix} 3 & 4 & -1 \\ 1 & 0 & 3 \\ 2 & 5 & -4 \end{bmatrix}$$

的伴随矩阵.

解 先求出各元素的代数余子式

$$A_{11} = (-1)^{1+1}\begin{vmatrix} 0 & 3 \\ 5 & -4 \end{vmatrix} = -15, \qquad A_{21} = (-1)^{2+1}\begin{vmatrix} 4 & -1 \\ 5 & -4 \end{vmatrix} = 11,$$

$$A_{31} = (-1)^{3+1}\begin{vmatrix} 4 & -1 \\ 0 & 3 \end{vmatrix} = 12, \qquad A_{12} = (-1)^{1+2}\begin{vmatrix} 1 & 3 \\ 2 & -4 \end{vmatrix} = 10,$$

$$A_{22} = (-1)^{2+2}\begin{vmatrix} 3 & -1 \\ 2 & -4 \end{vmatrix} = -10, \qquad A_{32} = (-1)^{3+2}\begin{vmatrix} 3 & -1 \\ 1 & 3 \end{vmatrix} = -10,$$

$$A_{13} = (-1)^{1+3}\begin{vmatrix} 1 & 0 \\ 2 & 5 \end{vmatrix} = 5, \qquad A_{23} = (-1)^{2+3}\begin{vmatrix} 3 & 4 \\ 2 & 5 \end{vmatrix} = -7,$$

$$A_{33} = (-1)^{3+3}\begin{vmatrix} 3 & 4 \\ 1 & 0 \end{vmatrix} = -4$$

所以

$$\boldsymbol{A}^* = \begin{bmatrix} A_{11} & A_{21} & A_{31} \\ A_{12} & A_{22} & A_{32} \\ A_{13} & A_{23} & A_{33} \end{bmatrix} = \begin{bmatrix} -15 & 11 & 12 \\ 10 & -10 & -10 \\ 5 & -7 & -4 \end{bmatrix} \quad \blacksquare$$

关于伴随矩阵，有下面的重要结论.

定理 2.1 设 $\boldsymbol{A}$ 为 $n(n\geqslant 2)$ 阶方阵，则成立

$$\boldsymbol{A}\boldsymbol{A}^* = \boldsymbol{A}^*\boldsymbol{A} = \det(\boldsymbol{A})\boldsymbol{I} \tag{2.14}$$

证 注意 $\boldsymbol{A}^*$ 的第 j 列元素依次为 $A_{j1},A_{j2},\cdots,A_{jn}$，于是由矩阵乘法的定义并利用式(1.12)和式(1.17)，得 $\boldsymbol{A}\boldsymbol{A}^*$ 的 (i,j) 元素为

$$a_{i1}A_{j1} + a_{i2}A_{j2} + \cdots + a_{in}A_{jn} = \begin{cases} \det(\boldsymbol{A}), & j = i \\ 0, & j \neq i \end{cases}$$

所以

$$
\boldsymbol{AA}^* = \begin{bmatrix} \det(\boldsymbol{A}) & 0 & \cdots & 0 \\ 0 & \det(\boldsymbol{A}) & \cdots & 0 \\ \vdots & \vdots & & \vdots \\ 0 & 0 & \cdots & \det(\boldsymbol{A}) \end{bmatrix} = \det(\boldsymbol{A})\boldsymbol{I}
$$

同理可证 $\boldsymbol{A}^*\boldsymbol{A}=\det(\boldsymbol{A})\boldsymbol{I}$. ▍

推论 2.1　如果 $n(n\geqslant 2)$ 阶方阵 $\boldsymbol{A}$ 的行列式 $\det(\boldsymbol{A})\neq 0$，则

$$
\det(\boldsymbol{A}^*) = [\det(\boldsymbol{A})]^{n-1} \tag{2.15}
$$

证　在公式 $\boldsymbol{AA}^*=\det(\boldsymbol{A})\boldsymbol{I}$ 两端取行列式，并利用方阵的行列式的性质，得

$$
\det(\boldsymbol{A})\cdot\det(\boldsymbol{A}^*) = [\det(\boldsymbol{A})]^n
$$

因为 $\det(\boldsymbol{A})\neq 0$，上式两端同除 $\det(\boldsymbol{A})$，即得式(2.15). ▍

现在可以给出方阵可逆的充要条件及逆矩阵的计算公式.

定理 2.2 (方阵可逆的充要条件)　$n(n\geqslant 2)$ 阶方阵 $\boldsymbol{A}$ 可逆的充要条件是 $\det(\boldsymbol{A})\neq 0$. 且当 $\boldsymbol{A}$ 可逆时，有

$$
\boldsymbol{A}^{-1} = \frac{1}{\det(\boldsymbol{A})}\boldsymbol{A}^* \tag{2.16}
$$

证 必要性：设 $\boldsymbol{A}$ 可逆，则存在方阵 $\boldsymbol{B}$，使 $\boldsymbol{AB}=\boldsymbol{I}$，两端取行列式，得 $\det(\boldsymbol{A})\cdot\det(\boldsymbol{B})=1$，故 $\det(\boldsymbol{A})\neq 0$.

充分性：设 $\det(\boldsymbol{A})\neq 0$，我们来证 $\boldsymbol{A}$ 可逆. 按定义，只要找到方阵 $\boldsymbol{B}$，使 $\boldsymbol{AB}=\boldsymbol{BA}=\boldsymbol{I}$ 成立即可. 由式(2.14)不难看出 $\frac{1}{\det(\boldsymbol{A})}\boldsymbol{A}^*$ 就是要找的方阵 $\boldsymbol{B}$. 事实上，用 $\frac{1}{\det(\boldsymbol{A})}$ 乘式(2.14)各边，即得

$$
\boldsymbol{A}\left(\frac{1}{\det(\boldsymbol{A})}\boldsymbol{A}^*\right) = \left(\frac{1}{\det(\boldsymbol{A})}\boldsymbol{A}^*\right)\boldsymbol{A} = \boldsymbol{I}
$$

故由定义 2.8 知 $\boldsymbol{A}$ 可逆，且有

$$
\boldsymbol{A}^{-1} = \frac{1}{\det(\boldsymbol{A})}\boldsymbol{A}^* \quad ▍
$$

通常把行列式不等于零的方阵称为**非奇异方阵**(否则称为**奇异方阵**). 因此定理 2.2 也可叙述为：方阵 $\boldsymbol{A}$ 可逆的充要条件是 $\boldsymbol{A}$ 为非奇异方阵.

推论 2.2　如果同阶方阵 $\boldsymbol{A}$、$\boldsymbol{B}$ 满足 $\boldsymbol{AB}=\boldsymbol{I}$，则 $\boldsymbol{A}$、$\boldsymbol{B}$ 均可逆，且 $\boldsymbol{A}^{-1}=\boldsymbol{B}$，$\boldsymbol{B}^{-1}=\boldsymbol{A}$，$\boldsymbol{BA}=\boldsymbol{AB}$.

证　由 $\boldsymbol{AB}=\boldsymbol{I}$ 两边取行列式，得 $\det(\boldsymbol{A})\cdot\det(\boldsymbol{B})=1$，故 $\det(\boldsymbol{A})\neq 0$，由定理 2.2 知 $\boldsymbol{A}$ 的逆矩阵 $\boldsymbol{A}^{-1}$ 存在，用 $\boldsymbol{A}^{-1}$ 左乘 $\boldsymbol{AB}=\boldsymbol{I}$ 两端，得 $(\boldsymbol{A}^{-1}\boldsymbol{A})\boldsymbol{B}=\boldsymbol{A}^{-1}$，即 $\boldsymbol{B}=\boldsymbol{A}^{-1}$. 同理可证 $\boldsymbol{B}$ 可逆且 $\boldsymbol{B}^{-1}=\boldsymbol{A}$. 至于 $\boldsymbol{BA}=\boldsymbol{AB}=\boldsymbol{I}$，则是显然的. ▍

这个推论表明：要验证方阵 $\boldsymbol{B}$ 是方阵 $\boldsymbol{A}$ 的逆矩阵，只需验证 $\boldsymbol{AB}=\boldsymbol{I}$ 或 $\boldsymbol{BA}=\boldsymbol{I}$ 中的一个就可以了.

例 2.13 下列矩阵是否可逆？如果可逆，求其逆矩阵：

$$(1)\ \boldsymbol{A}=\begin{bmatrix}3 & 4 & -1\\ 1 & 0 & 3\\ 2 & 5 & -4\end{bmatrix} \qquad (2)\ \boldsymbol{B}=\begin{bmatrix}1 & 6 & 4\\ 2 & 4 & -1\\ -1 & 2 & 5\end{bmatrix}$$

解 (1) 因为 $\det(\boldsymbol{A})=-10\neq 0$，故由定理 2.2 知 $\boldsymbol{A}$ 可逆. 下面由公式(2.16)求 $\boldsymbol{A}$ 的逆矩阵，例 2.12 中已求出

$$\boldsymbol{A}^{*}=\begin{bmatrix}-15 & 11 & 12\\ 10 & -10 & -10\\ 5 & -7 & -4\end{bmatrix}$$

所以

$$\boldsymbol{A}^{-1}=\frac{1}{\det(\boldsymbol{A})}\boldsymbol{A}^{*}=-\frac{1}{10}\boldsymbol{A}^{*}=\begin{bmatrix}\frac{3}{2} & -\frac{11}{10} & -\frac{6}{5}\\ -1 & 1 & 1\\ -\frac{1}{2} & \frac{7}{10} & \frac{2}{5}\end{bmatrix}$$

(2) 计算可得 $\det(\boldsymbol{B})=0$，故由定理 2.2 知 $\boldsymbol{B}$ 不可逆. ▎

逆矩阵的一个重要应用是求解线性方程组. 设 $\boldsymbol{A}$ 为 n 阶可逆方阵，则由克拉默法则知线性方程组 $\boldsymbol{Ax}=\boldsymbol{b}$ 有唯一解. 现在可以利用逆矩阵来求这个解. 事实上，用 $\boldsymbol{A}^{-1}$ 左乘方程组的两端，得

$$\boldsymbol{A}^{-1}\boldsymbol{Ax}=\boldsymbol{A}^{-1}\boldsymbol{b}, \qquad 即 \quad \boldsymbol{x}=\boldsymbol{A}^{-1}\boldsymbol{b}$$

这表明，如果 $\boldsymbol{x}$ 为方程组 $\boldsymbol{Ax}=\boldsymbol{b}$ 的解，则必有 $\boldsymbol{x}=\boldsymbol{A}^{-1}\boldsymbol{b}$. 另一方面，不难验证 $\boldsymbol{x}=\boldsymbol{A}^{-1}\boldsymbol{b}$ 确实满足方程组 $\boldsymbol{Ax}=\boldsymbol{b}$. 因此，当 $\boldsymbol{A}$ 为可逆方阵(即 $\det(\boldsymbol{A})\neq 0$)时，方程组 $\boldsymbol{Ax}=\boldsymbol{b}$ 的唯一解为 $\boldsymbol{x}=\boldsymbol{A}^{-1}\boldsymbol{b}$. 我们指出，这与克拉默法则的结果是相同的，只是现在是以向量形式给出方程组的解罢了.

例 2.14 试利用逆矩阵的方法求解线性方程组

$$\begin{cases}x_1+2x_2+x_3=1\\ 2x_1+5x_2+4x_3=0\\ x_1+x_2=1\end{cases}$$

解 先将方程组写成矩阵形式

$$\boldsymbol{Ax}=\boldsymbol{b}$$

其中

$$A=\begin{bmatrix}1&2&1\\2&5&4\\1&1&0\end{bmatrix},\quad x=\begin{bmatrix}x_1\\x_2\\x_3\end{bmatrix},\quad b=\begin{bmatrix}1\\0\\1\end{bmatrix}$$

计算可得 $\det(\boldsymbol{A})=1\neq 0$，故 $\boldsymbol{A}$ 可逆，因而方程组有唯一解

$$\boldsymbol{x}=\begin{bmatrix}x_1\\x_2\\x_3\end{bmatrix}=\boldsymbol{A}^{-1}\boldsymbol{b}=\begin{bmatrix}1&2&1\\2&5&4\\1&1&0\end{bmatrix}^{-1}\begin{bmatrix}1\\0\\1\end{bmatrix}=\begin{bmatrix}-4&1&3\\4&-1&-2\\-3&1&1\end{bmatrix}\begin{bmatrix}1\\0\\1\end{bmatrix}=\begin{bmatrix}-1\\2\\-2\end{bmatrix}$$

或
$$x_1=-1,\ x_2=2,\ x_3=-2$$

例 2.15 设矩阵 $\boldsymbol{X}$ 满足矩阵方程 $\boldsymbol{AX}=2\boldsymbol{X}+\boldsymbol{B}$，其中

$$\boldsymbol{A}=\begin{bmatrix}4&0&0\\0&1&-1\\0&1&4\end{bmatrix},\quad \boldsymbol{B}=\begin{bmatrix}3&6\\1&1\\2&-3\end{bmatrix}$$

求矩阵 $\boldsymbol{X}$.

解 由 $\boldsymbol{AX}=2\boldsymbol{X}+\boldsymbol{B}$，得 $\boldsymbol{AX}-2\boldsymbol{X}=\boldsymbol{B}$，即

$$(\boldsymbol{A}-2\boldsymbol{I})\boldsymbol{X}=\boldsymbol{B} \tag{2.17}$$

由于矩阵

$$\boldsymbol{A}-2\boldsymbol{I}=\begin{bmatrix}2&0&0\\0&-1&-1\\0&1&2\end{bmatrix}$$

显然可逆，为了从式(2.17)解出 $\boldsymbol{X}$，用 $(\boldsymbol{A}-2\boldsymbol{I})^{-1}$ 左乘式(2.17)两端(请读者考虑为什么要用左乘？能用 $(\boldsymbol{A}-2\boldsymbol{I})^{-1}$ 右乘式(2.17)两端吗?)，得

$$\boldsymbol{X}=(\boldsymbol{A}-2\boldsymbol{I})^{-1}\boldsymbol{B} \tag{2.18}$$

计算可得

$$(\boldsymbol{A}-2\boldsymbol{I})^{-1}=\begin{bmatrix}\frac{1}{2}&0&0\\0&-2&-1\\0&1&1\end{bmatrix}$$

代入式(2.18)，得

$$\boldsymbol{X}=(\boldsymbol{A}-2\boldsymbol{I})^{-1}\boldsymbol{B}=\begin{bmatrix}\frac{1}{2}&0&0\\0&-2&-1\\0&1&1\end{bmatrix}\begin{bmatrix}3&6\\1&1\\2&-3\end{bmatrix}=\begin{bmatrix}\frac{3}{2}&3\\-4&1\\3&-2\end{bmatrix}$$ ▌

例 2.16 设 n 阶方阵 $\boldsymbol{A}$ 满足 $\boldsymbol{A}^2+\boldsymbol{A}-4\boldsymbol{I}=\boldsymbol{O}$，证明 $\boldsymbol{A}-\boldsymbol{I}$ 可逆，并求 $(\boldsymbol{A}-\boldsymbol{I})^{-1}$.

解 因为

$$O = A^2 + A - 4I = (A - I)(A + 2I) - 2I$$

故有

$$(A - I)(A + 2I) = 2I$$

即

$$(A - I)\left[\frac{1}{2}(A + 2I)\right] = I$$

由推论 2.2 即知 $A-I$ 可逆,且$(A-I)^{-1}=\frac{1}{2}(A+2I)$. ▌

逆矩阵的基本性质 设 A、B 为同阶可逆方阵,常数 $k\neq0$,则有

(1) A^{-1}可逆,且$(A^{-1})^{-1}=A$

(2) A^{T} 可逆,且$(A^{\mathrm{T}})^{-1}=(A^{-1})^{\mathrm{T}}$

(3) kA 可逆,且$(kA)^{-1}=\frac{1}{k}A^{-1}$

(4) AB 可逆,且$(AB)^{-1}=B^{-1}A^{-1}$

(5) $\det(A^{-1})=\frac{1}{\det(A)}$

证 只证性质(4),(5),其他性质的证明留给读者完成.

性质(4) 因为

$$(AB)(B^{-1}A^{-1}) = A(BB^{-1})A^{-1} = AIA^{-1} = AA^{-1} = I$$

所以由推论 2.2 知 AB 可逆,且$(AB)^{-1}=B^{-1}A^{-1}$.

性质(5) 因为 $AA^{-1}=I$,两端取行列式,并利用方阵的行列式的性质,得

$$\det(A)\cdot\det(A^{-1}) = 1$$

所以,$\det(A^{-1})=\frac{1}{\det(A)}$. ▌

可将性质(4)推广:若 $A_1,A_2,\cdots,A_m$ 均为 n 阶可逆方阵,则 $A_1A_2\cdots A_m$ 可逆,且

$$(A_1A_2\cdots A_m)^{-1} = A_m^{-1}A_{m-1}^{-1}\cdots A_1^{-1}$$

特别地,若方阵 A 可逆,则 A^m 可逆,且$(A^m)^{-1}=(A^{-1})^m$.

例 2.17 设 A 为 3 阶矩阵,$\det(A)=\frac{1}{2}$,A^* 为 A 的伴随矩阵. 求行列式 $D=\det[(3A)^{-1}-2A^*]$的值.

解 由于$(3A)^{-1}=\frac{1}{3}A^{-1}$, $2A^*=2\det(A)A^{-1}=A^{-1}$,所以

$$D = \det\left(\frac{1}{3}A^{-1} - A^{-1}\right) = \det\left(-\frac{2}{3}A^{-1}\right)$$

$$= \left(-\frac{2}{3}\right)^3 \det(\boldsymbol{A}^{-1}) = -\frac{8}{27}\frac{1}{\det(\boldsymbol{A})} = -\frac{16}{27}$$ ▌

例 2.18　设 $f(x)=(x-b)^2$，$\boldsymbol{A}=\begin{bmatrix} a & 1 & 0 \\ 0 & a & 1 \\ 0 & 0 & a \end{bmatrix}$，问 a、b 为何值时，$f(\boldsymbol{A})$可逆？

解　所谓 $f(\boldsymbol{A})$是指在 $f(x)=(x-b)^2$ 中用 $\boldsymbol{A}$ 代替 x，$b\boldsymbol{I}$ 代替 b，即 $f(\boldsymbol{A})=(\boldsymbol{A}-b\boldsymbol{I})^2$，它是一个矩阵的表达式．因为

$$\begin{aligned}\det[f(\boldsymbol{A})] &= \det[(\boldsymbol{A}-b\boldsymbol{I})^2] = [\det(\boldsymbol{A}-b\boldsymbol{I})]^2 \\ &= \left(\det\begin{bmatrix} a-b & 1 & 0 \\ 0 & a-b & 1 \\ 0 & 0 & a-b \end{bmatrix}\right)^2 \\ &= (a-b)^6\end{aligned}$$

所以当 $a\neq b$ 时，$\det[f(\boldsymbol{A})]\neq 0$，故 $f(\boldsymbol{A})$可逆．

本节最后我们指出，式(2.16)是逆矩阵理论中的一个基本公式，但因利用式(2.16)计算 n 阶可逆方阵的逆矩阵时，需要计算 1 个 n 阶行列式和 n^2 个 $n-1$ 阶行列式，当 n 较大时，一般来说，计算量较大，所以需要研究计算逆矩阵的一般方法，这个方法就是第 3 章将要介绍的利用矩阵的初等变换求逆矩阵的方法．

*第 3 节　分块矩阵及其运算

本节介绍在处理行数、列数较高的矩阵时的一种常用技巧——矩阵分块法．通过矩阵分块，可将大矩阵的运算转化为小矩阵的运算，从而可以简化运算．对矩阵进行分块，也是今后某些理论研究的需要．

2.3.1　子矩阵

对于行数、列数较高的矩阵，有时仅需考虑由它的若干行与若干列相交处的元素按原来的相对次序所构成的矩阵，称它为原矩阵的**子矩阵**．例如，对于矩阵

$$\boldsymbol{A} = \begin{bmatrix} 1 & -1 & 8 & 2 & 3 \\ 0 & 7 & 9 & 5 & 2 \\ 3 & 4 & 5 & 6 & 7 \end{bmatrix}$$

下列矩阵都是 $\boldsymbol{A}$ 的子矩阵

$$[1 \quad 8], \quad \begin{bmatrix} -1 & 8 \\ 4 & 5 \end{bmatrix}, \quad \begin{bmatrix} 1 & 2 \\ 0 & 5 \\ 3 & 6 \end{bmatrix}$$

对于方阵 $\boldsymbol{A}=(a_{ij})_{n\times n}$，它的左上角的各阶方阵

$$[a_{11}],\quad \begin{bmatrix} a_{11} & a_{12} \\ a_{21} & a_{22} \end{bmatrix},\quad \begin{bmatrix} a_{11} & a_{12} & a_{13} \\ a_{21} & a_{22} & a_{23} \\ a_{31} & a_{32} & a_{33} \end{bmatrix},\ \cdots,\ \boldsymbol{A}$$

是一种重要的特殊子矩阵，称这些子矩阵为方阵 $\boldsymbol{A}$ 的**前主子矩阵**.

2.3.2 分块矩阵

为了研究行数、列数较高的矩阵，常常需要对矩阵采用分块的方法，即用一些横线和纵线将它分划成若干个矩形的**子块**（它们当然都是子矩阵），由这些子块组成的矩阵称为**分块矩阵**.

例如，在矩阵

$$\boldsymbol{A} = \left[\begin{array}{ccc:cc} 1 & 0 & 0 & 2 & 5 \\ 0 & 1 & 0 & 3 & -2 \\ 0 & 0 & 1 & -1 & 6 \\ \hdashline 0 & 0 & 0 & 4 & 0 \\ 0 & 0 & 0 & 0 & 5 \end{array}\right]$$

中，记

$$\boldsymbol{A}_{12} = \begin{bmatrix} 2 & 5 \\ 3 & -2 \\ -1 & 6 \end{bmatrix},\quad \boldsymbol{A}_{22} = \begin{bmatrix} 4 & 0 \\ 0 & 5 \end{bmatrix}$$

就可以将 $\boldsymbol{A}$ 写成分块矩阵

$$\boldsymbol{A} = \begin{bmatrix} \boldsymbol{I}_3 & \boldsymbol{A}_{12} \\ \boldsymbol{O}_{2\times 3} & \boldsymbol{A}_{22} \end{bmatrix}$$

矩阵的分块形式可以多种多样，究竟如何对矩阵进行分块要根据矩阵的特点和研究问题的需要而定.

现在来看分块矩阵的运算.

1. 分块矩阵的加法及数与分块矩阵的乘法

设对同型矩阵 $\boldsymbol{A}=(a_{ij})_{m\times n}$ 和 $\boldsymbol{B}=(b_{ij})_{m\times n}$ 作同样的分划，得到同型的分块矩阵

$$\boldsymbol{A} = \begin{bmatrix} \boldsymbol{A}_{11} & \cdots & \boldsymbol{A}_{1t} \\ \vdots & & \vdots \\ \boldsymbol{A}_{s1} & \cdots & \boldsymbol{A}_{st} \end{bmatrix},\qquad \boldsymbol{B} = \begin{bmatrix} \boldsymbol{B}_{11} & \cdots & \boldsymbol{B}_{1t} \\ \vdots & & \vdots \\ \boldsymbol{B}_{s1} & \cdots & \boldsymbol{B}_{st} \end{bmatrix}$$

按照矩阵加法及数与矩阵乘法的定义，则有

$$A+B=\begin{bmatrix} A_{11}+B_{11} & \cdots & A_{1t}+B_{1t} \\ \vdots & & \vdots \\ A_{s1}+B_{s1} & \cdots & A_{st}+B_{st} \end{bmatrix}$$

$$kA=\begin{bmatrix} kA_{11} & \cdots & kA_{1t} \\ \vdots & & \vdots \\ kA_{s1} & \cdots & kA_{st} \end{bmatrix} \quad (k\text{ 为常数})$$

2. 分块矩阵的转置

设对矩阵 A 分块为

$$A=\left[\begin{array}{ccc:c} 1 & 2 & 3 & 0 \\ 4 & 5 & 6 & 0 \\ \hdashline 7 & 8 & 9 & 1 \end{array}\right]=\begin{bmatrix} A_{11} & A_{12} \\ A_{21} & A_{22} \end{bmatrix}$$

则不难验证

$$A^{\mathrm{T}}=\begin{bmatrix} A_{11}^{\mathrm{T}} & A_{21}^{\mathrm{T}} \\ A_{12}^{\mathrm{T}} & A_{22}^{\mathrm{T}} \end{bmatrix}=\left[\begin{array}{cc:c} 1 & 4 & 7 \\ 2 & 5 & 8 \\ 3 & 6 & 9 \\ \hdashline 0 & 0 & 1 \end{array}\right]$$

一般地，有

$$\begin{bmatrix} A_{11} & A_{12} & \cdots & A_{1t} \\ A_{21} & A_{22} & \cdots & A_{2t} \\ \vdots & \vdots & & \vdots \\ A_{s1} & A_{s2} & \cdots & A_{st} \end{bmatrix}^{\mathrm{T}}=\begin{bmatrix} A_{11}^{\mathrm{T}} & A_{21}^{\mathrm{T}} & \cdots & A_{s1}^{\mathrm{T}} \\ A_{12}^{\mathrm{T}} & A_{22}^{\mathrm{T}} & \cdots & A_{s2}^{\mathrm{T}} \\ \vdots & \vdots & & \vdots \\ A_{1t}^{\mathrm{T}} & A_{2t}^{\mathrm{T}} & \cdots & A_{st}^{\mathrm{T}} \end{bmatrix}$$

即分块矩阵的转置，是将它的行列依次互换，同时将各子块转置.

3. 分块矩阵的乘法

设 A,B 为可相乘的矩阵，分块成

$$A=\begin{bmatrix} A_{11} & A_{12} & \cdots & A_{1r} \\ \vdots & \vdots & & \vdots \\ A_{s1} & A_{s2} & \cdots & A_{sr} \end{bmatrix}, \qquad B=\begin{bmatrix} B_{11} & B_{12} & \cdots & B_{1t} \\ \vdots & \vdots & & \vdots \\ B_{r1} & B_{r2} & \cdots & B_{rt} \end{bmatrix}$$

其中 $A_{i1},A_{i2},\cdots,A_{ir}$ 的列数分别等于 $B_{1j},B_{2j},\cdots,B_{rj}$ 的行数($i=1,\cdots,s;j=1,\cdots,t$)，则有

$$AB=\begin{bmatrix} C_{11} & C_{12} & \cdots & C_{1t} \\ \vdots & \vdots & & \vdots \\ C_{s1} & C_{s2} & \cdots & C_{st} \end{bmatrix}$$

其中

$$\boldsymbol{C}_{ij}=\sum_{k=1}^{r}\boldsymbol{A}_{ik}\boldsymbol{B}_{kj},\quad i=1,\cdots,s;\ j=1,\cdots,t.$$

即分块矩阵的乘法法则与一般矩阵的乘法法则一致,也是“左行乘右列”. 只是这里都是子块相乘,为了保证对应的子块可乘,要求左边矩阵 $\boldsymbol{A}$ 关于列的分法必须与右边矩阵 $\boldsymbol{B}$ 关于行的分法相同(即分划 $\boldsymbol{A}$ 的纵线的位置与分划 $\boldsymbol{B}$ 的横线的位置对应一致).

例 2.19 设 $\boldsymbol{A}=\begin{bmatrix}1&2&0\\3&4&0\\-1&2&1\end{bmatrix}$, $\boldsymbol{B}=\begin{bmatrix}2&-2\\3&4\\-1&0\end{bmatrix}$, $\boldsymbol{A}$、$\boldsymbol{B}$ 为可相乘的矩阵.

现将它们分块成

$$\boldsymbol{A}=\left[\begin{array}{cc:c}1&2&0\\3&4&0\\ \hdashline -1&2&1\end{array}\right]_{3\times3}=\begin{bmatrix}\boldsymbol{A}_{11}&\boldsymbol{A}_{12}\\ \boldsymbol{A}_{21}&\boldsymbol{A}_{22}\end{bmatrix}_{2\times2}$$

$$\boldsymbol{B}=\left[\begin{array}{c:c}2&-2\\3&4\\ \hdashline -1&0\end{array}\right]_{3\times2}=\begin{bmatrix}\boldsymbol{B}_{11}&\boldsymbol{B}_{12}\\ \boldsymbol{B}_{21}&\boldsymbol{B}_{22}\end{bmatrix}_{2\times2}$$

则

$$\boldsymbol{AB}=\begin{bmatrix}\boldsymbol{A}_{11}&\boldsymbol{A}_{12}\\ \boldsymbol{A}_{21}&\boldsymbol{A}_{22}\end{bmatrix}_{2\times2}\begin{bmatrix}\boldsymbol{B}_{11}&\boldsymbol{B}_{12}\\ \boldsymbol{B}_{21}&\boldsymbol{B}_{22}\end{bmatrix}_{2\times2}=\begin{bmatrix}\boldsymbol{A}_{11}\boldsymbol{B}_{11}+\boldsymbol{A}_{12}\boldsymbol{B}_{21}&\boldsymbol{A}_{11}\boldsymbol{B}_{12}+\boldsymbol{A}_{12}\boldsymbol{B}_{22}\\ \boldsymbol{A}_{21}\boldsymbol{B}_{11}+\boldsymbol{A}_{22}\boldsymbol{B}_{21}&\boldsymbol{A}_{21}\boldsymbol{B}_{12}+\boldsymbol{A}_{22}\boldsymbol{B}_{22}\end{bmatrix}_{2\times2}$$

称为分块矩阵 $\boldsymbol{A}$ 与 $\boldsymbol{B}$ 的乘积. ▌

在这个例子中,之所以能进行乘法运算是因为满足了分块矩阵能够相乘的条件:

(1) 分块后的矩阵 $\begin{bmatrix}\boldsymbol{A}_{11}&\boldsymbol{A}_{12}\\ \boldsymbol{A}_{21}&\boldsymbol{A}_{22}\end{bmatrix}_{2\times2}$ 和 $\begin{bmatrix}\boldsymbol{B}_{11}&\boldsymbol{B}_{12}\\ \boldsymbol{B}_{21}&\boldsymbol{B}_{22}\end{bmatrix}_{2\times2}$ 必须要满足矩阵可相乘的条件. 在例 2.19 中

$$\begin{aligned}\boldsymbol{AB}&=\begin{bmatrix}\boldsymbol{A}_{11}\boldsymbol{B}_{11}+\boldsymbol{A}_{12}\boldsymbol{B}_{21}&\boldsymbol{A}_{11}\boldsymbol{B}_{12}+\boldsymbol{A}_{12}\boldsymbol{B}_{22}\\ \boldsymbol{A}_{21}\boldsymbol{B}_{11}+\boldsymbol{A}_{22}\boldsymbol{B}_{21}&\boldsymbol{A}_{21}\boldsymbol{B}_{12}+\boldsymbol{A}_{22}\boldsymbol{B}_{22}\end{bmatrix}_{2\times2}\\&=\begin{bmatrix}\begin{bmatrix}8\\18\end{bmatrix}&\begin{bmatrix}6\\10\end{bmatrix}\\3&10\end{bmatrix}=\begin{bmatrix}8&6\\18&10\\3&10\end{bmatrix}\end{aligned}\tag{2.19}$$

其中,分块后的 $\boldsymbol{A}$ 与 $\boldsymbol{B}$ 都是 2×2 阶的矩阵,因而是可以相乘的.

(2) $\boldsymbol{A}_{11}\boldsymbol{B}_{11}+\boldsymbol{A}_{12}\boldsymbol{B}_{21}$、$\boldsymbol{A}_{11}\boldsymbol{B}_{12}+\boldsymbol{A}_{12}\boldsymbol{B}_{22}$ 等也都是可乘和可加的.

如果把上例中的矩阵 $\boldsymbol{B}$ 分块如下

$$B=\left[\begin{array}{cc}2 & -2 \\ 3 & 4 \\ \hdashline -1 & 0\end{array}\right]=\begin{bmatrix}B_{11} \\ B_{21}\end{bmatrix}_{2\times 1}$$

那么

$$AB=\begin{bmatrix}A_{11}B_{11} & A_{11}B_{21} \\ A_{21}B_{11} & A_{22}B_{21}\end{bmatrix}=\begin{bmatrix}8 & 6 \\ 18 & 10 \\ 3 & 10\end{bmatrix}$$

也符合可乘条件.

例 2.20 设矩阵 $A=(a_{ij})_{m\times s}$,$B=(b_{ij})_{s\times n}$,若记 B 的第 j 个列向量为

$$B_j=\begin{bmatrix}b_{1j} \\ b_{2j} \\ \vdots \\ b_{sj}\end{bmatrix},\quad j=1,\cdots,n$$

则 B 可以写成

$$B=[B_1 \quad B_2 \quad \cdots \quad B_n]$$

称上式为 B 按列分块. 证明:$AB=[AB_1 \quad AB_2 \quad \cdots \quad AB_n]$,即 AB 的第 j 列等于 $AB_j(j=1,\cdots,n)$.

证 直接利用矩阵乘法的定义即可验证. ▎

同样可证 AB 的第 i 行等于 A_iB,其中 A_i 为 A 的第 i 个行向量($i=1,\cdots,m$).

矩阵按行、按列分块,今后常常要用到.

4. 分块对角矩阵的逆矩阵

设 A 为方阵且可分块为

$$A=\begin{bmatrix}A_1 & & & \\ & A_2 & & \\ & & \ddots & \\ & & & A_s\end{bmatrix}$$

其中,$A_i(i=1,2,\cdots,s)$都是方阵,空白处全为零子块,则称 A 为**分块对角矩阵**(也称**准对角阵**).

若设

$$A=\begin{bmatrix}A_1 & & & \\ & A_2 & & \\ & & \ddots & \\ & & & A_s\end{bmatrix},\quad B=\begin{bmatrix}B_1 & & & \\ & B_2 & & \\ & & \ddots & \\ & & & B_s\end{bmatrix}$$

$\boldsymbol{A}_i,\boldsymbol{B}_i$ 分别为同阶的子方块($i=1,2,\cdots,s$),则有

$$\boldsymbol{A}+\boldsymbol{B}=\begin{bmatrix}\boldsymbol{A}_1+\boldsymbol{B}_1 & & & \\ & \boldsymbol{A}_2+\boldsymbol{B}_2 & & \\ & & \ddots & \\ & & & \boldsymbol{A}_s+\boldsymbol{B}_s\end{bmatrix},\quad k\boldsymbol{A}=\begin{bmatrix}k\boldsymbol{A}_1 & & & \\ & k\boldsymbol{A}_2 & & \\ & & \ddots & \\ & & & k\boldsymbol{A}_s\end{bmatrix}$$

$$\boldsymbol{A}\boldsymbol{B}=\begin{bmatrix}\boldsymbol{A}_1\boldsymbol{B}_1 & & & \\ & \boldsymbol{A}_2\boldsymbol{B}_2 & & \\ & & \ddots & \\ & & & \boldsymbol{A}_s\boldsymbol{B}_s\end{bmatrix},\quad \boldsymbol{A}^m=\begin{bmatrix}\boldsymbol{A}_1^m & & & \\ & \boldsymbol{A}_2^m & & \\ & & \ddots & \\ & & & \boldsymbol{A}_s^m\end{bmatrix}$$

$$\boldsymbol{A}^{\mathrm{T}}=\begin{bmatrix}\boldsymbol{A}_1^{\mathrm{T}} & & & \\ & \boldsymbol{A}_2^{\mathrm{T}} & & \\ & & \ddots & \\ & & & \boldsymbol{A}_s^{\mathrm{T}}\end{bmatrix},\quad |\boldsymbol{A}|=|\boldsymbol{A}_1||\boldsymbol{A}_2|\cdots|\boldsymbol{A}_s|$$

显然若$|\boldsymbol{A}|\neq 0$,即$|\boldsymbol{A}_1||\boldsymbol{A}_2|\cdots|\boldsymbol{A}_2|\neq 0$,则 $\boldsymbol{A}$ 可逆,且 $\boldsymbol{A}_1,\boldsymbol{A}_2,\cdots,\boldsymbol{A}_s$ 都可逆,由分块对角矩阵的乘法知

$$\boldsymbol{A}^{-1}=\begin{bmatrix}\boldsymbol{A}_1^{-1} & & & \\ & \boldsymbol{A}_2^{-1} & & \\ & & \ddots & \\ & & & \boldsymbol{A}_s^{-1}\end{bmatrix}$$

例 2.21 设矩阵

$$\boldsymbol{A}=\begin{bmatrix}5 & 2 & 0 & 0\\ 2 & 1 & 0 & 0\\ 0 & 0 & 8 & 3\\ 0 & 0 & 5 & 2\end{bmatrix}$$

为分块对角阵,求 $\boldsymbol{A}^{-1}$.

解 令

$$\boldsymbol{A}=\begin{bmatrix}\boldsymbol{A}_1 & \boldsymbol{O}\\ \boldsymbol{O} & \boldsymbol{A}_2\end{bmatrix},\qquad 其中\ \boldsymbol{A}_1=\begin{bmatrix}5 & 2\\ 2 & 1\end{bmatrix},\quad \boldsymbol{A}_2=\begin{bmatrix}8 & 3\\ 5 & 2\end{bmatrix}$$

因为$|\boldsymbol{A}|=|\boldsymbol{A}_1||\boldsymbol{A}_2|=\begin{vmatrix}5 & 2\\ 2 & 1\end{vmatrix}\begin{vmatrix}8 & 3\\ 5 & 2\end{vmatrix}=1\times 1=1\neq 0$,所以

$$\boldsymbol{A}^{-1}=\begin{bmatrix}\boldsymbol{A}_1^{-1} & \boldsymbol{O}\\ \boldsymbol{O} & \boldsymbol{A}_2^{-1}\end{bmatrix}$$

利用二阶矩阵的逆矩阵公式可得

$$A_1^{-1}=\begin{bmatrix}1 & -2\\ -2 & 5\end{bmatrix},\qquad A_2^{-1}=\begin{bmatrix}2 & -3\\ -5 & 8\end{bmatrix}$$

$$A^{-1}=\begin{bmatrix}A_1^{-1} & O\\ O & A_2^{-1}\end{bmatrix}=\begin{bmatrix}1 & -2 & 0 & 0\\ -2 & 5 & 0 & 0\\ 0 & 0 & 2 & -3\\ 0 & 0 & -5 & 8\end{bmatrix}$$ ▌

从例 2.21 可以看出，当矩阵中含有较多的零元素时，高阶矩阵经分块后能写成分块的对角矩阵，其运算量将大大地减少.

习　题　二

(A)

1. 设矩阵

$$A=\begin{bmatrix}1 & 1 & 1\\ 1 & 1 & -1\\ 1 & -1 & 1\end{bmatrix},\qquad B=\begin{bmatrix}1 & 2 & 0\\ -1 & 3 & 4\\ 8 & 2 & 1\end{bmatrix}$$

求 $3AB-2A, B^{\mathrm{T}}A$.

2. 计算下列矩阵乘法

(1) $\begin{bmatrix}1 & 2 & 3\end{bmatrix}\begin{bmatrix}1\\ 2\\ 3\end{bmatrix}$　　(2) $\begin{bmatrix}2\\ 1\\ 3\end{bmatrix}\begin{bmatrix}-1 & 2\end{bmatrix}$

(3) $\begin{bmatrix}1 & 2 & 3 & 4\\ -1 & 0 & 2 & 5\end{bmatrix}\begin{bmatrix}1 & 3\\ 2 & 4\\ -1 & 0\\ 5 & 1\end{bmatrix}$　　(4) $\begin{bmatrix}x_1 & x_2 & x_3\end{bmatrix}\begin{bmatrix}a_{11} & a_{12} & a_{13}\\ a_{12} & a_{22} & a_{23}\\ a_{13} & a_{23} & a_{33}\end{bmatrix}\begin{bmatrix}x_1\\ x_2\\ x_3\end{bmatrix}$

3. 已知两个线性变换

$$\begin{cases}x_1=y_1+y_2+y_3\\ x_2=2y_1-y_2\\ x_3=4y_1+5y_3\end{cases},\qquad \begin{cases}y_1=-3z_1+z_2\\ y_2=4z_1-z_2\\ y_3=z_1+z_2\end{cases}$$

求由它们复合所得到的从 z_1, z_2 到 x_1, x_2, x_3 的线性变换的矩阵.

4. 举反例说明下列命题是错误的

(1) 若 $A^2=O$，则 $A=O$；

(2) 若 $A^2=A$，则 $A=O$ 或 $A=I$；

(3) 若 $AX=AY$，且 $A\neq O$，则 $X=Y$.

5. 设 $A=\begin{bmatrix}1 & 0\\ \lambda & 1\end{bmatrix}$，求 $A^2, A^3, \cdots, A^n$.

6. 设 $\boldsymbol{A}=\begin{bmatrix}\lambda & 1 & 0\\ 0 & \lambda & 1\\ 0 & 0 & \lambda\end{bmatrix}$，求 $\boldsymbol{A}^k$，其中 k 为正整数.

7. 求下列矩阵的逆阵

(1) $\begin{bmatrix}1 & 2\\ 2 & 5\end{bmatrix}$　　(2) $\begin{bmatrix}\cos\theta & -\sin\theta\\ \sin\theta & \cos\theta\end{bmatrix}$

(3) $\begin{bmatrix}1 & 2 & -1\\ 3 & 4 & -2\\ 5 & -4 & 1\end{bmatrix}$　　(4) $\begin{bmatrix}a_1 & & & \\ & a_2 & & \\ & & \ddots & \\ & & & a_n\end{bmatrix}$，$(a_1a_2\cdots a_n\neq 0)$

8. 解下列矩阵方程

(1) $\begin{bmatrix}2 & 5\\ 1 & 3\end{bmatrix}\boldsymbol{X}=\begin{bmatrix}4 & -6\\ 2 & 1\end{bmatrix}$

(2) $\boldsymbol{X}\begin{bmatrix}2 & 1 & -1\\ 2 & 1 & 0\\ 1 & -1 & 1\end{bmatrix}=\begin{bmatrix}1 & -1 & 3\\ 4 & 3 & 2\end{bmatrix}$

(3) $\begin{bmatrix}1 & 4\\ -1 & 2\end{bmatrix}\boldsymbol{X}\begin{bmatrix}2 & 0\\ -1 & 1\end{bmatrix}=\begin{bmatrix}3 & 1\\ 0 & -1\end{bmatrix}$

(4) $\begin{bmatrix}0 & 1 & 0\\ 1 & 0 & 0\\ 0 & 0 & 1\end{bmatrix}\boldsymbol{X}\begin{bmatrix}1 & 0 & 0\\ 0 & 0 & 1\\ 0 & 1 & 0\end{bmatrix}=\begin{bmatrix}1 & -4 & 3\\ 2 & 0 & -1\\ 1 & -2 & 0\end{bmatrix}$

9. 利用逆阵解下列线性方程组

(1) $\begin{cases}x_1+2x_2+3x_3=1\\ 2x_1+2x_2+5x_3=2\\ 3x_1+5x_2+x_3=3\end{cases}$　　(2) $\begin{cases}x_1-x_2-x_3=2\\ 2x_1-x_2-3x_3=1\\ 3x_1+2x_2-5x_3=0\end{cases}$

10. 设 $\boldsymbol{A}^k=\boldsymbol{O}$（$k$ 为正整数），证明

$$(\boldsymbol{I}-\boldsymbol{A})^{-1}=\boldsymbol{I}+\boldsymbol{A}+\boldsymbol{A}^2+\cdots+\boldsymbol{A}^{k-1}.$$

11. 设方阵 $\boldsymbol{A}$ 满足 $\boldsymbol{A}^2-\boldsymbol{A}-2\boldsymbol{I}=\boldsymbol{O}$，证明 $\boldsymbol{A}$ 及 $\boldsymbol{A}+2\boldsymbol{I}$ 都可逆，并求 $\boldsymbol{A}^{-1}$ 及 $(\boldsymbol{A}+2\boldsymbol{I})^{-1}$.

12. 设 $\boldsymbol{A}$ 为 3 阶矩阵，$|\boldsymbol{A}|=\frac{1}{2}$，求 $|(2\boldsymbol{A})^{-1}-5\boldsymbol{A}^*|$.

13. 设 $\boldsymbol{A}=\begin{bmatrix}0 & 3 & 3\\ 1 & 1 & 0\\ -1 & 2 & 3\end{bmatrix}$，$\boldsymbol{AB}=\boldsymbol{A}+2\boldsymbol{B}$，求 $\boldsymbol{B}$.

14. 设 $\boldsymbol{AP}=\boldsymbol{P\Lambda}$，其中 $\boldsymbol{P}=\begin{bmatrix}1 & 1 & 1\\ 1 & 0 & -2\\ 1 & -1 & 1\end{bmatrix}$，$\boldsymbol{\Lambda}=\begin{bmatrix}-1 & & \\ & 1 & \\ & & 5\end{bmatrix}$，求

$\varphi(\boldsymbol{A})=\boldsymbol{A}^8(5\boldsymbol{I}-6\boldsymbol{A}+\boldsymbol{A}^2)$.

15. 设矩阵 $\boldsymbol{A}=\begin{bmatrix}1&0&0\\2&2&5\\3&4&5\end{bmatrix}$，求 $(\boldsymbol{A}^*)^{-1}$.

16. 已知矩阵 $\boldsymbol{A}=\begin{bmatrix}1&1&k\\1&k&1\\k&1&1\end{bmatrix}$，求 $\det(\boldsymbol{A})$.

17. 设 $\boldsymbol{A}$、$\boldsymbol{B}$、$\boldsymbol{A}+\boldsymbol{B}$ 均为 n 阶可逆矩阵，证明：

(1) $\boldsymbol{A}^{-1}+\boldsymbol{B}^{-1}$ 可逆，且 $(\boldsymbol{A}^{-1}+\boldsymbol{B}^{-1})^{-1}=\boldsymbol{A}(\boldsymbol{A}+\boldsymbol{B})^{-1}\boldsymbol{B}$；

(2) $\boldsymbol{A}(\boldsymbol{A}+\boldsymbol{B})^{-1}\boldsymbol{B}=\boldsymbol{B}(\boldsymbol{A}+\boldsymbol{B})^{-1}\boldsymbol{A}$.

18. 设矩阵

$$\boldsymbol{A}=\begin{bmatrix}1&1&1&1\\1&1&-1&-1\\1&-1&1&-1\\1&-1&-1&1\end{bmatrix}$$

(1) 求 $\boldsymbol{A}^2$ 及 $\boldsymbol{A}^{-1}$；

(2) 若方阵 $\boldsymbol{B}$ 满足 $\boldsymbol{A}^2+\boldsymbol{A}\boldsymbol{B}-\boldsymbol{A}=\boldsymbol{I}$，求 $\boldsymbol{B}$.

19. 计算矩阵的乘积 $\begin{bmatrix}1&2&1&0\\0&1&0&1\\0&0&2&1\\0&0&0&3\end{bmatrix}\begin{bmatrix}1&0&3&1\\0&1&2&-1\\0&0&-2&3\\0&0&0&-3\end{bmatrix}$

20. 设矩阵

$$\boldsymbol{A}=\left[\begin{array}{cc:ccc}1&2&0&0&0\\3&-1&0&0&0\\\hdashline 0&0&1&0&1\\0&0&2&3&2\\0&0&3&1&1\end{array}\right],\quad \boldsymbol{B}=\left[\begin{array}{cc:ccc}1&3&0&0&0\\2&8&0&0&0\\\hdashline 1&0&1&0&1\\0&1&2&3&2\\2&3&3&-1&-1\end{array}\right],\quad \boldsymbol{C}=\left[\begin{array}{cc:cc}2&0&0&0\\0&3&0&0\\\hdashline 0&0&5&2\\0&0&2&1\end{array}\right]$$

试利用分块矩阵的方法求 $\boldsymbol{A}\boldsymbol{B}$ 及 $\boldsymbol{C}^{-1}$.

21. 设 n 阶矩阵 $\boldsymbol{A}$ 及 s 阶矩阵 $\boldsymbol{B}$ 都可逆，求

(1) $\begin{bmatrix}\boldsymbol{O}&\boldsymbol{A}\\\boldsymbol{B}&\boldsymbol{O}\end{bmatrix}^{-1}$　　(2) $\begin{bmatrix}\boldsymbol{A}&\boldsymbol{O}\\\boldsymbol{C}&\boldsymbol{B}\end{bmatrix}^{-1}$

22. 求下列矩阵的逆阵

(1) $\begin{bmatrix}5&2&0&0\\2&1&0&0\\0&0&8&3\\0&0&5&2\end{bmatrix}$　　(2) $\begin{bmatrix}1&0&0&0\\1&2&0&0\\2&1&3&0\\1&2&1&4\end{bmatrix}$

(B)

1. 设 $\boldsymbol{A}$ 为 m 阶对称矩阵，$\boldsymbol{B}$ 为 $m\times n$ 矩阵. 证明 $\boldsymbol{B}^{\mathrm{T}}\boldsymbol{A}\boldsymbol{B}$ 为 n 阶对称矩阵.

2. 设 $\boldsymbol{A}=\mathrm{diag}(1,-2,1)$，$\boldsymbol{A}^*\boldsymbol{BA}=2\boldsymbol{BA}-8\boldsymbol{I}$，求 $\boldsymbol{B}$.

3. 设 n 阶方阵 $\boldsymbol{A}$、$\boldsymbol{B}$ 的行列式分别等于 2，-3，求 $\det(-2\boldsymbol{A}^*\boldsymbol{B}^{-1})$的值.

4. 证明

$$\begin{bmatrix}1&1&0\\0&1&1\\0&0&1\end{bmatrix}^n=\begin{bmatrix}1&n&\frac{1}{2}n(n-1)\\0&1&n\\0&0&1\end{bmatrix}$$

5. 设 $\boldsymbol{P}^{-1}\boldsymbol{AP}=\boldsymbol{B}$，$\boldsymbol{P}=\begin{bmatrix}-1&-4\\1&1\end{bmatrix}$，$\boldsymbol{B}=\begin{bmatrix}-1&0\\0&2\end{bmatrix}$，求 $\boldsymbol{A}^{11}$.

复 习 题 二

1. 试述矩阵的乘法与数的乘法有什么不同？

2. 填空题

(1) 设 $\boldsymbol{A}$ 是 3 阶方阵，且 $|\boldsymbol{A}|=-1$，则 $|2\boldsymbol{A}|=$________.

(2) 设 $\boldsymbol{A}$ 是 $m\times n$ 矩阵，$\boldsymbol{B}$ 是 $s\times m$ 矩阵，则 $\boldsymbol{A}^{\mathrm{T}}\boldsymbol{B}^{\mathrm{T}}$ 是____行____列的矩阵.

(3) 矩阵$\begin{bmatrix}2&3\\3&5\end{bmatrix}$的逆矩阵是________.

(4) $\boldsymbol{A}$ 是 n 阶方阵，则 $\boldsymbol{A}^{\mathrm{T}}\boldsymbol{A}$ 是________方阵.

(5) n 阶方阵 $\boldsymbol{A}$ 是不可逆的充要条件是________.

(6) 设 $\boldsymbol{A}=\begin{bmatrix}1&2\\0&4\end{bmatrix}$，$\boldsymbol{B}=\begin{bmatrix}0&2\\1&-1\end{bmatrix}$，则 $(\boldsymbol{A}+\boldsymbol{B}^{\mathrm{T}})^{\mathrm{T}}=$________.

(7) $\boldsymbol{A}$ 是 n 阶方阵，$\boldsymbol{A}^*$ 是 $\boldsymbol{A}$ 的伴随矩阵，若 $|\boldsymbol{A}|=1$，则 $(\boldsymbol{A}^*)^*=$________.

(8) $\boldsymbol{A}$ 是 n 阶方阵，且 n 为奇数，则 $|\boldsymbol{A}-\boldsymbol{A}^{\mathrm{T}}|=$________.

3. 判断题

(1) 若 n 阶方阵 $\boldsymbol{A}$，$\boldsymbol{B}$ 满足 $|\boldsymbol{A}|=|\boldsymbol{B}|$，则 $\boldsymbol{A}=\boldsymbol{B}$. (　)

(2) 设 $\boldsymbol{A}$ 是 n 阶方阵，k 为常数，则 $|k\boldsymbol{A}|=k|\boldsymbol{A}|$. (　)

(3) 设 $\boldsymbol{A}$、$\boldsymbol{B}$ 是 n 阶方阵，且 $\boldsymbol{AB}=\boldsymbol{I}$，则 $\boldsymbol{AB}=\boldsymbol{BA}$. (　)

(4) $\boldsymbol{A}$ 是 n 阶方阵，$\boldsymbol{A}\neq\boldsymbol{O}$，若 $\boldsymbol{AB}=\boldsymbol{O}$，则 $\boldsymbol{B}=\boldsymbol{O}$. (　)

(5) 设 $\boldsymbol{A}$ 是 n 阶对称矩阵，则 $\boldsymbol{A}^n$ 也是对称矩阵. (　)

(6) $\boldsymbol{A}$、$\boldsymbol{B}$ 均为 n 阶可逆矩阵，则 $(\boldsymbol{AB})^{-1}=\boldsymbol{A}^{-1}\boldsymbol{B}^{-1}$ 的充分必要条件是 $\boldsymbol{A}$、$\boldsymbol{B}$ 可交换. (　)

(7) 对于矩阵方程 $\boldsymbol{AX}=\boldsymbol{B}$，其解为 $\boldsymbol{X}=\boldsymbol{A}^{-1}\boldsymbol{B}$. (　)

(8) 对方阵 $\boldsymbol{A}$ 和 $\boldsymbol{B}$，$|\boldsymbol{A}+\boldsymbol{B}|=|\boldsymbol{A}|+|\boldsymbol{B}|$ 总不可能成立.

4. 单项选择题

(1) 对矩阵 $\boldsymbol{A}_{m\times n}$，$\boldsymbol{B}_{s\times t}$ 作乘法 $\boldsymbol{B}^{\mathrm{T}}\boldsymbol{A}$，必须满足(　　).

(A) $s=n$　　(B) $t=n$　　(C) $s=m$　　(D) $m=n$

(2) 若矩阵 $\boldsymbol{A}^2=\boldsymbol{A}$，则(　　).

(A) $\boldsymbol{A}=\boldsymbol{0}$　　(B) $\boldsymbol{A}=\boldsymbol{I}$

(C) $\boldsymbol{A}=\boldsymbol{O}$ 或 $\boldsymbol{A}=\boldsymbol{I}$　　(D) $\boldsymbol{A}$ 与 $\boldsymbol{A}-\boldsymbol{I}$ 中至少有一个是不可逆的

(3) 设 $\boldsymbol{A}$、$\boldsymbol{B}$ 都是 n 阶方阵($n>1$),以下结论正确的是(　　).

(A) $|\boldsymbol{A}+\boldsymbol{B}|=|\boldsymbol{A}|+|\boldsymbol{B}|$　　(B) $|\boldsymbol{AB}|\neq|\boldsymbol{A}||\boldsymbol{B}|$

(C) $|\boldsymbol{AB}|\neq|\boldsymbol{BA}|$　　(D) $|\boldsymbol{AB}^{\mathrm{T}}|=|\boldsymbol{AB}|$

(4) 设 $\boldsymbol{A}$ 为 3 阶方阵,$\boldsymbol{A}^*$ 是 $\boldsymbol{A}$ 的伴随矩阵,常数 $k\neq0,k\neq\pm1$,则 $(k\boldsymbol{A})^*=$(　　).

(A) $k\boldsymbol{A}^*$　　(B) $k^2\boldsymbol{A}^*$　　(C) $k^3\boldsymbol{A}^*$　　(D) $k^{-1}\boldsymbol{A}^*$

(5) 设 $\boldsymbol{A}$、$\boldsymbol{B}$ 都是 n 阶方阵,若 $\boldsymbol{AB}=\boldsymbol{O}$,则(　　).

(A) $\boldsymbol{A}=\boldsymbol{O}$ 或 $\boldsymbol{B}=\boldsymbol{O}$　　(B) $\boldsymbol{BA}=\boldsymbol{O}$

(C) $|\boldsymbol{A}|=0$ 且 $|\boldsymbol{B}|=0$　　(D) $|\boldsymbol{A}|=0$ 或 $|\boldsymbol{B}|=0$

(6) 设 $\boldsymbol{A}$ 为任意矩阵,下列矩阵不一定是对称矩阵的是(　　).

(A) $\boldsymbol{A}+\boldsymbol{A}^{\mathrm{T}}$　　(B) $\boldsymbol{AA}^{\mathrm{T}}$　　(C) $\boldsymbol{A}^{\mathrm{T}}\boldsymbol{AA}^{\mathrm{T}}$　　(D) $(\boldsymbol{A}+\boldsymbol{A}^{\mathrm{T}})^{\mathrm{T}}$

(7) 设 $\boldsymbol{A}$、$\boldsymbol{B}$、$\boldsymbol{C}$ 均为 n 阶方阵,且 $\boldsymbol{AB}=\boldsymbol{BC}=\boldsymbol{CA}=\boldsymbol{I}$,则 $\boldsymbol{A}^2+\boldsymbol{B}^2+\boldsymbol{C}^2=$(　　).

(A) $3\boldsymbol{I}$　　(B) $2\boldsymbol{I}$　　(C) $\boldsymbol{I}$　　(D) $\boldsymbol{O}$

(8) 若 $\boldsymbol{A}^*$ 是 n 阶矩阵 $\boldsymbol{A}$ 的伴随矩阵($n\geqslant2$),则 $|\boldsymbol{A}^*|=$(　　).

(A) 0　　(B) $|\boldsymbol{A}|$　　(C) $|\boldsymbol{A}|^n$　　(D) $|\boldsymbol{A}|^{n-1}$

5. 设 $\boldsymbol{A}=\begin{bmatrix}1&0&1\\0&2&0\\1&0&1\end{bmatrix}$,且 $\boldsymbol{AZ}+\boldsymbol{I}=\boldsymbol{A}^2+\boldsymbol{Z}$,求矩阵 $\boldsymbol{Z}$.

6. 已知 $\boldsymbol{A}=\begin{bmatrix}1&0&0&\cdots&0&0\\a&1&0&\cdots&0&0\\a^2&a&1&\cdots&0&0\\\vdots&\vdots&\vdots&&\vdots&\vdots\\a^{n-1}&a^{n-2}&a^{n-3}&\cdots&a&1\end{bmatrix}$,求 $\boldsymbol{A}^{-1}$.

7. 设 $\boldsymbol{A}$ 是上(下)三角形矩阵,且 $\boldsymbol{A}$ 可逆,试证:$\boldsymbol{A}$ 的逆矩阵也是上(下)三角形矩阵.

8. 设 $\boldsymbol{A}$ 是实对称矩阵,且 $\boldsymbol{A}^2=\boldsymbol{O}$,证明 $\boldsymbol{A}=\boldsymbol{O}$.

9. 设方阵 $\boldsymbol{A}$ 满足 $\boldsymbol{A}^2-2\boldsymbol{A}-4\boldsymbol{I}=\boldsymbol{O}$,证明:$\boldsymbol{A}+\boldsymbol{I}$ 和 $\boldsymbol{A}-3\boldsymbol{I}$ 都可逆,并求它们的逆.

第 3 章 线性方程组及其求解法

第 1 章已经介绍了当未知量的个数等于方程个数时,线性方程组的一种求解方法,即以行列式为工具的克拉默法则. 正如在第 1 章末所指出的,它并没有解决一般线性方程组的基本问题.

一般线性方程组的主要问题是:

(1) 如何判断一个线性方程组有没有解?

(2) 在方程组有解时,它有多少解? 如何求出它的全部解?

(3) 如果方程组的解不唯一,那么这些解之间的关系,即解的结构如何?

本章将以矩阵为工具讨论一般线性方程组的相容性,研究基于消元法的一般的求解方法,建立并证明一般线性方程组的基本定理——解的判定定理.

第 1 节 线性方程组的消元法

3.1.1 n 元线性方程组

设一般 n 元线性方程组为

$$\begin{cases} a_{11}x_1 + a_{12}x_2 + \cdots + a_{1n}x_n = b_1 \\ a_{21}x_1 + a_{22}x_2 + \cdots + a_{2n}x_n = b_2 \\ \quad\quad \vdots \\ a_{m1}x_1 + a_{m2}x_2 + \cdots + a_{mn}x_n = b_m \end{cases} \tag{3.1}$$

其中 $x_1, x_2, \cdots, x_n$ 表示 n 个未知量, m 代表方程的个数, $a_{ij}(i=1,2,\cdots,m;j=1,2,\cdots,n)$称为方程组的系数, $b_i(i=1,2,\cdots,m)$称为常数项.

当 b_i 不全为零时,方程组(3.1)称为**非齐次线性方程组**;

当 b_i 全为零时,即

$$\begin{cases} a_{11}x_1 + a_{12}x_2 + \cdots + a_{1n}x_n = 0 \\ a_{21}x_1 + a_{22}x_2 + \cdots + a_{2n}x_n = 0 \\ \quad\vdots \\ a_{m1}x_1 + a_{m2}x_2 + \cdots + a_{mn}x_n = 0 \end{cases} \tag{3.2}$$

称为**齐次线性方程组**.

在方程组(3.1)中,若存在一有序数组$(k_1,k_2,\cdots,k_n)$,当$x_1,x_2,\cdots,x_n$分别用$k_1,k_2,\cdots,k_n$替换后,方程组(3.1)的每个等式都成立,则称该有序数组$(k_1,k_2,\cdots,k_n)$为方程组(3.1)的一个**解**. 方程组(3.1)的解的全体称为它的**解集**. 当方程组有解时,称方程组是**相容**的;当方程组无解时,则称方程组**不相容**. 如果两个方程组有相同的解集,那么称这两个方程组是**同解的或等价的**.

3.1.2　消元法

读者已在中学里学习了求解 2 元及 3 元 1 次方程组的消元法,这种方法也是求解一般线性方程组的最有效方法. 我们现在要对这种方法从理论上加以总结和提高,给出一般线性方程组的有规律的求解方法.

消元法的基本思想是通过对方程组施行一系列同解变形,消去一些方程中的若干个未知量(称为消元),把方程组化成易于求解的同解方程组. 那么,通过消元,要把方程组化成怎样的简单形式呢? 消元过程又都涉及哪些变换呢? 我们来看下边的例子.

例 3.1　求解线性方程组

$$\begin{cases} x_1 + x_2 + 2x_3 = 9 & \cdots ① \\ 2x_1 + 2x_2 - 3x_3 = 11 & \cdots ② \\ 3x_1 + 6x_2 - 6x_3 = 0 & \cdots ③ \\ x_1 + 3x_2 - 5x_3 = -8 & \cdots ④ \end{cases}$$

解　未知量的个数愈少,方程组就愈容易求解. 所以,下面通过消元,使相邻两方程中,下边方程的未知量个数少于上面方程的未知量个数. 先看x_1,方程①含x_1,保留方程①不变,并利用它及加减消元法消去后边各方程中的x_1,为此,把方程①的-2倍、-3倍、-1倍分别加到方程②,③,④上去,就把方程组化成为

$$\begin{cases} x_1 + x_2 + 2x_3 = 9 & \cdots ⑤ \\ \qquad - 7x_3 = -7 & \cdots ⑥ \\ 3x_2 - 12x_3 = -27 & \cdots ⑦ \\ 2x_2 - 7x_3 = -17 & \cdots ⑧ \end{cases}$$

除最上边的方程⑤外，方程⑥～⑧都已不含 x_1. 按照前面的思想，对后 3 个方程继续进行消元. 先考虑 x_2，由于方程⑥中不含 x_2，而⑦中含 x_2，因此将⑥，⑦两个方程的位置互换，并且为了以下运算的方便，用$\frac{1}{3}$乘方程⑦的两端，用$-\frac{1}{7}$乘方程⑥的两端，便将方程组化成为

$$\begin{cases} x_1 + x_2 + 2x_3 = 9 & \cdots ⑨ \\ x_2 - 4x_3 = -9 & \cdots ⑩ \\ x_3 = 1 & \cdots ⑪ \\ 2x_2 - 7x_3 = -17 & \cdots ⑫ \end{cases}$$

再用方程⑩消去它后面各方程中的 x_2，为此，把方程⑩的 -2 倍加到方程⑫上去，便把方程组化成为

$$\begin{cases} x_1 + x_2 + 2x_3 = 9 & \cdots ⑬ \\ x_2 - 4x_3 = -9 & \cdots ⑭ \\ x_3 = 1 & \cdots ⑮ \\ x_3 = 1 & \cdots ⑯ \end{cases}$$

化成的方程组中，除前两个方程外，后边两方程都不再含 x_1 和 x_2，因此对后两个方程关于 x_3 进行消元，把方程⑮的 -1 倍加到方程⑯上去，就把方程组化成为

$$\begin{cases} x_1 + x_2 + 2x_3 = 9 & \cdots ⑰ \\ x_2 - 4x_3 = -9 & \cdots ⑱ \\ x_3 = 1 & \cdots ⑲ \end{cases}$$

（由于方程⑯化成了恒等式“0＝0”，所以下面不再写出）

上面最后这个方程组称为**阶梯形方程组**（它的增广矩阵为阶梯形矩阵），其中各方程所含未知量的个数，从上一方程到下一方程在逐步减少，因此，它就是我们希望转化成的形式.

要求方程组的解，现在只需**逐步回代**：先把从⑲解出的 $x_3=1$ 代入⑱，得 $x_2=-5$；再把 $x_3=1, x_2=-5$ 代入⑰，得 $x_1=12$，于是得方程组的解为（唯一解）

$$x_1 = 12,\ x_2 = -5,\ x_3 = 1 \quad \blacksquare$$

从例 3.1 可以看到用消元法求解线性方程组的全过程：首先选取含 x_1 的方程作为方程组的第 1 个方程（必要时可通过交换两个方程的位置，把含 x_1 的方程调到最上边），并利用第 1 个方程消去它下边各方程中的 x_1；然后，对化成的新方程组，覆盖住第 1 个方程，对余下的方程重复以上作法，即选取含 x_2 的方程作为第 1 个方程，并利用它消去它下边各方程中的 x_2（如果在前面消去 x_1 时，

也顺便消去了后边各方程中的 x_2，则考虑对 x_3 进行消元，其余类推）．继续这样作下去，直至把方程组化成阶梯形方程组，这个过程称为**正向消元**．另一个过程是**回代过程，即逆向求解**：先从阶梯形方程组的最后一个方程解出一个未知量，再将解出的未知量代入上一方程又解出一个未知量，照这样依次向上代入直至求出方程组的解．正向消元过程和回代过程构成消元法解线性方程组的全过程．

分析上述消元的过程，容易看出它实际上只是对方程组反复施行以下 3 种变换：

(1) 交换某两个方程的位置；

(2) 用非零数 k 乘某方程的两端；

(3) 把某方程的倍数加到另一方程上去．

我们统称这 3 种变换为线性方程组的**初等变换**．

由于方程组的初等变换都是可逆变换，因此，不难证明方程组的初等变换总是把方程组化成同解方程组，即消元过程中的一系列方程组总是同解的．

由此可见初等变换在求解线性方程组的过程中起着关键的作用．而一般的 n 元线性方程组(3.1)的全部信息在其增广矩阵中得到完全的反映，为了简化起见，我们引入矩阵的初等变换并利用它来深入地探讨求解线性方程组的一般方法．

第 2 节　矩阵的初等变换

矩阵的初等变换是研究矩阵与线性方程组等问题的重要工具．本节主要介绍矩阵初等变换的概念和记号，及其在矩阵求逆中的应用．

3.2.1　矩阵的初等变换与初等矩阵

定义 3.1　对矩阵施行下列三种变换：

(1) **位置变换**　对调两行（列）（对调第 i 行与第 j 行，记为 $r_i \leftrightarrow r_j$；对调第 s 列与第 t 列，记为 $c_s \leftrightarrow c_t$）；

(2) **倍乘变换**　以非零常数 k 乘某一行（列）中所有元素（第 i 行乘 k，记为 kr_i；第 s 列乘 k，记为 kc_s）；

(3) **倍加变换**　把某一行（列）所有元素的 k 倍加到另一行（列）对应的元素上去（第 i 行的 k 倍加到第 j 行，记为 $r_j + kr_i$；第 s 列的 k 倍加到第 t 列，记为 $c_t + kc_s$）．

上述三种变换，统称为矩阵的**初等行(列)变换**，简称为**矩阵的初等变换**．

矩阵的初等变换不仅可以用语言来叙述,还可以用矩阵的乘法运算来表示.为此,引进初等矩阵的概念.

定义 3.2 (初等矩阵)　对单位矩阵只作 1 次初等变换所得到的矩阵,称为**初等矩阵**,或**初等方阵**.

因为初等行(列)变换只有 3 种,所以初等矩阵也只有 3 种,它们是:

(1) 对调单位矩阵 $\boldsymbol{I}$ 中的第 i 行与第 j 行(或互换 $\boldsymbol{I}$ 的第 i 列与第 j 列)得到的初等矩阵(其中未写出的元素都是零,以下都如此)

$$
\boldsymbol{P}(i,j)=\left[\begin{array}{ccccccccccc}
1 & & & & & & & & & & \\
 & \ddots & & & & & & & & & \\
 & & 1 & & & & & & & & \\
 & & & 0 & & \cdots & & 1 & & & \\
 & & & & 1 & & & & & & \\
 & & & \vdots & & \ddots & & \vdots & & & \\
 & & & & & & 1 & & & & \\
 & & & 1 & & \cdots & & 0 & & & \\
 & & & & & & & & 1 & & \\
 & & & & & & & & & \ddots & \\
1 & & & & & & & & & &
\end{array}\right]
\begin{array}{l}
\\ \\ \\ \leftarrow \text{第 } i \text{ 行} \\ \\ \\ \\ \leftarrow \text{第 } j \text{ 行} \\ \\ \\ \\
\end{array}
$$

$$
\begin{array}{cc}
\uparrow & \uparrow \\
\text{第 } i \text{ 列} & \text{第 } j \text{ 列}
\end{array}
$$

(2) 用非零数 k 乘 $\boldsymbol{I}$ 的第 i 行(或用非零数 k 乘 $\boldsymbol{I}$ 的第 i 列)得到的初等矩阵

$$
\boldsymbol{P}(i(k))=\left[\begin{array}{ccccccc}
1 & & & & & & \\
 & \ddots & & & & & \\
 & & 1 & & & & \\
 & & & k & & & \\
 & & & & 1 & & \\
 & & & & & \ddots & \\
 & & & & & & 1
\end{array}\right]
\begin{array}{l}
\\ \\ \\ \leftarrow \text{第 } i \text{ 行} \\ \\ \\ \\
\end{array}
$$

$$
\begin{array}{c}
\uparrow \\
\text{第 } i \text{ 列}
\end{array}
$$

(3) 把 $\boldsymbol{I}$ 的第 i 行的 k 倍加到第 j 行上去(或把 $\boldsymbol{I}$ 的第 j 列的 k 倍加到第 i 列上去)得到的初等矩阵

$$P(i(k),j)=\begin{bmatrix}1 & & & & & & \\ & \ddots & & & & & \\ & & 1 & & & & \\ & & \vdots & \ddots & & & \\ & & k & \cdots & 1 & & \\ & & & & & \ddots & \\ & & & & & & 1\end{bmatrix}\begin{matrix} \\ \\ \leftarrow 第\ i\ 行 \\ \\ \leftarrow 第\ j\ 行 \\ \\ \\ \end{matrix}$$

$$\begin{matrix}\uparrow & & \uparrow \\ 第\ i\ 列 & & 第\ j\ 列\end{matrix}$$

容易验证 3 种初等矩阵的行列式都不等于零,因而初等矩阵都是可逆的,且它们的逆矩阵也都是初等矩阵:

$$P(i,j)^{-1}=P(i,j),\quad P(i(k))^{-1}=P(i(\frac{1}{k})),\quad P(i(k),j)^{-1}=P(i(-k),j)$$

初等矩阵是由单位矩阵经一次初等变换得到的矩阵,那么初等矩阵与一般矩阵的初等变换有什么关系呢?我们通过具体例子加以说明.

例如:设矩阵

$$A=\begin{bmatrix}1 & 2\\ 3 & 4\\ 5 & 6\end{bmatrix}$$

则

$$P(2(2))A=\begin{bmatrix}1 & 0 & 0\\ 0 & 2 & 0\\ 0 & 0 & 1\end{bmatrix}\begin{bmatrix}1 & 2\\ 3 & 4\\ 5 & 6\end{bmatrix}=\begin{bmatrix}1 & 2\\ 6 & 8\\ 5 & 6\end{bmatrix}$$

即将 A 的第 2 行乘以数 2.

$$AP(1,2)=\begin{bmatrix}1 & 2\\ 3 & 4\\ 5 & 6\end{bmatrix}\begin{bmatrix}0 & 1\\ 1 & 0\end{bmatrix}=\begin{bmatrix}2 & 1\\ 4 & 3\\ 6 & 5\end{bmatrix}$$

此即表示互换 A 的第 1、2 列.

$$P(3(2),1)A=\begin{bmatrix}1 & 0 & 2\\ 0 & 1 & 0\\ 0 & 0 & 1\end{bmatrix}\begin{bmatrix}1 & 2\\ 3 & 4\\ 5 & 6\end{bmatrix}=\begin{bmatrix}1+2\times 5 & 2+2\times 6\\ 3 & 4\\ 5 & 6\end{bmatrix}=\begin{bmatrix}11 & 14\\ 3 & 4\\ 5 & 6\end{bmatrix}$$

此即表示将 A 的第 3 行乘以数 2 加到第 1 行.

一般地,对 $m\times n$ 矩阵 A 进行一次初等行变换,其结果等于用一个 m 阶的初等矩阵左乘 A;对 A 施行一次初等列变换,相当于用一个相应的 n 阶初等矩阵

右乘 $\boldsymbol{A}$.

初等矩阵与矩阵的初等变换的关系归纳如表 3.1.

表 3.1　初等矩阵与矩阵的初等变换的关系

用矩阵乘法表示初等行变换	用矩阵乘法表示初等列变换
$\boldsymbol{A}\xrightarrow{r_i\leftrightarrow r_j}\boldsymbol{B}$,则 $\boldsymbol{B}=\boldsymbol{P}(i,j)\boldsymbol{A}$	$\boldsymbol{A}\xrightarrow{c_i\leftrightarrow c_j}\boldsymbol{B}$,则 $\boldsymbol{B}=\boldsymbol{AP}(i,j)$
$\boldsymbol{A}\xrightarrow{kr_i}\boldsymbol{B}$,则 $\boldsymbol{B}=\boldsymbol{P}(i(k))\boldsymbol{A}$	$\boldsymbol{A}\xrightarrow{kc_i}\boldsymbol{B}$,则 $\boldsymbol{B}=\boldsymbol{AP}(i(k))$
$\boldsymbol{A}\xrightarrow{r_j+kr_i}\boldsymbol{B}$,则 $\boldsymbol{B}=\boldsymbol{P}(i(k),j)\boldsymbol{A}$	$\boldsymbol{A}\xrightarrow{c_i+kc_j}\boldsymbol{B}$,则 $\boldsymbol{B}=\boldsymbol{AP}(i(k),j)$

上一节在定义矩阵的初等变换时,既可初等行变换也可初等列变换,但是当我们试图利用矩阵的初等变换来处理线性方程组的初等变换时,考虑到线性方程在增广矩阵中是以行的形式出现.所以我们必须要用初等行变换,而不能用初等列变换.为了避免混淆,今后我们都使用初等行变换.

有了初等变换和初等矩阵的概念,对求可逆方阵的逆矩阵可以给出一种比伴随矩阵法更简便有效的方法.为了讨论这个问题以及今后研究的需要,下面先来介绍在线性代数中常常要用到的一类矩阵——阶梯形矩阵.

3.2.2 阶梯形矩阵

如果矩阵某一行的元素不全为零,则称该行为矩阵的**非零行**,否则称为**零行**.并称非零行中左起第 1 个非零元素为该行的**首非零元**.

定义 3.3(阶梯形矩阵) 如果一个矩阵满足下列两个条件,则称它为**行阶梯形矩阵**,简称为**阶梯形矩阵**:

(1) 如果存在零行,则零行都在非零行的下边;

(2) 在任意两个相邻的非零行中,下一行的首非零元都在上一行的首非零元的右边,即从上到下,各非零行的首非零元的列标随着行标的递增而严格增大.

例如,下列矩阵都是阶梯形矩阵

$$\begin{bmatrix}1&2&3\\0&4&5\\0&0&6\end{bmatrix},\quad\begin{bmatrix}0&1&2&3\\0&0&0&4\\0&0&0&0\end{bmatrix},\quad\begin{bmatrix}0&1&2&3\\0&0&0&0\\0&0&0&0\end{bmatrix}$$

下列矩阵都不是阶梯形矩阵

$$\begin{bmatrix}1&2&3&4\\0&0&0&0\\0&0&1&2\end{bmatrix},\quad\begin{bmatrix}1&2&3&4\\0&1&2&3\\0&2&3&4\end{bmatrix},\quad\begin{bmatrix}1&2&3&4\\2&3&4&0\\4&0&0&0\end{bmatrix}$$

如果一个矩阵满足下列两个条件，则称它为**简化行阶梯形矩阵**(或**行最简形**)：

(1) 阶梯形矩阵；

(2) 每个首非零元都是 1，并且在每个首非零元所在的列中，除首非零元 1 以外的其他元素全都为零.

例如，下列矩阵都是简化行阶梯形矩阵

$$\begin{bmatrix}1&0&0&1\\0&1&0&2\\0&0&1&3\end{bmatrix},\quad\begin{bmatrix}0&1&2&0&1\\0&0&0&1&3\\0&0&0&0&0\end{bmatrix},\quad\begin{bmatrix}1&2\\0&0\end{bmatrix},\quad\begin{bmatrix}1&0&0\\0&1&0\\0&0&1\end{bmatrix}$$

下列矩阵都不是简化行阶梯形矩阵：

$$\begin{bmatrix}1&2&3&4\\0&1&2&3\\0&0&2&3\end{bmatrix},\quad\begin{bmatrix}1&1&0\\0&1&0\\0&0&0\end{bmatrix},\quad\begin{bmatrix}0&1&2&6&0\\0&0&0&-1&0\\0&0&0&0&1\end{bmatrix}$$

我们指出，阶梯形矩阵之所以应用广泛，是因为线性代数中的许多问题都需要通过对矩阵施行初等变换把矩阵化为阶梯形矩阵来解决. 这就涉及一个问题：任何一个矩阵是否都可经初等变换化成阶梯形呢? 下面的定理回答了这一问题.

定理 3.1　对于任一非零矩阵 $\boldsymbol{A}=(a_{ij})_{m\times n}$，都可通过有限次初等行变换把它化成阶梯形矩阵.

*__证__　要证明此定理，只要给出一种用初等行变换化矩阵 $\boldsymbol{A}$ 为阶梯形矩阵的方法就行了. 下面来说明这种方法.

第 1 步　首先选取 $\boldsymbol{A}$ 的最左边的非零列，比如说是第 1 列，即 $\boldsymbol{A}$ 的第 1 列的元素不全为零，不失一般性，可设 $a_{11}\neq 0$(否则，可经交换两行，把第 1 列的非零元素调到第 1 行第 1 列的位置，然后再作下面的讨论)，因此可利用 a_{11} 将第 1 列中位于 a_{11} 下边的元素都化成零，这只要把第 1 行的 $\left(-\dfrac{a_{i1}}{a_{11}}\right)$ 倍加到第 i 行上去即可 $(i=2,3,\cdots,m)$. 不过，把元素化成零的作法不是唯一的. 以下我们换一个作法，即先用 $\dfrac{1}{a_{11}}$ 乘第 1 行，然后将第 1 行的 $(-a_{i1})$ 倍加到第 i 行上去 $(i=2,3,\cdots,m)$，就把 $\boldsymbol{A}$ 化成为

$$\boldsymbol{A}\rightarrow\begin{bmatrix}1&a_{12}^{(1)}&\cdots&a_{1n}^{(1)}\\0&a_{22}^{(1)}&\cdots&a_{2n}^{(1)}\\\vdots&\vdots&&\vdots\\0&a_{m2}^{(1)}&\cdots&a_{mn}^{(1)}\end{bmatrix}=\begin{bmatrix}1&a_{12}^{(1)}\ \cdots\ a_{1n}^{(1)}\\ &\boldsymbol{A}_1\end{bmatrix}$$

把第 1 步所化成矩阵的除去第 1 行后的子矩阵记为 $\boldsymbol{A}_1$，如果 $\boldsymbol{A}_1$ 已是零矩阵，则已将 $\boldsymbol{A}$ 化成了阶梯形. 否则转入下一步.

第 2 步　对 $\boldsymbol{A}_1$ 重复第 1 步的做法.

照此做法做下去，则或者在第 k 步($1\leqslant k\leqslant m-1$)所得 $\boldsymbol{A}_k$ 已是零子矩阵；或者这样的步骤共进行了 $m-1$ 次. 总之，经过有限次初等行变换必可将 $\boldsymbol{A}$ 化成阶梯形. ▎

利用定理 3.1 所讲的方法，可用初等行变换将任一非零矩阵化成首非零元都是 1 的阶梯形矩阵，在此基础上，还可进一步把矩阵化成简化行阶梯形矩阵.

例 3.2　用初等行变换将矩阵

$$\boldsymbol{A}=\begin{bmatrix}0 & 4 & -12 & 2 & -2\\ 3 & -1 & -6 & -2 & 8\\ -1 & -1 & 6 & 2 & 0\end{bmatrix}$$

化成简化行阶梯形矩阵.

解

$$\boldsymbol{A}\xrightarrow{r_1\leftrightarrow r_3}\begin{bmatrix}-1 & -1 & 6 & 2 & 0\\ 3 & -1 & -6 & -2 & 8\\ 0 & 4 & -12 & 2 & -2\end{bmatrix}\xrightarrow{-r_1}\begin{bmatrix}1 & 1 & -6 & -2 & 0\\ 3 & -1 & -6 & -2 & 8\\ 0 & 4 & -12 & 2 & -2\end{bmatrix}$$

$$\xrightarrow{r_2-3r_1}\begin{bmatrix}1 & 1 & -6 & -2 & 0\\ 0 & -4 & 12 & 4 & 8\\ 0 & 4 & -12 & 2 & -2\end{bmatrix}\xrightarrow{-\frac{1}{4}r_2}\begin{bmatrix}1 & 1 & -6 & -2 & 0\\ 0 & 1 & -3 & -1 & -2\\ 0 & 4 & -12 & 2 & -2\end{bmatrix}$$

$$\xrightarrow{r_3-4r_2}\begin{bmatrix}1 & 1 & -6 & -2 & 0\\ 0 & 1 & -3 & -1 & -2\\ 0 & 0 & 0 & 6 & 6\end{bmatrix}\xrightarrow{\frac{1}{6}r_3}\begin{bmatrix}1 & 1 & -6 & -2 & 0\\ 0 & 1 & -3 & -1 & -2\\ 0 & 0 & 0 & 1 & 1\end{bmatrix}\xlongequal{\text{记为}}\boldsymbol{B}$$

即将 $\boldsymbol{A}$ 化成为首非零元都是 1 的阶梯形矩阵 $\boldsymbol{B}$，为将 $\boldsymbol{A}$ 进一步化成简化行阶梯形，以下只需将 $\boldsymbol{B}$ 的每个首非零元上边的元素都化成零，这应从最下边一个首非零元开始：

$$\boldsymbol{B}\xrightarrow[r_2+r_3]{r_1+2r_3}\begin{bmatrix}1 & 1 & -6 & 0 & 2\\ 0 & 1 & -3 & 0 & -1\\ 0 & 0 & 0 & 1 & 1\end{bmatrix}\xrightarrow{r_1-r_2}\begin{bmatrix}1 & 0 & -3 & 0 & 3\\ 0 & 1 & -3 & 0 & -1\\ 0 & 0 & 0 & 1 & 1\end{bmatrix}$$ ▎

3.2.3　用初等行变换求逆矩阵

有了上面利用初等行变换把一般的矩阵化为阶梯形矩阵和简化行阶梯形矩阵的方法，现在可以讨论对可逆方阵求逆矩阵的问题了. 先看一个例子.

例 3.3　设 $\boldsymbol{A}$ 是 3 阶可逆方阵

$$\boldsymbol{A}=\begin{bmatrix}2 & 3 & -4\\1 & 2 & 3\\2 & -1 & 2\end{bmatrix}$$

利用初等行变换将 $\boldsymbol{A}$ 化为单位矩阵 $\boldsymbol{I}_3$.

解　用初等行变换将矩阵化为阶梯形矩阵的方法,有

$$\boldsymbol{A}=\begin{bmatrix}2 & 3 & -4\\1 & 2 & 3\\2 & -1 & 2\end{bmatrix}\xrightarrow{r_1\leftrightarrow r_2}\begin{bmatrix}1 & 2 & 3\\2 & 3 & -4\\2 & -1 & 2\end{bmatrix}\xrightarrow[r_3+(-2)r_1]{r_2+(-2)r_1}\begin{bmatrix}1 & 2 & 3\\0 & -1 & -10\\0 & -5 & -4\end{bmatrix}$$

$$\xrightarrow[r_3+5r_2]{(-1)r_2}\begin{bmatrix}1 & 2 & 3\\0 & 1 & 10\\0 & 0 & 46\end{bmatrix}\xrightarrow{\frac{1}{46}r_3}\begin{bmatrix}1 & 2 & 3\\0 & 1 & 10\\0 & 0 & 1\end{bmatrix}$$

$$\xrightarrow[r_1+(-3)r_3]{r_2+(-10)r_3}\begin{bmatrix}1 & 2 & 0\\0 & 1 & 0\\0 & 0 & 1\end{bmatrix}\xrightarrow{r_1+(-2)r_2}\begin{bmatrix}1 & 0 & 0\\0 & 1 & 0\\0 & 0 & 1\end{bmatrix}=\boldsymbol{I}_3\quad\blacksquare$$

实际上,例 3.3 的结论对任意 n 阶可逆方阵都是成立的. 即

任意 n 阶可逆方阵 $\boldsymbol{A}$,必可经过有限(t)次初等行变换将其化为 n 阶单位矩阵 $\boldsymbol{I}_n$.

因为对矩阵 $\boldsymbol{A}$ 施行的每一次初等行变换相当于在 $\boldsymbol{A}$ 的左侧乘以相应的初等矩阵,所以存在一系列初等矩阵 $\boldsymbol{P}_1,\boldsymbol{P}_2,\cdots,\boldsymbol{P}_t$ 使得

$$\boldsymbol{P}_t\boldsymbol{P}_{t-1}\cdots\boldsymbol{P}_2\boldsymbol{P}_1\boldsymbol{A}=\boldsymbol{I}_n$$

成立.

定理 3.2　设 $\boldsymbol{A}$ 为 n 阶可逆方阵,当 $\boldsymbol{A}$ 经 t 次初等行变换化为 $\boldsymbol{I}_n$ 时,则用同样的初等行变换将 $\boldsymbol{I}_n$ 变为 $\boldsymbol{A}^{-1}$.

证　记方阵 $\boldsymbol{A}$ 经 t 次初等行变换化为 $\boldsymbol{I}_n$ 时,对应的初等矩阵依次为 $\boldsymbol{P}_1,\boldsymbol{P}_2,\cdots,\boldsymbol{P}_t$,则有

$$\boldsymbol{P}_t\cdots\boldsymbol{P}_2\boldsymbol{P}_1\boldsymbol{A}=\boldsymbol{I}_n \tag{3.3}$$

则 $\boldsymbol{A}$ 可逆,且 $\boldsymbol{A}^{-1}=\boldsymbol{P}_t\cdots\boldsymbol{P}_2\boldsymbol{P}_1$,即

$$\boldsymbol{P}_t\cdots\boldsymbol{P}_2\boldsymbol{P}_1\boldsymbol{I}_n=\boldsymbol{A}^{-1}\quad\blacksquare \tag{3.4}$$

定理 3.2 虽然形式上很简单,但含义很深,实际上已经给出了求逆矩阵的一种新方法. 对比(3.3)和(3.4)式,等式左端依次所施加的 t 次初等行变换 $\boldsymbol{P}_t\cdots\boldsymbol{P}_2\boldsymbol{P}_1$ 都是一样的. (3.3)式表明经过 t 次初等行变换将矩阵 $\boldsymbol{A}$ 化为 $\boldsymbol{I}_n$;而(3.4)式表明经过同样的 t 次初等行变换将单位矩阵 $\boldsymbol{I}_n$ 就化为 $\boldsymbol{A}$ 的逆矩阵 $\boldsymbol{A}^{-1}$了. 所以,不难想到,如果把 $\boldsymbol{A}$ 和 $\boldsymbol{I}_n$ 平行排列成一个 $n\times 2n$ 的矩阵 $[\boldsymbol{A}\,\vdots\,\boldsymbol{I}_n]$,然后对

$[\boldsymbol{A} \vdots \boldsymbol{I}_n]$进行初等行变换，当该矩阵的左子块$\boldsymbol{A}$化为单位矩阵$\boldsymbol{I}_n$时，它的右子块$\boldsymbol{I}_n$就跟着化为$\boldsymbol{A}$的逆矩阵$\boldsymbol{A}^{-1}$，即

$$[\boldsymbol{A} \vdots \boldsymbol{I}_n] \to \boldsymbol{P}_t \cdots \boldsymbol{P}_2 \boldsymbol{P}_1 [\boldsymbol{A} \vdots \boldsymbol{I}_n] = \boldsymbol{A}^{-1}[\boldsymbol{A} \vdots \boldsymbol{I}_n] = [\boldsymbol{I}_n \vdots \boldsymbol{A}^{-1}]$$

这是一个求可逆方阵的逆矩阵的新的有效方法. 这种方法使求逆矩阵的计算过程变得极有规律，甚至可以使其程序化. 读者可以从下面的例子里加以体会.

例 3.4 求矩阵

$$\boldsymbol{A} = \begin{bmatrix} 2 & 2 & 3 \\ 1 & -1 & 0 \\ -1 & 2 & 1 \end{bmatrix}$$

的逆矩阵.

解 用初等行变换法求$\boldsymbol{A}^{-1}$.

$$[\boldsymbol{A} \vdots \boldsymbol{I}] = \left[\begin{array}{ccc:ccc} 2 & 2 & 3 & 1 & 0 & 0 \\ 1 & -1 & 0 & 0 & 1 & 0 \\ -1 & 2 & 1 & 0 & 0 & 1 \end{array}\right] \xrightarrow{r_1 \leftrightarrow r_2} \left[\begin{array}{ccc:ccc} 1 & -1 & 0 & 0 & 1 & 0 \\ 2 & 2 & 3 & 1 & 0 & 0 \\ -1 & 2 & 1 & 0 & 0 & 1 \end{array}\right]$$

$$\xrightarrow[r_3 + r_1]{r_2 - 2r_1} \left[\begin{array}{ccc:ccc} 1 & -1 & 0 & 0 & 1 & 0 \\ 0 & 4 & 3 & 1 & -2 & 0 \\ 0 & 1 & 1 & 0 & 1 & 1 \end{array}\right] \xrightarrow{r_2 \leftrightarrow r_3} \left[\begin{array}{ccc:ccc} 1 & -1 & 0 & 0 & 1 & 0 \\ 0 & 1 & 1 & 0 & 1 & 1 \\ 0 & 4 & 3 & 1 & -2 & 0 \end{array}\right]$$

$$\xrightarrow{r_3 - 4r_2} \left[\begin{array}{ccc:ccc} 1 & -1 & 0 & 0 & 1 & 0 \\ 0 & 1 & 1 & 0 & 1 & 1 \\ 0 & 0 & -1 & 1 & -6 & -4 \end{array}\right]$$

$$\xrightarrow{r_2 + r_3} \left[\begin{array}{ccc:ccc} 1 & -1 & 0 & 0 & 1 & 0 \\ 0 & 1 & 0 & 1 & -5 & -3 \\ 0 & 0 & -1 & 1 & -6 & -4 \end{array}\right]$$

$$\xrightarrow[-r_3]{r_1 + r_2} \left[\begin{array}{ccc:ccc} 1 & 0 & 0 & 1 & -4 & -3 \\ 0 & 1 & 0 & 1 & -5 & -3 \\ 0 & 0 & 1 & -1 & 6 & 4 \end{array}\right] = [\boldsymbol{I} \vdots \boldsymbol{A}^{-1}]$$

所以

$$\boldsymbol{A}^{-1} = \begin{bmatrix} 1 & -4 & -3 \\ 1 & -5 & -3 \\ -1 & 6 & 4 \end{bmatrix} \quad \blacksquare$$

初等行变换还可用来求解矩阵方程$\boldsymbol{AZ}=\boldsymbol{B}$. 若$\boldsymbol{A}$可逆则显然有$\boldsymbol{Z}=\boldsymbol{A}^{-1}\boldsymbol{B}$，而将$\boldsymbol{A}$和$\boldsymbol{B}$放在同一矩阵中构成$[\boldsymbol{A} \vdots \boldsymbol{B}]$，对矩阵$[\boldsymbol{A} \vdots \boldsymbol{B}]$施以一系列初等行变换，当将$\boldsymbol{A}$变成$\boldsymbol{I}$时，则$\boldsymbol{B}$就变为$\boldsymbol{A}^{-1}\boldsymbol{B}$，即

$$[\boldsymbol{A} \vdots \boldsymbol{B}] \xrightarrow{\text{初等行变换}} [\boldsymbol{I} \vdots \boldsymbol{A}^{-1}\boldsymbol{B}]$$

例 3.5　解矩阵方程

$$\begin{bmatrix}0 & 1 & 2\\1 & 1 & 4\\2 & -1 & 0\end{bmatrix}\boldsymbol{X}=\begin{bmatrix}1 & 1\\0 & 1\\-1 & 0\end{bmatrix}$$

解　$$[\boldsymbol{A}\mid\boldsymbol{B}]=\left[\begin{array}{ccc:cc}0 & 1 & 2 & 1 & 1\\1 & 1 & 4 & 0 & 1\\2 & -1 & 0 & -1 & 0\end{array}\right]\xrightarrow{r_1\leftrightarrow r_2}\left[\begin{array}{ccc:cc}1 & 1 & 4 & 0 & 1\\0 & 1 & 2 & 1 & 1\\2 & -1 & 0 & -1 & 0\end{array}\right]$$

$$\xrightarrow{r_3-2r_1}\left[\begin{array}{ccc:cc}1 & 1 & 4 & 0 & 1\\0 & 1 & 2 & 1 & 1\\0 & -3 & -8 & -1 & -2\end{array}\right]\xrightarrow[r_3+3r_2]{r_1-r_2}\left[\begin{array}{ccc:cc}1 & 0 & 2 & -1 & 0\\0 & 1 & 2 & 1 & 1\\0 & 0 & -2 & 2 & 1\end{array}\right]$$

$$\xrightarrow{\substack{r_1+r_3\\ r_2+r_3\\ -\frac{1}{2}r_3}}\left[\begin{array}{ccc:cc}1 & 0 & 0 & 1 & 1\\0 & 1 & 0 & 3 & 2\\0 & 0 & 1 & -1 & -\frac{1}{2}\end{array}\right],\quad 故\ \boldsymbol{X}=\boldsymbol{A}^{-1}\boldsymbol{B}=\begin{bmatrix}1 & 1\\3 & 2\\-1 & -\frac{1}{2}\end{bmatrix}$$

第 3 节　矩阵的秩

上节讲到任何矩阵 $\boldsymbol{A}$ 都可经矩阵的初等行变换化为阶梯形矩阵. 显然阶梯形矩阵中非零行的个数是矩阵 $\boldsymbol{A}$ 的一个重要的数字特征. 这个数字特征究竟反映矩阵 $\boldsymbol{A}$ 的什么特性? 先看一个例子:

若要用消元法求解线性方程组

$$\begin{cases}x_1+x_2+x_3=0\\2x_1+x_2+x_3-x_4=1\\x_1-3x_2-x_3+2x_4=2\\x_2+x_3+x_4=-1\end{cases}\tag{3.5}$$

对方程组(3.5)的增广矩阵施行初等行变换使之化为阶梯形矩阵,即

$$\bar{\boldsymbol{A}}=\left[\begin{array}{cccc:c}1 & 1 & 1 & 0 & 0\\2 & 1 & 1 & -1 & 1\\1 & -3 & -1 & 2 & 2\\0 & 1 & 1 & 1 & -1\end{array}\right]\xrightarrow[r_3-r_1]{r_2-2r_1}\left[\begin{array}{cccc:c}1 & 1 & 1 & 0 & 0\\0 & -1 & -1 & -1 & 1\\0 & -4 & -2 & 2 & 2\\0 & 1 & 1 & 1 & -1\end{array}\right]$$

$$\xrightarrow[r_4+r_2]{r_3-4r_2}\left[\begin{array}{cccc:c}1 & 1 & 1 & 0 & 0\\0 & -1 & -1 & -1 & 1\\0 & 0 & 2 & 6 & -2\\0 & 0 & 0 & 0 & 0\end{array}\right]\xrightarrow[\frac{1}{2}r_3]{(-1)r_2}\left[\begin{array}{cccc:c}1 & 1 & 1 & 0 & 0\\0 & 1 & 1 & 1 & -1\\0 & 0 & 1 & 3 & -1\\0 & 0 & 0 & 0 & 0\end{array}\right]$$

阶梯形矩阵对应的方程组为

$$\begin{cases} x_1 + x_2 + x_3 \qquad = 0 \\ \qquad x_2 + x_3 + \ x_4 = -1 \\ \qquad\qquad x_3 + 3x_4 = -1 \end{cases} \tag{3.6}$$

线性方程组(3.5)与(3.6)同解. 原来 4 个方程的方程组经过同解变换后变成由 3 个方程组成的方程组. 这说明只有 3 个方程是真正起作用的,或者说只有 3 个方程是独立的. 从其增广矩阵看,经过初等行变换将其化为阶梯形矩阵后只有 3 个非零行. 第 4 行全是零. 将不起作用. 所以从线性方程组的角度来看,阶梯形矩阵中非零行的个数正好反映该线性方程组中独立方程的个数. 这当然是该方程组的一个极为重要的特性,实际上也是其系数矩阵或增广矩阵的重要特性,在矩阵理论中称为矩阵的秩. 为了深入刻画矩阵的秩及其特性,还需要使用行列式的工具.下面介绍矩阵的秩的基本概念及计算矩阵秩的一般方法.

3.3.1 矩阵秩的定义及性质

定义 3.4 设 $\boldsymbol{A}$ 为 $m \times n$ 矩阵,在 $\boldsymbol{A}$ 中任取 k 行 k 列,位于这些行和列相交处的 k^2 个元素,按其原来的次序构成一个 k 阶行列式,称为 $\boldsymbol{A}$ 的 **k 阶子式**.

例如,取矩阵

$$\boldsymbol{A} = \begin{bmatrix} 2 & -3 & 2 & 8 \\ 2 & 12 & 12 & -2 \\ 1 & 3 & 4 & 1 \end{bmatrix}$$

的第 1 行和第 2 行,第 1 列和第 3 列,由这 2 行 2 列相交位置上的元素按原来次序构成一个 2 阶行列式

$$\begin{vmatrix} 2 & 2 \\ 2 & 12 \end{vmatrix} = 20$$

就是 $\boldsymbol{A}$ 的一个 2 阶子式.

矩阵 $\boldsymbol{A}$ 的全部 3 阶子式为:

$$\begin{vmatrix} 2 & -3 & 2 \\ 2 & 12 & 12 \\ 1 & 3 & 4 \end{vmatrix} = 0, \qquad \begin{vmatrix} 2 & 2 & 8 \\ 2 & 12 & -2 \\ 1 & 4 & 1 \end{vmatrix} = 0,$$

$$\begin{vmatrix} 2 & -3 & 8 \\ 2 & 12 & -2 \\ 1 & 3 & 1 \end{vmatrix} = 0, \qquad \begin{vmatrix} -3 & 2 & 8 \\ 12 & 12 & -2 \\ 3 & 4 & 1 \end{vmatrix} = 0.$$

从定义可知,从 $\boldsymbol{A}$ 中可取 1 阶、2 阶和 3 阶子式,而 3 阶子式全为零,2 阶子式中有不为零的子式,称为**非零子式**,显然 $\boldsymbol{A}$ 中非零子式的最高阶数为 2 阶,对

矩阵的这种最高阶非零子式的阶数,我们给它一个专用名称——秩.

定义 3.5　矩阵 $\mathbf{A}$ 中非零子式的最高阶数称为**矩阵 $\mathbf{A}$ 的秩**,记作 $r(\mathbf{A})$.

显然上例中矩阵 $\mathbf{A}$ 的秩为 $r(\mathbf{A})=2$. 我们规定零矩阵的秩是 0.

例 3.6　求矩阵

$$\mathbf{A}=\begin{bmatrix}2&3&0&-3&4\\0&0&-1&2&1\\0&0&0&7&0\\0&0&0&0&0\end{bmatrix}$$

的秩.

解　因为矩阵 $\mathbf{A}$ 有一个零行,故 $\mathbf{A}$ 的所有 4 阶子式全为零,而以 $\mathbf{A}$ 的三个非零行中第一个非零元素所在列构成的 3 阶子式是一个上三角形行列式,它显然不等于零,即

$$\begin{vmatrix}2&0&-3\\0&-1&2\\0&0&7\end{vmatrix}=-14\neq 0$$

由定义知,$r(\mathbf{A})=3$. ▌

例 3.7　求矩阵

$$\mathbf{A}=\begin{bmatrix}3&0&7\\-1&4&5\\3&1&2\end{bmatrix}$$

的秩.

解　因为 $|\mathbf{A}|=-82\neq 0$,故有 $r(\mathbf{A})=3$. ▌

显然 $\mathbf{A}$ 是一个可逆矩阵. 由定义知,n 阶矩阵 $\mathbf{A}$ 可逆,则必有 $|\mathbf{A}|\neq 0$,故 $r(\mathbf{A})=n$;反之,若 n 阶矩阵 $r(\mathbf{A})=n$,则有 $|\mathbf{A}|\neq 0$,$\mathbf{A}$ 必可逆,所以,n 阶矩阵 $\mathbf{A}$ 可逆的充分必要条件是 $r(\mathbf{A})=n$. 我们称 $r(\mathbf{A})=n$ 的 n 阶矩阵 $\mathbf{A}$ 为**满秩矩阵**;$r(\mathbf{A})<n$(或 $|\mathbf{A}|=0$)的 n 阶矩阵 $\mathbf{A}$ 为**降秩矩阵**.

例 3.8　设 4 阶方阵

$$\mathbf{A}=\begin{bmatrix}1&a&a&a\\a&1&a&a\\a&a&1&a\\a&a&a&1\end{bmatrix}$$

的秩为 3,试求常数 a 的值.

解　由条件知 $\mathbf{A}$ 为降秩方阵,所以有 $\det(\mathbf{A})=0$. 计算可得

$$\det(\boldsymbol{A}) = \begin{vmatrix} 1 & a & a & a \\ a & 1 & a & a \\ a & a & 1 & a \\ a & a & a & 1 \end{vmatrix} = (1+3a)(1-a)^3 = 0$$

故解得 $a=-\dfrac{1}{3}$ 或 $a=1$. 若 $a=1$,显然有 $r(\boldsymbol{A})=1$,不合题意. 而当 $a=-\dfrac{1}{3}$ 时,$\boldsymbol{A}$ 的左上角的 3 阶子式等于

$$(1+2a)(1-a)^2\Big|_{a=-\frac{1}{3}} = \frac{16}{27} \neq 0$$

当且仅当 $a=-\dfrac{1}{3}$ 时,$\boldsymbol{A}$ 中非零子式的最高阶数为 3,即 $r(\boldsymbol{A})=3$,故 $a=-\dfrac{1}{3}$. ▌

3.3.2 矩阵秩的求法

现在讨论计算矩阵的秩的一般方法. 利用定义计算矩阵的秩,需要计算一些子式,当子式的阶数较高时,计算量太大,显然是不方便的. 但我们知道阶梯形矩阵的秩是其非零行的个数,而任一矩阵又可由初等变换化成阶梯形,那么,是否可通过化矩阵为阶梯形矩阵的方法来求矩阵的秩呢? 这就涉及到一个问题:矩阵经过初等变换是否能保持矩阵的秩不改变呢? 下面的定理回答了这一问题.

定理 3.3 设矩阵 $\boldsymbol{A}$ 经过有限次初等行变换变成了矩阵 $\boldsymbol{B}$,则 $r(\boldsymbol{A})=r(\boldsymbol{B})$.

* **证** 先证明若 $\boldsymbol{A}$ 经 1 次初等行变换变成 $\boldsymbol{B}$,则成立 $r(\boldsymbol{A})\leqslant r(\boldsymbol{B})$.

设 $r(\boldsymbol{A})=k$,则 $\boldsymbol{A}$ 中必存在非零的 k 阶子式 D_k. 下面对 3 种初等行变换分别证明 $r(\boldsymbol{A})\leqslant r(\boldsymbol{B})$.

(1) 若 $\boldsymbol{A}\xrightarrow{r_i\leftrightarrow r_j}\boldsymbol{B}$,此时在 $\boldsymbol{B}$ 中取与 D_k 相同序号的行列所组成的子式 M_k,则 M_k 或者与 D_k 完全相同,或者 M_k 是 D_k 交换两行的结果,故有

$$M_k = \pm D_k \neq 0$$

即在 $\boldsymbol{B}$ 中找到了一个 k 阶非零子式 M_k,故 $r(\boldsymbol{B})\geqslant k=r(\boldsymbol{A})$.

(2) 若 $\boldsymbol{A}\xrightarrow{\lambda r_i}\boldsymbol{B}$(其中常数 $\lambda\neq 0$),则当 D_k 不含 $\boldsymbol{A}$ 的第 i 行元素时,D_k 仍是 $\boldsymbol{B}$ 的一个 k 阶非零子式;当 D_k 含 $\boldsymbol{A}$ 的第 i 行元素时,在 $\boldsymbol{B}$ 中取与 D_k 同序号的行和列,则可构成 $\boldsymbol{B}$ 的 k 阶子式

$$M_k = \lambda D_k \neq 0$$

故这时也有 $r(\boldsymbol{B})\geqslant k=r(\boldsymbol{A})$.

(3) 若 $\boldsymbol{A}\xrightarrow{r_j+\lambda r_i}\boldsymbol{B}$,由于任意交换两行不改变矩阵的秩,故不失一般性,可

设 $A \xrightarrow{r_2+\lambda r_1} B$. 这时在 B 中取与 D_k 相同序号的行、列所组成的子式 M_k，下面分 3 种情况来讨论：

1° M_k 不含 A 的第 2 行；

2° M_k 同时含 A 的第 1、2 两行；

3° M_k 含 A 的第 2 行，但不含第 1 行.

对于 1°和 2°的情况，直接取 $M_k=D_k\neq 0$.

对于 3°，设

$$M_k=\begin{vmatrix} r_2+\lambda r_1 \\ r_{n_2} \\ \vdots \\ r_{n_k} \end{vmatrix}=\begin{vmatrix} r_2 \\ r_{n_2} \\ \vdots \\ r_{n_k} \end{vmatrix}+\lambda\begin{vmatrix} r_1 \\ r_{n_2} \\ \vdots \\ r_{n_k} \end{vmatrix}=D_k+\lambda M'_k$$

其中 M_k 与 M'_k 均为 B 的 k 阶子式. 由于

$$D_k=M_k-\lambda M'_k\neq 0$$

故 M_k 与 M'_k 不同时为 0，从而在 B 中必存在 k 阶非零子式.

综上所述，我们证明了：如果 A 经过 1 次初等行变换变成 B，则有 $r(A)\leqslant r(B)$. 由于初等行变换是可逆的，B 也可经过 1 次初等行变换变成 A，所以，同样有 $r(B)\leqslant r(A)$. 因此有 $r(A)=r(B)$.

既然作 1 次初等行变换，矩阵的秩不改变，当然作有限次初等行变换，矩阵的秩仍然不会改变. ▍

推论 3.1　设矩阵 A 经有限次初等列变换变成了矩阵 B，则 $r(A)=r(B)$.

证　因为对 A 作初等列变换变成矩阵 B，相当于对 A^T 作初等行变换变成了矩阵 B^T，由定理 3.3 知 $r(A^T)=r(B^T)$，又因矩阵转置后其秩不变，故有 $r(A)=r(B)$. ▍

上面的讨论表明，矩阵经过有限次初等变换后，其秩不改变. 这就提供了求矩阵秩的一般方法：用初等变换将矩阵化成阶梯形，则阶梯形矩阵中非零行的个数即为所求矩阵的秩(为什么?).

例 3.9　用初等行变换求矩阵

$$A=\begin{bmatrix} 1 & -1 & 2 & 1 & 0 \\ 2 & -2 & 4 & -2 & 0 \\ 3 & 0 & 6 & -1 & 1 \\ 2 & 1 & 4 & 2 & 1 \end{bmatrix}$$

的秩.

解

$$A \xrightarrow[r_4-2r_1]{\substack{r_2-2r_1\\ r_3-3r_1}} \begin{bmatrix} 1 & -1 & 2 & 1 & 0 \\ 0 & 0 & 0 & -4 & 0 \\ 0 & 3 & 0 & -4 & 1 \\ 0 & 3 & 0 & 0 & 1 \end{bmatrix} \xrightarrow[r_3-r_2]{r_4-r_3} \begin{bmatrix} 1 & -1 & 2 & 1 & 0 \\ 0 & 0 & 0 & -4 & 0 \\ 0 & 3 & 0 & 0 & 1 \\ 0 & 0 & 0 & 4 & 0 \end{bmatrix}$$

$$\xrightarrow{r_4+r_2} \begin{bmatrix} 1 & -2 & 2 & 1 & 0 \\ 0 & 0 & 0 & -4 & 0 \\ 0 & 3 & 0 & 0 & 0 \\ 0 & 0 & 0 & 0 & 0 \end{bmatrix} \xrightarrow{r_2 \leftrightarrow r_3} \begin{bmatrix} 1 & -2 & 2 & 1 & 0 \\ 0 & 3 & 0 & 0 & 0 \\ 0 & 0 & 0 & -4 & 0 \\ 0 & 0 & 0 & 0 & 0 \end{bmatrix} = B$$

因阶梯形矩阵 B 中非零行的行数(或首非零元的个数)是 3,只要取首非零元所在的行、列所组成的 3 阶行列式,由于它是上三角的,因此它就是最高阶的非零子式,所以$r(A)=3$. ▌

例 3.10 k 取何值时,矩阵

$$A = \begin{bmatrix} 1 & 1 & k & 1 \\ 1 & k & 1 & 1 \\ 0 & 1 & 1 & -2 \end{bmatrix}$$

的秩 $r(A)<3$,k 取何值时 $r(A)=3$?

解

$$A \xrightarrow{r_2-r_1} \begin{bmatrix} 1 & 1 & k & 1 \\ 0 & k-1 & 1-k & 0 \\ 0 & 1 & 1 & -2 \end{bmatrix} \xrightarrow{r_2 \leftrightarrow r_3} \begin{bmatrix} 1 & 1 & k & 1 \\ 0 & 1 & 1 & -2 \\ 0 & k-1 & 1-k & 0 \end{bmatrix}$$

$$\xrightarrow{r_3-(k-1)r_2} \begin{bmatrix} 1 & 1 & k & 1 \\ 0 & 1 & 1 & -2 \\ 0 & 0 & 2-2k & 2k-2 \end{bmatrix}$$

故当 $k=1$ 时,$r(A)<3$,当 $k\neq 1$ 时,$r(A)=3$. ▌

下面讨论矩阵的秩的性质:

性质 3.1 设 A 为 $m\times n$ 矩阵,则有

(1) $0\leqslant r(A)\leqslant \min\{m,n\}$

(2) $r(A)=r(A^{T})$

(3) 设 P、Q 分别为 m 阶,n 阶的可逆矩阵,则 $r(PA)=r(AQ)=r(A)$.

证 由矩阵秩的定义,立即可得(1).

(2) 由于行列式与其转置行列式相等,因此 A^{T} 的子式与 A 的子式相等,从而 $r(A)=r(A^{T})$.

(3) 由定理 3.2 知,P^{-1} 可由 I_m 经过有限次初等行变换而得,即 $P^{-1}=P_sP_{s-1}\cdots P_1I_m$,其中 $P_i\,(i=1,2,\cdots,s)$ 均为初等矩阵. 又因为 $A=P^{-1}PA=$

$\boldsymbol{P}_s\boldsymbol{P}_{s-1}\cdots\boldsymbol{P}_1(\boldsymbol{PA})$，由定理 3.3，即得

$$r(\boldsymbol{PA})=r(\boldsymbol{A})$$

同理. 右乘 $\boldsymbol{P}^{-1}$，利用初等列变换可得

$$r(\boldsymbol{AQ})=r(\boldsymbol{A})$$

该性质表明，矩阵 $\boldsymbol{A}$ 经过左乘或右乘一个可逆矩阵，其秩不变.

同时，不加证明地给出下面的

* **性质 3.2**　(1) $\max\{r(\boldsymbol{A}),r(\boldsymbol{B})\}\leqslant r(\boldsymbol{A},\boldsymbol{B})\leqslant r(\boldsymbol{A})+r(\boldsymbol{B})$；

(2) $r(\boldsymbol{A}+\boldsymbol{B})\leqslant r(\boldsymbol{A})+r(\boldsymbol{B})$；

(3) $r(\boldsymbol{AB})\leqslant \min\{r(\boldsymbol{A}),r(\boldsymbol{B})\}$；

(4) 若 $\boldsymbol{A}_{m\times n}\boldsymbol{B}_{n\times l}=\boldsymbol{O}$，则 $r(\boldsymbol{A})+r(\boldsymbol{B})\leqslant n$.

第 4 节　线性方程组解的判定定理

经过前几节的准备以后，可以来讨论线性方程组的主要问题，即怎样来判定一个线性方程组有没有解？在方程组有解时，如何判定只有唯一解或有多少解？

正如前面指出的，解线性方程组的主要方法是消元法. 而线性方程组的消元法就是通过对线性方程组的增广矩阵施行初等行变换，使之成为阶梯形矩阵，再利用阶梯形矩阵所表示的同解方程组来求解. 为了更深入地探索线性方程组求解的规律. 先来分析几个例子：

例 3.11　用消元法解线性方程组

$$\begin{cases}2x_1+x_2-x_3=5\\x_1-x_2+x_3=-2\\x_1+2x_2+3x_3=2\end{cases}\tag{3.7}$$

解　方程组(3.7)的增广矩阵为

$$\overline{\boldsymbol{A}}=\left[\begin{array}{ccc:c}2&1&-1&5\\1&-1&1&-2\\1&2&3&2\end{array}\right]$$

对 $\overline{\boldsymbol{A}}$ 施行初等行变换使之化为阶梯形矩阵，即

$$\overline{\boldsymbol{A}}=\left[\begin{array}{ccc:c}2&1&-1&5\\1&-1&1&-2\\1&2&3&2\end{array}\right]\xrightarrow{r_1\leftrightarrow r_2}\left[\begin{array}{ccc:c}1&-1&1&-2\\2&1&-1&5\\1&2&3&2\end{array}\right]$$

$$\xrightarrow[r_3-r_1]{r_2-2r_1}\left[\begin{array}{ccc:c}1&-1&1&-2\\0&3&-3&9\\0&3&2&4\end{array}\right]\xrightarrow{r_3-r_2}\left[\begin{array}{ccc:c}1&-1&1&-2\\0&3&-3&9\\0&0&5&-5\end{array}\right]$$

$$\xrightarrow[\frac{1}{5}r_3]{\frac{1}{3}r_2}\left[\begin{array}{ccc|c}1 & -1 & 1 & -2\\0 & 1 & -1 & 3\\0 & 0 & 1 & -1\end{array}\right]$$

该阶梯形矩阵对应的方程组为

$$\begin{cases}x_1-x_2+x_3=-2\\ \qquad x_2-x_3=3\\ \qquad\qquad x_3=-1\end{cases}\tag{3.8}$$

方程组(3.7)与方程组(3.8)同解.为了使求解更方便,再对上面的阶梯形矩阵施行初等行变换使之化为简化行阶梯形矩阵,即

$$\left[\begin{array}{ccc|c}1 & -1 & 1 & -2\\0 & 1 & -1 & 3\\0 & 0 & 1 & -1\end{array}\right]\xrightarrow[r_1-r_3]{r_2+r_3}\left[\begin{array}{ccc|c}1 & -1 & 0 & -1\\0 & 1 & 0 & 2\\0 & 0 & 1 & -1\end{array}\right]\xrightarrow{r_1+r_2}\left[\begin{array}{ccc|c}1 & 0 & 0 & 1\\0 & 1 & 0 & 2\\0 & 0 & 1 & -1\end{array}\right]$$

于是方程组(3.7)的唯一解为:$x_1=1,x_2=2,x_3=-1$ ▌

例 3.12 用消元法解线性方程组

$$\begin{cases}x_1+x_2+x_3=0\\2x_1+x_2+x_3-x_4=1\\x_1-3x_2-x_3+2x_4=2\\x_2+x_3+x_4=-1\end{cases}\tag{3.9}$$

解 对方程组(3.9)的增广矩阵施行初等行变换使之化为阶梯形矩阵,即

$$\overline{\mathbf{A}}=\left[\begin{array}{cccc|c}1 & 1 & 1 & 0 & 0\\2 & 1 & 1 & -1 & 1\\1 & -3 & -1 & 2 & 2\\0 & 1 & 1 & 1 & -1\end{array}\right]\xrightarrow[r_3-r_1]{r_2-2r_1}\left[\begin{array}{cccc|c}1 & 1 & 1 & 0 & 0\\0 & -1 & -1 & -1 & 1\\0 & -4 & -2 & 2 & 2\\0 & 1 & 1 & 1 & -1\end{array}\right]$$

$$\xrightarrow[r_4+r_2]{r_3-4r_2}\left[\begin{array}{cccc|c}1 & 1 & 1 & 0 & 0\\0 & -1 & -1 & -1 & 1\\0 & 0 & 2 & 6 & -2\\0 & 0 & 0 & 0 & 0\end{array}\right]\xrightarrow[\frac{1}{2}r_3]{(-1)r_2}\left[\begin{array}{cccc|c}1 & 1 & 1 & 0 & 0\\0 & 1 & 1 & 1 & -1\\0 & 0 & 1 & 3 & -1\\0 & 0 & 0 & 0 & 0\end{array}\right]$$

该阶梯形矩阵对应的方程组为

$$\begin{cases}x_1+x_2+x_3=0\\ \qquad x_2+x_3+x_4=-1\\ \qquad\qquad x_3+3x_4=-1\end{cases}\tag{3.10}$$

线性方程组(3.9)与(3.10)同解. 与上例一样,进而化为简化行阶梯形矩阵,即

$$\begin{bmatrix}1&1&1&0&\vdots&0\\0&1&1&1&\vdots&-1\\0&0&1&3&\vdots&-1\\0&0&0&0&\vdots&0\end{bmatrix}\xrightarrow[r_1-r_3]{r_2-r_3}\begin{bmatrix}1&1&0&-3&\vdots&1\\0&1&0&-2&\vdots&0\\0&0&1&3&\vdots&-1\\0&0&0&0&\vdots&0\end{bmatrix}\xrightarrow{r_1-r_2}\begin{bmatrix}1&0&0&-1&\vdots&1\\0&1&0&-2&\vdots&0\\0&0&1&3&\vdots&-1\\0&0&0&0&\vdots&0\end{bmatrix}$$

于是与方程组(3.9)同解的方程组为

$$\begin{cases}x_1 \qquad - x_4 = 1\\ \quad x_2 \quad - 2x_4 = 0\\ \qquad x_3 + 3x_4 = -1\end{cases} \tag{3.11}$$

下面讨论方程组(3.11)的求解. 在方程组(3.11)中,有 4 个未知量,但是只有 3 个独立的方程. 3 个方程只能约束 3 个未知量,约束不了其余的未知量,所以本例只有 3 个约束未知量,第 4 个未知量为自由未知量. 在上面的阶梯形矩阵中,通常将首非零元所在列对应的未知数 x_1、x_2、x_3 作为**约束未知量**,将剩余的未知数 x_4 作为**自由未知量**.

用自由未知量 x_4 表示约束未知量 x_1、x_2、x_3,得

$$\begin{cases}x_1 = \quad x_4 + 1\\ x_2 = \quad 2x_4\\ x_3 = -3x_4 - 1\end{cases}$$

因为 x_4 取值的任意性,所以方程组(3.9)有无穷多解. ▌

例 3.13　解下列方程组

$$\begin{cases}x_1 - 2x_2 + 3x_3 = 1\\ 3x_1 - x_2 + 5x_3 = -6\\ 2x_1 + x_2 + 2x_3 = 8\end{cases} \tag{3.12}$$

解　将方程组(3.12)的增广矩阵 $\bar{\mathbf{A}}$ 进行初等行变换使之化为阶梯形矩阵,即

$$\bar{\mathbf{A}} = \begin{bmatrix}1&-2&3&\vdots&1\\3&-1&5&\vdots&-6\\2&1&2&\vdots&8\end{bmatrix}\xrightarrow[r_3-2r_1]{r_2-3r_1}\begin{bmatrix}1&-2&3&\vdots&1\\0&5&-4&\vdots&-9\\0&5&-4&\vdots&6\end{bmatrix}$$

$$\xrightarrow{r_3-r_2}\begin{bmatrix}1&-2&3&\vdots&1\\0&5&-4&\vdots&-9\\0&0&0&\vdots&15\end{bmatrix}$$

阶梯形矩阵所对应的方程组为

$$\begin{cases}x_1 - 2x_2 + 3x_3 = 1\\ \qquad 5x_2 - 4x_3 = -9\\ \qquad\quad 0 \cdot x_3 = 15\end{cases} \tag{3.13}$$

方程组(3.13)与方程组(3.12)同解.

显然,不可能有 x_1、x_2、x_3 的值满足方程组(3.13)的第 3 个方程,于是方程组(3.13)无解,所以方程组(3.12)也无解. ▌

综观上述三例,不难归纳出线性方程组无解,有唯一解,有无穷多解的判定条件.

设 n 元线性方程组(3.1)的矩阵表示式为

$$\boldsymbol{Ax} = \boldsymbol{b} \tag{3.14}$$

系数矩阵 $\boldsymbol{A}$ 为 $m\times n$ 矩阵,且 $r(\boldsymbol{A})=r$,$\bar{\boldsymbol{A}}$ 为方程组的增广矩阵,是 $m\times(n+1)$ 矩阵. 为讨论方便计,不妨设由 $\boldsymbol{A}$ 的前 r 列所构成的子矩阵中有一个 r 阶子式不等于零(此 r 阶非零子式对应的未知量为 $x_1,x_2,\cdots,x_r$),则通过初等行变换,可将方程组(3.14)的增广矩阵 $\bar{\boldsymbol{A}}$ 化为简化行梯阶形矩阵①

$$\bar{\boldsymbol{A}} = [\boldsymbol{A} \,\vdots\, \boldsymbol{b}] \to \left[\begin{array}{ccccccccc|c} 1 & 0 & 0 & \cdots & 0 & c_{1,r+1} & \cdots & c_{1n} & & d_1 \\ 0 & 1 & 0 & \cdots & 0 & c_{2,r+1} & \cdots & c_{2n} & & d_2 \\ \vdots & \vdots & \vdots & & \vdots & \vdots & & \vdots & & \vdots \\ 0 & 0 & 0 & \cdots & 1 & c_{r,r+1} & \cdots & c_{rn} & & d_r \\ 0 & 0 & 0 & \cdots & 0 & 0 & \cdots & 0 & & d_{r+1} \\ \vdots & \vdots & \vdots & & \vdots & \vdots & & \vdots & & \vdots \\ 0 & 0 & 0 & \cdots & 0 & 0 & \cdots & 0 & & 0 \end{array}\right] \tag{3.15}$$

由此得方程组(3.14)的同解方程组为

$$\begin{cases} x_1 \qquad\qquad + c_{1,r+1}x_{r+1} + \cdots + c_{1n}x_n = d_1 \\ \quad x_2 \qquad\quad + c_{2,r+1}x_{r+1} + \cdots + c_{2n}x_n = d_2 \\ \qquad \ddots \qquad\qquad \vdots \qquad\qquad\qquad \vdots \\ \qquad\qquad x_r + c_{r,r+1}x_{r+1} + \cdots + c_{rn}x_n = d_r \\ \qquad\qquad\qquad\qquad\qquad\qquad 0 = d_{r+1} \\ \qquad\qquad\qquad\qquad\qquad\qquad \vdots \\ \qquad\qquad\qquad\qquad\qquad\qquad 0 = 0 \end{cases} \tag{3.16}$$

去掉式(3.16)中那些"$0=0$"的恒等式之后,方程组的最后一个方程是"$0=d_{r+1}$",其中,d_{r+1} 可能为零(此时有 $r(\boldsymbol{A})=r(\bar{\boldsymbol{A}})=r$),也可能不为零(此时有 $r(\boldsymbol{A})=r,r(\bar{\boldsymbol{A}})=r+1$). 下面我们来说明,方程组是否有解,取决于 d_{r+1} 是否为零,即 $r(\boldsymbol{A})$ 与 $r(\bar{\boldsymbol{A}})$ 是否相等.

---

① 注意 $\boldsymbol{A}$ 是 $\bar{\boldsymbol{A}}$ 的子矩阵,而且 $\bar{\boldsymbol{A}}$ 比 $\boldsymbol{A}$ 仅仅多了 1 列,所以由矩阵的秩的定义知,$r(\bar{\boldsymbol{A}})$ 与 $r(\boldsymbol{A})$ 的关系只有两种可能:或者 $r(\bar{\boldsymbol{A}})=r(\boldsymbol{A})$,或者 $r(\bar{\boldsymbol{A}})=r(\boldsymbol{A})+1$. 因此,当 $r(\boldsymbol{A})=r$ 时,$\bar{\boldsymbol{A}}$ 经初等行变换所化成的阶梯形矩阵中非零行的个数或者为 r,或者为 $r+1$,只有这两种情形.

1. 当 $d_{r+1}\neq 0$ 时，这时 $r(\mathbf{A})\neq r(\bar{\mathbf{A}})$，方程组显然无解.

2. 当 $d_{r+1}=0$ 时，这时 $r(\mathbf{A})=r(\bar{\mathbf{A}})$，分两种情形：

(1) 若 $r=n$，则式(3.16)就是

$$\begin{cases} x_1 = d_1 \\ x_2 = d_2 \\ \quad\vdots \\ x_n = d_n \end{cases} \tag{3.17}$$

这表明方程组(3.14)有唯一解 $x_1=d_1$，$x_2=d_2$，…，$x_n=d_n$.

(2) 若 $r<n$，则由式(3.16)移项可得

$$\begin{cases} x_1 = d_1 - c_{1,r+1}x_{r+1} - \cdots - c_{1n}x_n \\ x_2 = d_2 - c_{2,r+1}x_{r+1} - \cdots - c_{2n}x_n \\ \quad\vdots \\ x_r = d_r - c_{r,r+1}x_{r+1} - \cdots - c_{rn}x_n \end{cases} \tag{3.18}$$

这表明任给 $x_{r+1},\cdots,x_n$ 的一组值，就可以解出 $x_1,\cdots,x_r$ 的一组值，从而解出方程组的一个解. 因此，$x_{r+1},\cdots,x_n$ 可作为自由未知量，$x_1,\cdots,x_r$ 可作为约束未知量，而式(3.18)就是方程组(3.14)的由自由未知量表示的通解，其中 $x_{r+1},\cdots,x_n$ 可任意取值. 因此，当 $r(\mathbf{A})=r(\bar{\mathbf{A}})=r<n$ 时，n 元线性方程组(3.14)有无穷多解，且通解中有 $n-r$ 个自由未知量.

综上可知，对于 n 元线性方程组 $\boldsymbol{Ax}=\boldsymbol{b}$，有

(1) 若 $r(\mathbf{A})=r$，而 $r(\bar{\mathbf{A}})=r+1$，则方程组无解(例 3.13 就属这种情况)；

(2) 若 $r(\mathbf{A})=r(\bar{\mathbf{A}})=n$，则方程组有唯一解(例 3.11 就属这种情况)；

(3) 若 $r(\mathbf{A})=r(\bar{\mathbf{A}})=r<n$，则方程组有无穷多解(例 3.12 就属这种情况).

于是我们可以归纳出下列极为重要的线性方程组解的判定定理. 这个定理在线性代数中起着关键的作用，在以后的几章中还会用到.

定理 3.4 (线性方程组解的判定定理)[①]　设 n 元线性方程组为 $\boldsymbol{Ax}=\boldsymbol{b}$，则

1. $\boldsymbol{Ax}=\boldsymbol{b}$ 无解的充分必要条件是 $r(\mathbf{A})\neq r(\bar{\mathbf{A}})$；

2. $\boldsymbol{Ax}=\boldsymbol{b}$ 有解的充分必要条件是其系数矩阵的秩等于其增广矩阵的秩，即 $r(\mathbf{A})=r(\bar{\mathbf{A}})$. 在有解时，解的情况分为两种：有唯一解和有无穷多解. 其充要条件分别为

(1) 有唯一解 $\Leftrightarrow r(\mathbf{A})=r(\bar{\mathbf{A}})=n$(未知量个数)；

(2) 有无穷多解 $\Leftrightarrow r(\mathbf{A})=r(\bar{\mathbf{A}})=r<n$(未知量个数)，此时通解中有 $n-r$ 个

---

① 线性方程组若有解，就称它是**相容的**，若无解，就称它**不相容**. 定理 3.4 有时也叫做线性方程组的相容性定理.

自由未知量.

定理 3.4 表明方程组 $\boldsymbol{Ax}=\boldsymbol{b}$ 的解的情况是由它的系数矩阵的秩和它的增广矩阵的秩决定的. 而要求出 $r(\mathbf{A})$ 和 $r(\overline{\mathbf{A}})$,通常都用初等行变换将增广矩阵 $\overline{\mathbf{A}}$ 化成阶梯形矩阵(这也便于在有解时进一步求出解来),而由 $\mathbf{A}$ 和 $\overline{\mathbf{A}}$ 所化成的阶梯形矩阵中非零行的个数分别就是 $r(\mathbf{A})$ 和 $r(\overline{\mathbf{A}})$.

在方程组(3.14)有无穷多组解的情况下,可采用一种比较简单的求解方法. 即在化成的阶梯形矩阵中,选取首非零元所在列对应的未知量(有 r 个)作为约束未知量,而剩余的未知量(有 $n-r$ 个)作为自由未知量,这样,较为方便地将自由未知量去表示约束未知量,从而得出方程组(3.14)的无穷多个解.

例 3.14 当 λ 为何值时,方程组

$$\begin{cases}\lambda x_1+x_2+x_3=1\\ x_1+\lambda x_2+x_3=\lambda\\ x_1+x_2+\lambda x_3=\lambda^2\end{cases}\tag{3.19}$$

无解? 有唯一解? 有无穷多个解?

解 对方程组(3.19)的增广矩阵 $\overline{\mathbf{A}}$ 施行初等行变换,即

$$\overline{\mathbf{A}}=\left[\begin{array}{ccc:c}\lambda&1&1&1\\1&\lambda&1&\lambda\\1&1&\lambda&\lambda^2\end{array}\right]\xrightarrow{r_1\leftrightarrow r_3}\left[\begin{array}{ccc:c}1&1&\lambda&\lambda^2\\1&\lambda&1&\lambda\\\lambda&1&1&1\end{array}\right]$$

$$\xrightarrow[r_3-\lambda r_1]{r_2-r_1}\left[\begin{array}{ccc:c}1&1&\lambda&\lambda^2\\0&\lambda-1&1-\lambda&\lambda-\lambda^2\\0&1-\lambda&1-\lambda^2&1-\lambda^3\end{array}\right]$$

$$\xrightarrow{r_3+r_2}\left[\begin{array}{ccc:c}1&1&\lambda&\lambda^2\\0&\lambda-1&1-\lambda&\lambda-\lambda^2\\0&0&(1-\lambda)(\lambda+2)&(1-\lambda)(\lambda+1)^2\end{array}\right]=\boldsymbol{B}$$

(1) 由定理 3.4,当 $r(\overline{\mathbf{A}})\neq r(\mathbf{A})$ 时,线性方程组(3.19)无解,即

$$\begin{cases}\lambda+2=0\\1+\lambda\neq0\\1-\lambda\neq0\end{cases}$$

故当 $\lambda=-2$ 时,这时 $\boldsymbol{B}=\left[\begin{array}{ccc:c}1&1&-2&4\\0&-3&3&-6\\0&0&0&-3\end{array}\right]$,故方程组(3.19)无解;

(2) 由定理 3.4,当 $r(\overline{\mathbf{A}})=r(\mathbf{A})=3$ 时,方程组(3.19)有唯一解. 即

$$1-\lambda\neq0\quad 且\ \lambda+2\neq0$$

亦即 $\lambda\neq1$ 且 $\lambda\neq-2$ 时,方程组(3.19)有唯一解;

(3) 同理，当 $r(\bar{A})=r(A)<3$ 时，方程组(3.19)有无穷多个解. 即 $\lambda=1$. 此时，

$$r(\bar{\mathbf{A}}) = r(\mathbf{A}) = 1 < 3$$

方程组(3.19)有无穷多组解. ▎

齐次线性方程组是一类特殊的线性方程组，现在将以上讨论结果应用于齐次线性方程组

$$\sum_{j=1}^{n} a_{ij}x_j = 0, \quad i = 1,2,\cdots,m \tag{3.20}$$

或其矩阵形式

$$\mathbf{Ax} = \mathbf{0} \tag{3.21}$$

由于方程组(3.20)的增广矩阵 $\bar{\mathbf{A}}=[\mathbf{A} \mid \mathbf{0}]$，故 $r(\mathbf{A})$ 与 $r(\bar{\mathbf{A}})$ 一定相等，于是由定理 3.4 可再次说明齐次线性方程组总是有解的. 齐次线性方程组总有零解，这也表明如果它有唯一解，则相当于它只有零解；而它有无穷多解，则相当于它有非零解. 于是就有下列的

定理 3.5　对于 n 元齐次线性方程组 $\mathbf{Ax}=\mathbf{0}$，有解的情况只有以下两种：只有零解或存在非零解，其充分必要条件分别为

(1) $\mathbf{Ax}=\mathbf{0}$ 只有零解 $\Leftrightarrow r(\mathbf{A})=n$；

(2) $\mathbf{Ax}=\mathbf{0}$ 有非零解 $\Leftrightarrow r(\mathbf{A})<n$，且此时通解中有 $n-r$ 个自由未知量.

推论 3.2　设 $\mathbf{A}$ 为 n 阶方阵，则对于 n 元齐次线性方程组 $\mathbf{Ax}=\mathbf{0}$，

(1) $\mathbf{Ax}=\mathbf{0}$ 只有零解 $\Leftrightarrow \det(\mathbf{A})\neq 0$；

(2) $\mathbf{Ax}=\mathbf{0}$ 有非零解 $\Leftrightarrow \det(\mathbf{A})=0$.

例 3.15　求解齐次线性方程组

$$\begin{cases} x_1 + x_2 + x_3 + x_4 + x_5 = 0 \\ x_1 + x_2 + 3x_3 + 2x_4 - 3x_5 = 0 \\ 2x_1 + 2x_2 + x_4 + 6x_5 = 0 \\ 3x_1 + 3x_2 + 5x_3 + 4x_4 - x_5 = 0 \end{cases}$$

解　用初等行变换将方程组的系数矩阵 $\mathbf{A}$ 化成简化行阶梯形矩阵

$$\mathbf{A} = \begin{bmatrix} 1 & 1 & 1 & 1 & 1 \\ 1 & 1 & 3 & 2 & -3 \\ 2 & 2 & 0 & 1 & 6 \\ 3 & 3 & 5 & 4 & -1 \end{bmatrix} \longrightarrow \begin{bmatrix} 1 & 1 & 0 & \frac{1}{2} & 3 \\ 0 & 0 & 1 & \frac{1}{2} & -2 \\ 0 & 0 & 0 & 0 & 0 \\ 0 & 0 & 0 & 0 & 0 \end{bmatrix}$$

由此得原方程组的同解方程组为

$$\begin{cases} x_1 + x_2 \qquad + \frac{1}{2}x_4 + 3x_5 = 0 \\ \qquad\qquad x_3 + \frac{1}{2}x_4 - 2x_5 = 0 \end{cases}$$

若选择阶梯形矩阵中首非零元对应的未知量 x_1、x_3 为约束未知量，从而 x_2、x_4、x_5 就是自由未知量. 移项后得方程组的由自由未知量表示的通解为

$$\begin{cases} x_1 = -x_2 - \frac{1}{2}x_4 - 3x_5 \\ x_3 = \qquad -\frac{1}{2}x_4 + 2x_5 \end{cases} \quad (x_2\text{、}x_4\text{、}x_5 \text{ 可任意取值})$$

如令自由未知量 $x_2 = c_1$，$x_4 = 2c_2$，$x_5 = c_3$，则得参数形式的通解

$$\begin{cases} x_1 = -c_1 - c_2 - 3c_3 \\ x_2 = \quad c_1 \\ x_3 = \qquad -c_2 + 2c_3 \\ x_4 \qquad 2c_2 \\ x_5 = \qquad\qquad c_3 \end{cases} \text{，其向量形式为} \begin{bmatrix} x_1 \\ x_2 \\ x_3 \\ x_4 \\ x_5 \end{bmatrix} = c_1 \begin{bmatrix} -1 \\ 1 \\ 0 \\ 0 \\ 0 \end{bmatrix} + c_2 \begin{bmatrix} -1 \\ 0 \\ -1 \\ 2 \\ 0 \end{bmatrix} + c_3 \begin{bmatrix} -3 \\ 0 \\ 2 \\ 0 \\ 1 \end{bmatrix}$$

其中 c_1、c_2、c_3 为任意常数. ▌

习 题 三

(A)

1. 把下列矩阵化为简化行阶梯形矩阵

(1) $\begin{bmatrix} 1 & 0 & 2 & -1 \\ 2 & 0 & 3 & 1 \\ 3 & 0 & 4 & 3 \end{bmatrix}$　　(2) $\begin{bmatrix} 0 & 2 & -3 & 1 \\ 0 & 3 & -4 & 3 \\ 0 & 4 & -7 & -1 \end{bmatrix}$

(3) $\begin{bmatrix} 1 & -1 & 3 & -4 & 3 \\ 3 & -3 & 5 & -4 & 1 \\ 2 & -2 & 3 & -2 & 0 \\ 3 & -3 & 4 & -2 & -1 \end{bmatrix}$　　(4) $\begin{bmatrix} 2 & 3 & 1 & -3 & -7 \\ 1 & 2 & 0 & -2 & -4 \\ 3 & -2 & 8 & 3 & 0 \\ 2 & -3 & 7 & 4 & 3 \end{bmatrix}$

2. 设 $\begin{bmatrix} 0 & 1 & 0 \\ 1 & 0 & 0 \\ 0 & 0 & 1 \end{bmatrix} \boldsymbol{A} \begin{bmatrix} 1 & 0 & 1 \\ 0 & 1 & 0 \\ 0 & 0 & 1 \end{bmatrix} = \begin{bmatrix} 1 & 2 & 3 \\ 4 & 5 & 6 \\ 7 & 8 & 9 \end{bmatrix}$，求 $\boldsymbol{A}$.

3. 试利用矩阵的初等变换，求下列方阵的逆阵.

(1) $\begin{bmatrix}3 & 2 & 1\\3 & 1 & 5\\3 & 2 & 3\end{bmatrix}$　　(2) $\begin{bmatrix}3 & -2 & 0 & -1\\0 & 2 & 2 & 1\\1 & -2 & -3 & -2\\0 & 1 & 2 & 1\end{bmatrix}$

4. (1) 设 $\boldsymbol{A}=\begin{bmatrix}4 & 1 & -2\\2 & 2 & 1\\3 & 1 & -1\end{bmatrix}$, $\boldsymbol{B}=\begin{bmatrix}1 & -3\\2 & 2\\3 & -1\end{bmatrix}$,求 $\boldsymbol{X}$ 使 $\boldsymbol{AX}=\boldsymbol{B}$;

(2) 设 $\boldsymbol{A}=\begin{bmatrix}0 & 2 & 1\\2 & -1 & 3\\-3 & 3 & -4\end{bmatrix}$, $\boldsymbol{B}=\begin{bmatrix}1 & 2 & 3\\2 & -3 & 1\end{bmatrix}$,求 $\boldsymbol{X}$ 使 $\boldsymbol{XA}=\boldsymbol{B}$.

5. 设 $\boldsymbol{A}=\begin{bmatrix}1 & -1 & 0\\0 & 1 & -1\\-1 & 0 & 1\end{bmatrix}$, $\boldsymbol{AX}=2\boldsymbol{X}+\boldsymbol{A}$, 求 $\boldsymbol{X}$.

6. 在秩是 r 的矩阵中,有没有等于 0 的 $r-1$ 阶子式?有没有等于 0 的 r 阶子式?

7. 求作一个秩是 4 的方阵,它的两个行向量是(1,0,1,0,0),(1,−1,0,0,0).

8. 求下列矩阵的秩,并求一个最高阶非零子式.

(1) $\begin{bmatrix}3 & 1 & 0 & 2\\1 & -1 & 2 & -1\\1 & 3 & -4 & 4\end{bmatrix}$　　(2) $\begin{bmatrix}3 & 2 & -1 & -3 & -1\\2 & -1 & 3 & 1 & -3\\7 & 0 & 5 & -1 & -8\end{bmatrix}$

(3) $\begin{bmatrix}2 & 1 & 8 & 3 & 7\\2 & -3 & 0 & 7 & -5\\3 & -2 & 5 & 8 & 0\\1 & 0 & 3 & 2 & 0\end{bmatrix}$

9. 设 $\boldsymbol{A}=\begin{bmatrix}1 & -2 & 3k\\-1 & 2k & -3\\k & -2 & 3\end{bmatrix}$,问 k 为何值,可使

(1) $r(\boldsymbol{A})=1$;　(2) $r(\boldsymbol{A})=2$;　(3) $r(\boldsymbol{A})=3$.

10. 已知矩阵 $\boldsymbol{A}=\begin{bmatrix}1 & 1 & 1\\1 & 3 & -1\\2 & -x & 6\\-2 & -2x & 0\end{bmatrix}$的秩为 2,求 x 的值.

11. 求解下列齐次线性方程组

(1) $\begin{cases}x_1+x_2+2x_3-x_4=0\\2x_1+x_2+x_3-x_4=0\\2x_1+2x_2+x_3+2x_4=0\end{cases}$　　(2) $\begin{cases}x_1+2x_2+x_3-x_4=0\\3x_1+6x_2-x_3-3x_4=0\\5x_1+10x_2+x_3-5x_4=0\end{cases}$

(3) $\begin{cases} 2x_1+3x_2-x_3+5x_4=0 \\ 3x_1+x_2+2x_3-7x_4=0 \\ 4x_1+x_2-3x_3+6x_4=0 \\ x_1-2x_2+4x_3-7x_4=0 \end{cases}$ (4) $\begin{cases} 3x_1+4x_2-5x_3+7x_4=0 \\ 2x_1-3x_2+3x_3-2x_4=0 \\ 4x_1+11x_2-13x_3+16x_4=0 \\ 7x_1-2x_2+x_3+3x_4=0 \end{cases}$

12. 求解下列非齐次线性方程组

(1) $\begin{cases} 4x_1+2x_2-x_3=2 \\ 3x_1-x_2+2x_3=10 \\ 11x_1+3x_2=8 \end{cases}$ (2) $\begin{cases} 2x+3y+z=4 \\ x-2y+4z=-5 \\ 3x+8y-2z=13 \\ 4x-y+9z=-6 \end{cases}$

(3) $\begin{cases} 2x+y-z+w=1 \\ 4x+2y-2z+w=2 \\ 2x+y-z-w=1 \end{cases}$ (4) $\begin{cases} 2x+y-z+w=1 \\ 3x-2y+z-3w=4 \\ x+4y-3z+5w=-2 \end{cases}$

13. 写出一个以

$$\boldsymbol{x}=c_1\begin{bmatrix} 2 \\ -3 \\ 1 \\ 0 \end{bmatrix}+c_2\begin{bmatrix} -2 \\ 4 \\ 0 \\ 1 \end{bmatrix}$$

为通解的齐次线性方程组.

14. 当 λ 取何值时,非齐次线性方程组

$$\begin{cases} \lambda x_1+x_2+x_3=1 \\ x_1+\lambda x_2+x_3=\lambda \\ x_1+x_2+\lambda x_3=\lambda^2 \end{cases}$$

(1) 有唯一解; (2) 无解; (3)有无穷多个解?

15. 设非齐次线性方程组为

$$\begin{cases} -2x_1+x_2+x_3=-2 \\ x_1-2x_2+x_3=\lambda \\ x_1+x_2-2x_3=\lambda^2 \end{cases}$$

当 λ 取何值时有解? 并求出它的通解.

16. 设

$$\begin{cases} (2-\lambda)x_1+2x_2-2x_3=1 \\ 2x_1+(5-\lambda)x_2-4x_3=2 \\ -2x_1-4x_2+(5-\lambda)x_3=-\lambda-1 \end{cases}$$

问 λ 为何值时,此方程有唯一解、无解或有无穷多解? 并在有无穷多解时求其通解.

17. a、b 取何值时,方程组

$$\begin{cases} x_1+x_2+2x_3+3x_4=1 \\ x_1+3x_2+6x_3+x_4=3 \\ 3x_1-x_2-ax_3+15x_4=3 \\ x_1-5x_2-10x_3+12x_4=b \end{cases}$$

有唯一解、无解、有无穷多解？并在有无穷多解时求出它的通解.

18. 问 λ、μ 取何值时，方程组

$$\begin{cases} x_1 + 2x_2 + 3x_3 = 6 \\ x_1 - x_2 + 6x_3 = 0 \\ 3x_1 - 2x_2 + \lambda x_3 = \mu \end{cases}$$

(1) 无解； (2) 有唯一解； (3)有无穷多个解？

(B)

1. 已知矩阵 $\boldsymbol{A}=\begin{bmatrix} 1 & 1 & k \\ 1 & k & 1 \\ k & 1 & 1 \end{bmatrix}$，问 k 为何值时，$\boldsymbol{A}$ 的秩为 2.

2. 求矩阵 $\begin{bmatrix} 1 & 0 & -1 \\ a & 0 & b \\ -1 & 0 & 1 \end{bmatrix}$ 的秩.

3. 设 $r(\boldsymbol{B})=m$，$r(\boldsymbol{C})=n$，求 $r\left(\begin{bmatrix} \boldsymbol{O} & \boldsymbol{B} \\ \boldsymbol{C} & \boldsymbol{O} \end{bmatrix}\right)$.

4. 证明性质 3.2 的(4).

复　习　题　三

1. 填空题

(1) 一般 n 元线性方程组有解也称该方程组是________.

(2) 线性方程组的初等变换是指对方程组进行的以下三种变换：________、________、________.

(3) 根据 n 元线性方程组的消元法和解的判定定理可知线性方程组的解与方程组的________、________、________有关，而与________无关.

2. 讨论线性方程组

$$\begin{cases} (3-2\lambda)x_1 + (2-\lambda)x_2 + x_3 = \lambda \\ (2-\lambda)x_1 + (2-\lambda)x_2 + x_3 = 1 \\ x_1 + x_2 + (2-\lambda)x_3 = 1 \end{cases}$$

解的情况，并在有解时求出其解.

3. 求出一个齐次线性方程组，使它的两个解为

$$\boldsymbol{\alpha}_1 = \begin{bmatrix} -2 \\ 1 \\ 0 \end{bmatrix}, \quad \boldsymbol{\alpha}_2 = \begin{bmatrix} 3 \\ 0 \\ 1 \end{bmatrix}$$

4. 设 $\boldsymbol{\eta}_1, \boldsymbol{\eta}_2, \cdots, \boldsymbol{\eta}_s$ 是非齐次线性方程组 $\boldsymbol{Ax}=\boldsymbol{b}$ 的 s 个解，$k_1, k_2, \cdots, k_s$ 为实数，且满足

$$k_1 + k_2 + \cdots + k_s = 1.$$

证明 $\boldsymbol{x}=k_1\boldsymbol{\eta}_1+k_2\boldsymbol{\eta}_2+\cdots+k_s\boldsymbol{\eta}_s$ 也是方程组的解.

5. 讨论 λ 为何值时,方程组

$$\begin{cases} x_1+2x_2-x_3-2x_4=0 \\ 2x_1-x_2-x_3+x_4=1 \\ 3x_1+x_2-2x_3-x_4=\lambda \end{cases}$$

有无穷多个解,并求其通解.

第4章　n维向量与线性方程组的解的结构

n元线性方程组的一个解是一个n维向量，因此当方程组有无穷多解时，要弄清楚解与解之间的关系，就必须研究n维向量之间的关系。向量之间最基本的一种关系是所谓线性相关或线性无关。本章首先介绍向量组线性相关与线性无关等基本概念，并研究其基本性质，然后利用向量组及由它排列而成的矩阵的转换关系来解决向量组的线性相关性，最后讨论线性方程组的解的结构。向量作为一种重要的数学工具，不仅仅是为了讨论线性方程组，它在数学及其他学科中都有重要应用。

第1节　向量组的线性相关性

在现实世界中，有一些量，例如长度、面积、质量和温度等，只要给定了测量单位，就可以用实数来表示它们，称这类量为**数量**或**标量**。还有一些量，例如力、位移和速度等，它们不仅有大小，还有方向，称这类既有大小又有方向的量为**向量**或**矢量**。在几何上，往往用带箭头的线段——有向线段来表示向量，有向线段的长度表示向量的大小，其指向表示向量的方向。从解析几何知道，在建立了坐标系之后，几何向量可以用有序数组来表示，坐标平面上的向量可以用2元有序数组(x,y)来表示，空间坐标系中的向量可以用3元有序数组(x,y,z)来表示。但是，有许多研究对象，仅用2元或3元有序数组却无法刻画它们。例如，要描述卫星在t时刻在空间的坐标(x,y,z)，及其表面温度τ和压力p，就需要6元有序数组(t,x,y,z,τ,p)。又如，一个n元线性方程组的解$x_1=c_1,x_2=c_2,\cdots,x_n=c_n$，就是一个$n$元有序数组$c_1,c_2,\cdots,c_n$，把它们分开来看是没有意义的。因此，有必要拓广向量的概念，建立n维向量的概念并研究其基本理论。

本书用**F**表示实数域**R**或复数域**C**。

4.1.1　n维向量及其线性运算

定义4.1（n维向量）　由数域**F**中的n个数$a_1,a_2,\cdots,a_n$组成的有序数组

$$\boldsymbol{\alpha}=(a_1,a_2,\cdots,a_n) \tag{4.1}$$

或

$$\boldsymbol{\beta}=\begin{bmatrix}a_1\\a_2\\\vdots\\a_n\end{bmatrix} \tag{4.2}$$

称为数域 F 上的一个 **n 维向量**，a_i 称为该向量的第 i 个**分量**(或**坐标**)($i=1,2,\cdots,n$). 特别地，分量是实数的向量称为**实向量**；分量是复数的向量称为**复向量**. (4.1)式中的向量写成 1 行，称为一个 **n 维行向量**；(4.2)式中的向量写成一列，称为一个 **n 维列向量**. 按照第 2 章的约定，行向量也就是行矩阵，列向量也就是列矩阵. 由矩阵的转置可知行(列)向量的转置就是列(行)向量.

为了讨论的方便，如无特别声明，本书所讨论的向量一般都约定为列向量. 并且常将列向量写成

$$(a_1,a_2,\cdots,a_n)^{\mathrm{T}}$$

本书中用小写黑体字母 $\boldsymbol{\alpha},\boldsymbol{\beta},\boldsymbol{x},\boldsymbol{y},\cdots$ 来表示向量，用带下标的非黑体字母 $a_i,b_i,x_i,y_i,\cdots$ 来表示向量的分量.

向量既然是特殊的矩阵，因此其运算自然应该服从矩阵的运算. 在向量的运算中，向量加法及数乘向量的运算(统称为向量的**线性运算**)最为重要，现将其要点再罗列于下.

定义 4.2 设 n 维向量 $\boldsymbol{\alpha}=(a_1,a_2,\cdots,a_n)^{\mathrm{T}}$，$\boldsymbol{\beta}=(b_1,b_2,\cdots,b_n)^{\mathrm{T}}$ 如果 $\boldsymbol{\alpha}$ 与 $\boldsymbol{\beta}$ 的对应分量都相等，即 $a_i=b_i(i=1,2,\cdots,n)$，则称 $\boldsymbol{\alpha}$ 与 $\boldsymbol{\beta}$ **相等**，记为 $\boldsymbol{\alpha}=\boldsymbol{\beta}$.

向量 $\boldsymbol{\alpha}$ 与 $\boldsymbol{\beta}$ 的和 $\boldsymbol{\alpha}+\boldsymbol{\beta}$ 规定为

$$\boldsymbol{\alpha}+\boldsymbol{\beta}=(a_1+b_1,a_2+b_2,\cdots,a_n+b_n)^{\mathrm{T}}$$

数 k 与向量 $\boldsymbol{\alpha}$ 的乘积 $k\boldsymbol{\alpha}$ 规定为

$$k\boldsymbol{\alpha}=(ka_1,ka_2,\cdots,ka_n)^{\mathrm{T}}$$

定义 4.3 分量全为零的 n 维向量，称为 n 维**零向量**，记为$\mathbf{0}$，即

$$\mathbf{0}=(0,0,\cdots,0)^{\mathrm{T}}$$

注意，维数不同的零向量是不同的.

向量$(-a_1,-a_2,\cdots,-a_n)^{\mathrm{T}}$ 称为向量 $\boldsymbol{\alpha}=(a_1,a_2,\cdots,a_n)^{\mathrm{T}}$ 的**负向量**，记为 $-\boldsymbol{\alpha}$. 显然有 $-\boldsymbol{\alpha}=(-1)\boldsymbol{\alpha}$. 由负向量可以定义向量的减法为

$$\boldsymbol{\alpha}-\boldsymbol{\beta}=\boldsymbol{\alpha}+(-\boldsymbol{\beta})$$

容易验证，向量的线性运算满足下列 8 条运算规律(其中 $\boldsymbol{\alpha},\boldsymbol{\beta},\boldsymbol{\gamma}$ 是数域 F 上任意的 n 维向量，k 和 l 是数域 F 中任意的数)：

(1) $\boldsymbol{\alpha}+\boldsymbol{\beta}=\boldsymbol{\beta}+\boldsymbol{\alpha}$； (加法交换律)

(2) $(\boldsymbol{\alpha}+\boldsymbol{\beta})+\boldsymbol{\gamma}=\boldsymbol{\alpha}+(\boldsymbol{\beta}+\boldsymbol{\gamma})$；　　(加法结合律)

(3) $\boldsymbol{\alpha}+\mathbf{0}=\boldsymbol{\alpha}$；　　(零向量的作用)

(4) $\boldsymbol{\alpha}+(-\boldsymbol{\alpha})=\mathbf{0}$；　　(负向量的作用)

(5) $1\boldsymbol{\alpha}=\boldsymbol{\alpha}$；

(6) $k(l\boldsymbol{\alpha})=(kl)\boldsymbol{\alpha}$；

(7) $k(\boldsymbol{\alpha}+\boldsymbol{\beta})=k\boldsymbol{\alpha}+k\boldsymbol{\beta}$；　　(分配律)

(8) $(k+l)\boldsymbol{\alpha}=k\boldsymbol{\alpha}+l\boldsymbol{\alpha}$.　　(分配律)

定义 4.4(n 维向量空间 $\mathbf{F}^n$)　数域 $\mathbf{F}$ 上 n 维向量的全体，连同上面定义的向量加法及数乘向量的运算，称其为数域 $\mathbf{F}$ 上的 n 维向量空间，记为 $\mathbf{F}^n$. 特别地，记实数域 $\mathbf{R}$ 上的 n 维向量空间为 $\mathbf{R}^n$，记复数域 $\mathbf{C}$ 上的 n 维向量空间为 $\mathbf{C}^n$，并分别称它们为**实 n 维向量空间和复 n 维向量空间**.

如果约定几何空间中的向量都是以坐标原点为起点的向量，则几何向量的坐标就是它的终点的坐标，于是几何空间中的向量全体所构成的集合与实的 3 元有序数组的全体所构成的集合之间就是一一对应的关系，所以 3 维向量空间 $\mathbf{R}^3$ 可以认为就是由几何空间中全体向量所构成的向量空间. 几何上的向量可以用有向线段直观地表示出来. 而当 $n>3$ 时，n 维向量就没有直观的几何意义了，所以仍然称它为向量，一方面是由于几何空间中的向量是它的特殊情形. 另一方面也由于它保持了几何空间中向量的许多性质(例如 n 维向量与 3 维向量的线性运算法则完全一致).

例 4.1　设向量 $\boldsymbol{\alpha}$、$\boldsymbol{\beta}$、$\boldsymbol{\gamma}$ 满足关系式 $5\boldsymbol{\gamma}-2\boldsymbol{\alpha}=3(\boldsymbol{\beta}+\boldsymbol{\gamma})$，其中 $\boldsymbol{\alpha}=(2,-1,3,-8)^{\mathrm{T}}$，$\boldsymbol{\beta}=(-1,0,2,4)^{\mathrm{T}}$，求向量 $\boldsymbol{\gamma}$.

解　由题设的关系式，可得

$$2\boldsymbol{\gamma}=2\boldsymbol{\alpha}+3\boldsymbol{\beta}$$

所以

$$\boldsymbol{\gamma}=\frac{1}{2}(2\boldsymbol{\alpha}+3\boldsymbol{\beta})=\frac{1}{2}[(4,-2,6,-16)^{\mathrm{T}}+(-3,0,6,12)^{\mathrm{T}}]$$

$$=\frac{1}{2}(1,-2,12,-4)^{\mathrm{T}}=(\frac{1}{2},-1,6,-2)^{\mathrm{T}}$$ ▌

4.1.2　向量的线性组合与线性表示

以下总是在一个固定的向量空间 $\mathbf{F}^m$ 中讨论问题，即凡讲到向量组，总是指同一向量空间 $\mathbf{F}^m$ 中的一组向量，并且所涉及到的数都指同一数域 F 中的数.

定义 4.5 (线性组合与线性表示)　设 $\boldsymbol{\alpha}_1,\boldsymbol{\alpha}_2,\cdots,\boldsymbol{\alpha}_n$ 是一组 m 维向量，$k_1,k_2,\cdots,k_n$ 是一组常数，则称向量

$$k_1\boldsymbol{\alpha}_1 + k_2\boldsymbol{\alpha}_2 + \cdots + k_n\boldsymbol{\alpha}_n$$

为 $\boldsymbol{\alpha}_1,\boldsymbol{\alpha}_2,\cdots,\boldsymbol{\alpha}_n$ 的一个**线性组合**,称常数 $k_1,k_2,\cdots,k_n$ 为该线性组合的系数. 又如果向量 $\boldsymbol{\beta}$ 可以表示为

$$\boldsymbol{\beta} = k_1\boldsymbol{\alpha}_1 + k_2\boldsymbol{\alpha}_2 + \cdots + k_n\boldsymbol{\alpha}_n \tag{4.3}$$

则称向量 $\boldsymbol{\beta}$ 可由向量组 $\boldsymbol{\alpha}_1,\boldsymbol{\alpha}_2,\cdots,\boldsymbol{\alpha}_n$ **线性表示或线性表出**.

例 4.2 证明:任一 n 维向量 $\boldsymbol{\alpha}=(a_1,a_2,\cdots,a_n)^{\mathrm{T}}$ 都可由 n 维向量组

$$\boldsymbol{\varepsilon}_1 = (1,0,0,\cdots,0)^{\mathrm{T}},\boldsymbol{\varepsilon}_2 = (0,1,0,\cdots,0)^{\mathrm{T}},\cdots,\boldsymbol{\varepsilon}_n = (0,0,0,\cdots,1)^{\mathrm{T}}$$

线性表示,并且表示法唯一(称 $\boldsymbol{\varepsilon}_1,\boldsymbol{\varepsilon}_2,\cdots,\boldsymbol{\varepsilon}_n$ 为 **n 维基本单位向量组**. 显然,$\boldsymbol{\varepsilon}_j$ 为 n 阶单位矩阵 $\boldsymbol{I}_n$ 的第 j 列($j=1,2,\cdots,n$)).

证 设有一组数 $x_1,x_2,\cdots,x_n$,使得

$$x_1\boldsymbol{\varepsilon}_1 + x_2\boldsymbol{\varepsilon}_2 + \cdots + x_n\boldsymbol{\varepsilon}_n = \boldsymbol{\alpha}$$

即

$$x_1(1,0,\cdots,0)^{\mathrm{T}} + x_2(0,1,\cdots,0)^{\mathrm{T}} + \cdots + x_n(0,0,\cdots,1)^{\mathrm{T}} = (a_1,a_2,\cdots,a_n)^{\mathrm{T}}$$

由此得唯一解 $x_j=a_j(j=1,2,\cdots,n)$,所以向量 $\boldsymbol{\alpha}=(a_1,a_2,\cdots,a_n)^{\mathrm{T}}$ 可由 $\boldsymbol{\varepsilon}_1,\boldsymbol{\varepsilon}_2,\cdots,\boldsymbol{\varepsilon}_n$ 唯一地线性表示为 $\boldsymbol{\alpha}=a_1\boldsymbol{\varepsilon}_1+a_2\boldsymbol{\varepsilon}_2+\cdots+a_n\boldsymbol{\varepsilon}_n$. ▌

现在的问题是,如果给定向量组 $\boldsymbol{\alpha}_1,\boldsymbol{\alpha}_2,\cdots,\boldsymbol{\alpha}_n$ 和 $\boldsymbol{\beta}$,怎样来判断 $\boldsymbol{\beta}$ 能否由 $\boldsymbol{\alpha}_1,\boldsymbol{\alpha}_2,\cdots,\boldsymbol{\alpha}_n$ 线性表示? 如果能表示的话,怎样表示?

事实上,判断 $\boldsymbol{\beta}$ 能否由 $\boldsymbol{\alpha}_1,\boldsymbol{\alpha}_2,\cdots,\boldsymbol{\alpha}_n$ 线性表示的问题就是方程(4.3)对未知量 $k_1,k_2,\cdots,k_n$ 是否有解. 若将方程(4.3)改写成

$$\boldsymbol{\alpha}_1x_1 + \boldsymbol{\alpha}_2x_2 + \cdots + \boldsymbol{\alpha}_nx_n = \boldsymbol{\beta} \tag{4.4}$$

就是向量方程(4.4)对未知量 $x_1,x_2,\cdots,x_n$ 是否有解.

为此要从向量方程与线性方程组的相互关系中去寻找答案.

先将向量方程(4.4)写成分量的形式,设

$$\boldsymbol{\beta} = \begin{bmatrix} b_1 \\ b_2 \\ \vdots \\ b_m \end{bmatrix}, \quad \boldsymbol{\alpha}_j = \begin{bmatrix} a_{1j} \\ a_{2j} \\ \vdots \\ a_{mj} \end{bmatrix}, \quad j = 1,2,\cdots,n$$

则方程(4.4)的分量形式为

$$\begin{bmatrix} a_{11} \\ a_{21} \\ \vdots \\ a_{m1} \end{bmatrix} x_1 + \begin{bmatrix} a_{12} \\ a_{22} \\ \vdots \\ a_{m2} \end{bmatrix} x_2 + \cdots + \begin{bmatrix} a_{1n} \\ a_{2n} \\ \vdots \\ a_{mn} \end{bmatrix} x_n = \begin{bmatrix} b_1 \\ b_2 \\ \vdots \\ b_m \end{bmatrix}$$

即

$$\begin{cases} a_{11}x_1 + a_{12}x_2 + \cdots + a_{1n}x_n = b_1 \\ a_{21}x_1 + a_{22}x_2 + \cdots + a_{2n}x_n = b_2 \\ \qquad\qquad \vdots \\ a_{m1}x_1 + a_{m2}x_2 + \cdots + a_{mn}x_n = b_m \end{cases} \tag{4.5}$$

这是一个非齐次的线性方程组，它的矩阵形式为

$$\begin{bmatrix} a_{11} & a_{12} & \cdots & a_{1n} \\ a_{21} & a_{22} & \cdots & a_{2n} \\ \vdots & \vdots & & \vdots \\ a_{m1} & a_{m2} & \cdots & a_{mn} \end{bmatrix} \begin{bmatrix} x_1 \\ x_2 \\ \vdots \\ x_n \end{bmatrix} = \begin{bmatrix} b_1 \\ b_2 \\ \vdots \\ b_m \end{bmatrix} \tag{4.6}$$

或者

$$\boldsymbol{A}\boldsymbol{x} = \boldsymbol{\beta} \tag{4.7}$$

其中系数矩阵 $\boldsymbol{A}$ 中的第 j 个列向量就是 $\boldsymbol{\alpha}_j$，换句话说，把 $\boldsymbol{\alpha}_1, \boldsymbol{\alpha}_2, \cdots, \boldsymbol{\alpha}_n$ 依序横排起来就是系数矩阵 $\boldsymbol{A}$.

由此可见，方程(4.4)～(4.7)实际上是同一件事的不同的表示形式. 方程(4.4)是非齐次线性方程组(4.5)的向量形式，而方程(4.5)～(4.7)是向量方程(4.4)的矩阵形式和线性方程组的形式. 这样一种将向量方程、矩阵方程和线性方程组三种形式可以相互转化的“三位一体”的思想在本章及以后各章的讨论中起着极为重要的作用.

现在就可以来回答前面提出的问题了. 当我们把向量方程(4.4)转化为线性方程组(4.5)后，就可以通过线性方程组的判定定理(定理 3.4)来判断线性表示的向量方程(4.4)是否有解，而且当它有解时，还能具体求出它的全部解.

定理 4.1　向量 $\boldsymbol{\beta}$ 可由向量组 $\boldsymbol{\alpha}_1, \boldsymbol{\alpha}_2, \cdots, \boldsymbol{\alpha}_n$ 线性表示的充分必要条件是非齐次线性方程组(4.5)有解，而且

(1) 当方程组(4.5)有唯一解时，$\boldsymbol{\beta}$ 的线性表示是唯一的；

(2) 当方程组(4.5)有无穷多解时，$\boldsymbol{\beta}$ 的线性表示有无穷多种；

(3) 当方程组(4.5)无解时，$\boldsymbol{\beta}$ 不能由向量组 $\boldsymbol{\alpha}_1, \boldsymbol{\alpha}_2, \cdots, \boldsymbol{\alpha}_n$ 线性表示.

例 4.3　设有一组向量

$$\boldsymbol{\alpha}_1 = (1,4,0,2)^{\mathrm{T}}, \qquad \boldsymbol{\alpha}_2 = (2,7,1,3)^{\mathrm{T}}$$
$$\boldsymbol{\alpha}_3 = (0,1,-1,a)^{\mathrm{T}}, \quad \boldsymbol{\beta} = (3,10,b,4)^{\mathrm{T}}$$

问 a、b 取何值时，$\boldsymbol{\beta}$ 可由向量组 $\boldsymbol{\alpha}_1, \boldsymbol{\alpha}_2, \boldsymbol{\alpha}_3$ 线性表示？并在可以线性表示时，求出此表示式.

解　设有一组数 x_1、x_2、x_3，使得

$$x_1\boldsymbol{\alpha}_1 + x_2\boldsymbol{\alpha}_2 + x_3\boldsymbol{\alpha}_3 = \boldsymbol{\beta}$$

对上面这个非齐次线性方程组的增广矩阵施行初等行变换

$$\overline{\boldsymbol{A}} = [\boldsymbol{A} \mid \boldsymbol{\beta}] = [\boldsymbol{\alpha}_1 \quad \boldsymbol{\alpha}_2 \quad \boldsymbol{\alpha}_3 \mid \boldsymbol{\beta}]$$

$$=\left[\begin{array}{ccc:c}1 & 2 & 0 & 3\\4 & 7 & 1 & 10\\0 & 1 & -1 & b\\2 & 3 & a & 4\end{array}\right]\longrightarrow\left[\begin{array}{ccc:c}1 & 2 & 0 & 3\\0 & 1 & -1 & 2\\0 & 0 & a-1 & 0\\0 & 0 & 0 & b-2\end{array}\right]=\boldsymbol{B}$$

由阶梯形矩阵 $\boldsymbol{B}$ 及定理 3.4 可见：

(1) 当 $b\neq 2$ 时，$r(\mathbf{A})\neq r(\bar{\mathbf{A}})$，方程组无解，此时 $\boldsymbol{\beta}$ 不能由 $\boldsymbol{\alpha}_1,\boldsymbol{\alpha}_2,\boldsymbol{\alpha}_3$ 线性表示；

(2) 当 $b=2$ 且 $a\neq 1$ 时，有 $r(\mathbf{A})=r(\bar{\mathbf{A}})=3$(未知量个数)，故此时方程组有唯一解. 为求解，将 $\boldsymbol{B}$ 再化成简化行阶梯形

$$\boldsymbol{B}\xrightarrow{\frac{1}{a-1}r_3}\left[\begin{array}{ccc:c}1 & 2 & 0 & 3\\0 & 1 & -1 & 2\\0 & 0 & 1 & 0\\0 & 0 & 0 & 0\end{array}\right]\longrightarrow\left[\begin{array}{ccc:c}1 & 0 & 0 & -1\\0 & 1 & 0 & 2\\0 & 0 & 1 & 0\\0 & 0 & 0 & 0\end{array}\right]$$

由此得方程组的唯一解为 $x_1=-1,x_2=2,x_3=0$，故此时 $\boldsymbol{\beta}$ 可由 $\boldsymbol{\alpha}_1,\boldsymbol{\alpha}_2,\boldsymbol{\alpha}_3$ 唯一地线性表示为 $\boldsymbol{\beta}=-\boldsymbol{\alpha}_1+2\boldsymbol{\alpha}_2$；

(3) 当 $b=2$ 且 $a=1$ 时，有 $r(\mathbf{A})=r(\bar{\mathbf{A}})=2<3$，故此时方程组有解且有无穷多解. 为求解，将 $\boldsymbol{B}$ 再化成简化行阶梯形

$$\boldsymbol{B}\xrightarrow{r_1-2r_2}\left[\begin{array}{ccc:c}1 & 0 & 2 & -1\\0 & 1 & -1 & 2\\0 & 0 & 0 & 0\\0 & 0 & 0 & 0\end{array}\right]$$

由此得方程组的参数形式的通解为

$$x_1=-1-2c,\quad x_2=2+c,\quad x_3=c$$

因此，此时 $\boldsymbol{\beta}$ 可由 $\boldsymbol{\alpha}_1,\boldsymbol{\alpha}_2,\boldsymbol{\alpha}_3$ 线性表示为 $\boldsymbol{\beta}=(-1-2c)\boldsymbol{\alpha}_1+(2+c)\boldsymbol{\alpha}_2+c\boldsymbol{\alpha}_3$(其中 c 为任意常数). ▎

4.1.3 线性相关与线性无关

从消元法知道，线性方程组中是否存在多余的方程(即用消元法可将某方程化成恒等式“0=0”)的问题，等价于方程组增广矩阵的行向量组中是否有某个向量可由其余向量线性表示的问题. 例如，对于方程组

$$\begin{cases}x_1+x_2-2x_3=1\\x_1-2x_2-x_3=0\\x_1-5x_2=-1\end{cases}$$

其增广矩阵的 3 个行向量分别为

$$\boldsymbol{\alpha}_1=(1,1,-2,1),\quad \boldsymbol{\alpha}_2=(1,-2,-1,0),\quad \boldsymbol{\alpha}_3=(1,-5,0,-1)$$

不难验证

$$\boldsymbol{\alpha}_3=-\boldsymbol{\alpha}_1+2\boldsymbol{\alpha}_2,\quad 或\quad \boldsymbol{\alpha}_1-2\boldsymbol{\alpha}_2+\boldsymbol{\alpha}_3=\mathbf{0}$$

因此,方程组中有多余的方程(例如,将第 1 个方程及第 2 个方程的(−2)倍都加到第 3 个方程,便可消去第 3 个方程,所以,方程组中存在多余的方程).这里,存在 3 个不全为零的常数 1,−2,1,它们作为线性组合的系数,使得向量组 $\boldsymbol{\alpha}_1,\boldsymbol{\alpha}_2,\boldsymbol{\alpha}_3$ 的线性组合等于零向量,也就是说 $\boldsymbol{\alpha}_1,\boldsymbol{\alpha}_2,\boldsymbol{\alpha}_3$ 之间存在一种由线性运算联系起来的等式关系式,数学上,就称向量组 $\boldsymbol{\alpha}_1,\boldsymbol{\alpha}_2,\boldsymbol{\alpha}_3$ 是线性相关的.

一般地,有下述重要概念.

定义 4.6 (线性相关与线性无关)　设 $\boldsymbol{\alpha}_1,\boldsymbol{\alpha}_2,\cdots,\boldsymbol{\alpha}_n$ 是一组 m 维向量,如果存在一组不全为零的常数 $k_1,k_2,\cdots,k_n$,使得

$$k_1\boldsymbol{\alpha}_1+k_2\boldsymbol{\alpha}_2+\cdots+k_n\boldsymbol{\alpha}_n=\mathbf{0}\tag{4.8}$$

则称向量组 $\boldsymbol{\alpha}_1,\boldsymbol{\alpha}_2,\cdots,\boldsymbol{\alpha}_n$ 是**线性相关**的.如果一个向量组不是线性相关的,也就是说,如果式(4.8)仅在 $k_1=k_2=\cdots=k_n=0$ 时才成立(即若 $k_1\boldsymbol{\alpha}_1+k_2\boldsymbol{\alpha}_2+\cdots+k_n\boldsymbol{\alpha}_n=\mathbf{0}$,则必有 $k_1=k_2=\cdots=k_n=0$),则称向量组 $\boldsymbol{\alpha}_1,\boldsymbol{\alpha}_2,\cdots,\boldsymbol{\alpha}_n$ **线性无关**.

注意,所谓式(4.8)中的常数 $k_1,k_2,\cdots,k_n$ 不全为零,是指这 n 个数中至少有一个不为零.例如,向量组

$$\boldsymbol{\alpha}_1=(1,1,0)^{\mathrm{T}},\quad \boldsymbol{\alpha}_2=(2,2,0)^{\mathrm{T}},\quad \boldsymbol{\alpha}_3=(0,0,3)^{\mathrm{T}}$$

就是线性相关的,因为存在不全为零的一组数 2,−1,0,使得 $2\boldsymbol{\alpha}_1-\boldsymbol{\alpha}_2+0\boldsymbol{\alpha}_3=\mathbf{0}$.

向量组的线性相关或线性无关,一般是对于多个向量而言的.但定义 4.6 也适用于一个向量.我们有:一个向量 $\boldsymbol{\alpha}$ 线性相关,就是 $\boldsymbol{\alpha}=\mathbf{0}$.事实上,若 $\boldsymbol{\alpha}$ 线性相关,按定义就是存在非零常数 k,使 $k\boldsymbol{\alpha}=\mathbf{0}$,故 $\boldsymbol{\alpha}=\dfrac{1}{k}\mathbf{0}=\mathbf{0}$;反之,若 $\boldsymbol{\alpha}=\mathbf{0}$,则有常数 $k=1\neq0$,使 $k\boldsymbol{\alpha}=\mathbf{0}$,故 $\boldsymbol{\alpha}$ 线性相关.所以,**一个向量 $\boldsymbol{\alpha}$ 线性相关,就是 $\boldsymbol{\alpha}=\mathbf{0}$;一个向量 $\boldsymbol{\alpha}$ 线性无关,就是 $\boldsymbol{\alpha}\neq\mathbf{0}$.**

下面的定理给出了向量组线性相关的等价定义.

定理 4.2　向量组 $\boldsymbol{\alpha}_1,\cdots,\boldsymbol{\alpha}_n(n\geqslant2)$ 线性相关的充分必要条件是,该组中至少存在 1 个向量可由该组中其余 $n-1$ 个向量线性表示.

证　必要性:设向量组 $\boldsymbol{\alpha}_1,\boldsymbol{\alpha}_2,\cdots,\boldsymbol{\alpha}_n$ 线性相关,即存在不全为零的常数 $k_1,k_2,\cdots,k_n$,使得

$$k_1\boldsymbol{\alpha}_1+k_2\boldsymbol{\alpha}_2+\cdots+k_n\boldsymbol{\alpha}_n=\mathbf{0}$$

由于 $k_1,k_2,\cdots,k_n$ 不全为零,故其中至少有 1 个不为零,设 $k_i\neq0$,则由上式可得

$$\boldsymbol{\alpha}_i=-\frac{k_1}{k_i}\boldsymbol{\alpha}_1-\cdots-\frac{k_{i-1}}{k_i}\boldsymbol{\alpha}_{i-1}-\frac{k_{i+1}}{k_i}\boldsymbol{\alpha}_{i+1}-\cdots-\frac{k_n}{k_i}\boldsymbol{\alpha}_n$$

这表明 $\boldsymbol{\alpha}_i$ 可由该向量组中其余 $n-1$ 个向量线性表示.

充分性:设 $\boldsymbol{\alpha}_i$ 可由该向量组中其余 $n-1$ 个向量线性表示为

$$\boldsymbol{\alpha}_i = \lambda_1\boldsymbol{\alpha}_1 + \cdots + \lambda_{i-1}\boldsymbol{\alpha}_{i-1} + \lambda_{i+1}\boldsymbol{\alpha}_{i+1} + \cdots + \lambda_n\boldsymbol{\alpha}_n$$

移项,得

$$\lambda_1\boldsymbol{\alpha}_1 + \cdots + \lambda_{i-1}\boldsymbol{\alpha}_{i-1} - \boldsymbol{\alpha}_i + \lambda_{i+1}\boldsymbol{\alpha}_{i+1} + \cdots + \lambda_n\boldsymbol{\alpha}_n = \mathbf{0}$$

由于上式左端线性组合的系数

$$\lambda_1, \cdots, \lambda_{i-1}, -1, \lambda_{i+1}, \cdots, \lambda_n$$

不全为零(至少有 $-1\neq 0$),所以,$\boldsymbol{\alpha}_1, \boldsymbol{\alpha}_2, \cdots, \boldsymbol{\alpha}_s$ 线性相关. ▌

根据定理 4.2,两个向量

$$\boldsymbol{\alpha}_1 = (a_1, a_2, \cdots, a_n)^{\mathrm{T}}, \quad \boldsymbol{\alpha}_2 = (b_1, b_2, \cdots, b_n)^{\mathrm{T}}$$

线性相关,也就是 $\boldsymbol{\alpha}_1$ 和 $\boldsymbol{\alpha}_2$ 中至少有一个向量可由另一向量线性表示,不妨设 $\boldsymbol{\alpha}_1$ 可由 $\boldsymbol{\alpha}_2$ 线性表示,即存在常数 k,使得

$$\boldsymbol{\alpha}_1 = k\boldsymbol{\alpha}_2 \quad 或 \quad (a_1, a_2, \cdots, a_n)^{\mathrm{T}} = (kb_1, kb_2, \cdots, kb_n)^{\mathrm{T}}$$

上式表明 $\boldsymbol{\alpha}_1$ 与 $\boldsymbol{\alpha}_2$ 的对应分量成比例. 于是有

$\boldsymbol{\alpha}_1$ 与 $\boldsymbol{\alpha}_2$ 线性相关(线性无关)的充分必要条件是 $\boldsymbol{\alpha}_1$ 与 $\boldsymbol{\alpha}_2$ 的对应分量成比例(不成比例). 这是判别两个向量线性相关或线性无关的简便方法.

如果给定向量组 $\boldsymbol{\alpha}_1, \boldsymbol{\alpha}_2, \cdots, \boldsymbol{\alpha}_n$,判别它们线性相关或线性无关等价于向量方程

$$\boldsymbol{\alpha}_1 x_1 + \boldsymbol{\alpha}_2 x_2 + \cdots + \boldsymbol{\alpha}_n x_n = \mathbf{0} \tag{4.9}$$

存在非零解或只有零解. 那么怎样来判断向量组的线性相关性呢? 我们同样需要通过"三位一体"及其相互转化的思想来处理这个问题. 为此将向量方程(4.9)改写成矩阵形式

$$\begin{bmatrix} a_{11} & a_{12} & \cdots & a_{1n} \\ a_{21} & a_{22} & \cdots & a_{2n} \\ \vdots & \vdots & & \vdots \\ a_{m1} & a_{m2} & \cdots & a_{mn} \end{bmatrix} \begin{bmatrix} x_1 \\ x_2 \\ \vdots \\ x_n \end{bmatrix} = \begin{bmatrix} 0 \\ 0 \\ \vdots \\ 0 \end{bmatrix} \tag{4.10}$$

或

$$\boldsymbol{A}\boldsymbol{x} = \mathbf{0}$$

其中 $\boldsymbol{\alpha}_j = (a_{1j}, a_{2j}, \cdots, a_{mj})^{\mathrm{T}}, (j=1,2,\cdots,n)$. 式(4.10)是一个齐次线性方程组,于是直接应用齐次方程组的判定定理(定理 3.5)即得

定理 4.3 向量组 $\boldsymbol{\alpha}_1, \boldsymbol{\alpha}_2, \cdots, \boldsymbol{\alpha}_n$ 线性相关(线性无关)

$\Leftrightarrow$齐次线性方程组(4.10)有非零解(只有零解)

$\Leftrightarrow$矩阵 $\boldsymbol{A}=[\boldsymbol{\alpha}_1\ \boldsymbol{\alpha}_2 \cdots \boldsymbol{\alpha}_n]$ 的秩小于 n(等于 n).

推论 4.1 n 个 n 维向量 $\boldsymbol{\alpha}_1, \boldsymbol{\alpha}_2, \cdots, \boldsymbol{\alpha}_n$ 线性相关(线性无关)

$\Leftrightarrow$行列式 $\det[\boldsymbol{\alpha}_1\ \boldsymbol{\alpha}_2 \cdots \boldsymbol{\alpha}_n]=0 \quad (\neq 0)$.

推论 4.2　若 $s>n$，则 s 个 n 维向量 $\boldsymbol{\alpha}_1,\boldsymbol{\alpha}_2,\cdots,\boldsymbol{\alpha}_s$ 必线性相关. 特别地，$n+1$ 个 n 维向量必线性相关.

例 4.4　证明：n 维基本单位向量组 $\boldsymbol{\varepsilon}_1,\boldsymbol{\varepsilon}_2,\cdots,\boldsymbol{\varepsilon}_n$ 线性无关.

证　由于行列式

$$\det[\boldsymbol{\varepsilon}_1\ \boldsymbol{\varepsilon}_2\ \cdots\ \boldsymbol{\varepsilon}_n]=1\neq 0$$

故由推论 4.1 知向量组 $\boldsymbol{\varepsilon}_1,\boldsymbol{\varepsilon}_2,\cdots,\boldsymbol{\varepsilon}_n$ 线性无关. ▎

例 4.5　λ 取何值时，向量组

$$\boldsymbol{\alpha}_1=(\lambda+2,1,0)^{\mathrm{T}},\ \boldsymbol{\alpha}_2=(0,\lambda-1,-1)^{\mathrm{T}},\ \boldsymbol{\alpha}_3=(2,2,\lambda+1)^{\mathrm{T}}$$

线性相关？

解　由推论 4.1 知

$$\boldsymbol{\alpha}_1,\boldsymbol{\alpha}_2,\boldsymbol{\alpha}_3\text{ 线性相关}\Leftrightarrow\det[\boldsymbol{\alpha}_1\ \boldsymbol{\alpha}_2\ \boldsymbol{\alpha}_3]=\begin{vmatrix}\lambda+2 & 0 & 2\\ 1 & \lambda-1 & 2\\ 0 & -1 & \lambda+1\end{vmatrix}=(\lambda+1)^2\lambda=0$$

故当且仅当 $\lambda=-1$ 或 $\lambda=0$ 时 $\boldsymbol{\alpha}_1,\boldsymbol{\alpha}_2,\boldsymbol{\alpha}_3$ 线性相关. ▎

例 4.6　证明：向量组

$$\boldsymbol{\alpha}_1=(0,3,1,-1)^{\mathrm{T}},\ \boldsymbol{\alpha}_2=(6,0,5,1)^{\mathrm{T}},\ \boldsymbol{\alpha}_3=(4,-7,1,3)^{\mathrm{T}}$$

线性相关，并求出一组不全为零的数 k_1,k_2,k_3，使得 $k_1\boldsymbol{\alpha}_1+k_2\boldsymbol{\alpha}_2+k_3\boldsymbol{\alpha}_3=\mathbf{0}$.

解　如果仅仅是证明向量组 $\boldsymbol{\alpha}_1,\boldsymbol{\alpha}_2,\boldsymbol{\alpha}_3$ 线性相关，则由定理 4.2，只需证明矩阵 $\boldsymbol{A}=[\boldsymbol{\alpha}_1\ \boldsymbol{\alpha}_2\ \boldsymbol{\alpha}_3]$ 的秩小于 3 即可. 本题还要求求出 $\boldsymbol{\alpha}_1,\boldsymbol{\alpha}_2,\boldsymbol{\alpha}_3$ 满足的线性关系式，因此还需求解齐次线性方程组

$$x_1\boldsymbol{\alpha}_1+x_2\boldsymbol{\alpha}_2+x_3\boldsymbol{\alpha}_3=\mathbf{0}\tag{4.11}$$

对方程组(4.11)的系数矩阵 $\boldsymbol{A}$ 作初等行变换

$$\boldsymbol{A}=[\boldsymbol{\alpha}_1\ \boldsymbol{\alpha}_2\ \boldsymbol{\alpha}_3]=\begin{bmatrix}0 & 6 & 4\\ 3 & 0 & -7\\ 1 & 5 & 1\\ -1 & 1 & 3\end{bmatrix}\xrightarrow{r_1\leftrightarrow r_4}\begin{bmatrix}-1 & 1 & 3\\ 3 & 0 & -7\\ 1 & 5 & 1\\ 0 & 6 & 4\end{bmatrix}$$

$$\xrightarrow[r_3+r_1]{r_2+3r_1}\begin{bmatrix}-1 & 1 & 3\\ 0 & 3 & 2\\ 0 & 6 & 4\\ 0 & 6 & 4\end{bmatrix}\xrightarrow[r_4-2r_2]{r_3-2r_2}\begin{bmatrix}-1 & 1 & 3\\ 0 & 3 & 2\\ 0 & 0 & 0\\ 0 & 0 & 0\end{bmatrix}$$

由阶梯形矩阵可见 $r(\boldsymbol{A})=2$，故向量组 $\boldsymbol{\alpha}_1,\boldsymbol{\alpha}_2,\boldsymbol{\alpha}_3$ 线性相关. 为求解方程组(4.11)，再将阶梯形矩阵化成简化行阶梯形

$$\boldsymbol{A}\xrightarrow[\frac{1}{3}r_2]{-r_1}\begin{bmatrix}1 & -1 & -3\\0 & 1 & \frac{2}{3}\\0 & 0 & 0\\0 & 0 & 0\end{bmatrix}\xrightarrow{r_1+r_2}\begin{bmatrix}1 & 0 & -\frac{7}{3}\\0 & 1 & \frac{2}{3}\\0 & 0 & 0\\0 & 0 & 0\end{bmatrix}$$

令 x_3 为自由未知量,得方程组(4.11)的通解为

$$x_1=\frac{7}{3}x_3,\quad x_2=-\frac{2}{3}x_3\quad (x_3\ \text{可任意取值}).$$

如令 $x_3=3$,则得方程组的一个非零解 $x_1=7,x_2=-2,x_3=3$,将它们代入式(4.11),即得 $\boldsymbol{\alpha}_1,\boldsymbol{\alpha}_2,\boldsymbol{\alpha}_3$ 满足线性关系式 $7\boldsymbol{\alpha}_1-2\boldsymbol{\alpha}_2+3\boldsymbol{\alpha}_3=\boldsymbol{0}$. ▎

例 4.7 设向量组 $\boldsymbol{\alpha}_1,\boldsymbol{\alpha}_2,\boldsymbol{\alpha}_3$ 线性无关,

$$\boldsymbol{\beta}_1=\boldsymbol{\alpha}_1+\boldsymbol{\alpha}_2,\ \boldsymbol{\beta}_2=\boldsymbol{\alpha}_2+\boldsymbol{\alpha}_3,\ \boldsymbol{\beta}_3=\boldsymbol{\alpha}_3+\boldsymbol{\alpha}_1$$

试判别向量组 $\boldsymbol{\beta}_1,\boldsymbol{\beta}_2,\boldsymbol{\beta}_3$ 的线性相关性.

解 设有一组数 x_1,x_2,x_3,使得

$$x_1\boldsymbol{\beta}_1+x_2\boldsymbol{\beta}_2+x_3\boldsymbol{\beta}_3=\boldsymbol{0}\tag{4.12}$$

将 $\boldsymbol{\beta}_i$ 的线性表示式代入上式,得

$$x_1(\boldsymbol{\alpha}_1+\boldsymbol{\alpha}_2)+x_2(\boldsymbol{\alpha}_2+\boldsymbol{\alpha}_3)+x_3(\boldsymbol{\alpha}_3+\boldsymbol{\alpha}_1)=\boldsymbol{0}$$

即

$$(x_1+x_3)\boldsymbol{\alpha}_1+(x_1+x_2)\boldsymbol{\alpha}_2+(x_2+x_3)\boldsymbol{\alpha}_3=\boldsymbol{0}$$

由于 $\boldsymbol{\alpha}_1,\boldsymbol{\alpha}_2,\boldsymbol{\alpha}_3$ 线性无关,故得

$$\begin{cases}x_1+x_3=0\\x_1+x_2=0\\x_2+x_3=0\end{cases}\tag{4.13}$$

这个齐次线性方程组的系数行列式为

$$\Delta=\begin{vmatrix}1 & 0 & 1\\1 & 1 & 0\\0 & 1 & 1\end{vmatrix}=2\neq 0$$

因此,方程组(4.13)只有零解,即使得式(4.12)成立的 x_1,x_2,x_3 必全都为零,故由定义知 $\boldsymbol{\beta}_1,\boldsymbol{\beta}_2,\boldsymbol{\beta}_3$ 线性无关. ▎

下面的几个定理给出了有关线性相关与线性无关的几个简单而基本的性质.

定理 4.4 若向量组 $\boldsymbol{\alpha}_1,\boldsymbol{\alpha}_2,\cdots,\boldsymbol{\alpha}_n$ 线性无关,而向量组 $\boldsymbol{\alpha}_1,\boldsymbol{\alpha}_2,\cdots,\boldsymbol{\alpha}_n,\boldsymbol{\beta}$ 线性相关,则 $\boldsymbol{\beta}$ 可由向量组 $\boldsymbol{\alpha}_1,\boldsymbol{\alpha}_2,\cdots,\boldsymbol{\alpha}_n$ 线性表示,且表示法唯一.

证 由向量组 $\boldsymbol{\alpha}_1,\boldsymbol{\alpha}_2,\cdots,\boldsymbol{\alpha}_n,\boldsymbol{\beta}$ 线性相关知,存在不全为零的一组常数 $k_1,k_2,\cdots,k_n,k$,使得

$$k_1\boldsymbol{\alpha}_1 + k_2\boldsymbol{\alpha}_2 + \cdots + k_n\boldsymbol{\alpha}_n + k\boldsymbol{\beta} = \mathbf{0} \tag{4.14}$$

且可证必有 $k\neq 0$. 事实上,若 $k=0$,则必存在不全为零的 $k_1,k_2,\cdots,k_n$,使得

$$k_1\boldsymbol{\alpha}_1 + k_2\boldsymbol{\alpha}_2 + \cdots + k_n\boldsymbol{\alpha}_n = \mathbf{0}$$

这与 $\boldsymbol{\alpha}_1,\boldsymbol{\alpha}_2,\cdots,\boldsymbol{\alpha}_n$ 线性无关相矛盾,故必有 $k\neq 0$. 于是由式(4.14)可得

$$\boldsymbol{\beta} = -\frac{k_1}{k}\boldsymbol{\alpha}_1 - \frac{k_2}{k}\boldsymbol{\alpha}_2 - \cdots - \frac{k_n}{k}\boldsymbol{\alpha}_n$$

这说明 $\boldsymbol{\beta}$ 可由 $\boldsymbol{\alpha}_1,\boldsymbol{\alpha}_2,\cdots,\boldsymbol{\alpha}_n$ 线性表示.

再证表示法唯一,用反证法. 设 $\boldsymbol{\beta}$ 有两种表示法:

$$\boldsymbol{\beta} = \lambda_1\boldsymbol{\alpha}_1 + \lambda_2\boldsymbol{\alpha}_2 + \cdots + \lambda_n\boldsymbol{\alpha}_n \text{和} \boldsymbol{\beta} = l_1\boldsymbol{\alpha}_1 + l_2\boldsymbol{\alpha}_2 + \cdots + l_n\boldsymbol{\alpha}_n$$

其中 λ_i,l_i 为常数($i=1,2,\cdots,n$),上面两式相减,得

$$(\lambda_1 - l_1)\boldsymbol{\alpha}_1 + (\lambda_2 - l_2)\boldsymbol{\alpha}_2 + \cdots + (\lambda_n - l_n)\boldsymbol{\alpha}_n = \mathbf{0}$$

由于 $\boldsymbol{\alpha}_1,\boldsymbol{\alpha}_2,\cdots,\boldsymbol{\alpha}_n$ 线性无关,得 $\lambda_i - l_i = 0$,即 $\lambda_i = l_i$($i=1,2,\cdots,n$),故 $\boldsymbol{\beta}$ 由向量组 $\boldsymbol{\alpha}_1,\boldsymbol{\alpha}_2,\cdots,\boldsymbol{\alpha}_n$ 线性表示的式子是唯一确定的. ▎

定理 4.5　如果向量组 $\boldsymbol{\alpha}_1,\boldsymbol{\alpha}_2,\cdots,\boldsymbol{\alpha}_n$ 有一个部分组(非空子集合)线性相关,则向量组 $\boldsymbol{\alpha}_1,\boldsymbol{\alpha}_2,\cdots,\boldsymbol{\alpha}_n$ 也线性相关.

证　不妨设该向量组的部分组 $\boldsymbol{\alpha}_1,\boldsymbol{\alpha}_2,\cdots,\boldsymbol{\alpha}_r$($r<n$)线性相关,则存在不全为零的常数 $k_1,k_2,\cdots,k_r$,使得

$$k_1\boldsymbol{\alpha}_1 + k_2\boldsymbol{\alpha}_2 + \cdots + k_r\boldsymbol{\alpha}_r = \mathbf{0}$$

于是,存在不全为零的 n 个常数 $k_1,k_2,\cdots,k_r,0,\cdots,0$,使得

$$k_1\boldsymbol{\alpha}_1 + k_2\boldsymbol{\alpha}_2 + \cdots + k_r\boldsymbol{\alpha}_r + 0\boldsymbol{\alpha}_{r+1} + \cdots + 0\boldsymbol{\alpha}_n = \mathbf{0}$$

所以,向量组 $\boldsymbol{\alpha}_1,\boldsymbol{\alpha}_2,\cdots,\boldsymbol{\alpha}_n$ 线性相关. ▎

容易看出,与定理 4.5 等价的逆否命题是下面的推论 4.3.

推论 4.3　如果向量组 $\boldsymbol{\alpha}_1,\boldsymbol{\alpha}_2,\cdots,\boldsymbol{\alpha}_n$ 线性无关,则其任何部分组也线性无关.

例 4.8　设向量组 $\boldsymbol{\alpha}_1,\boldsymbol{\alpha}_2,\boldsymbol{\alpha}_3$ 线性无关,又向量组 $\boldsymbol{\alpha}_2,\boldsymbol{\alpha}_3,\boldsymbol{\alpha}_4$ 线性相关,试问 $\boldsymbol{\alpha}_4$ 能否由 $\boldsymbol{\alpha}_1,\boldsymbol{\alpha}_2,\boldsymbol{\alpha}_3$ 线性表示? 为什么?

解　考虑向量组 $\boldsymbol{\alpha}_1,\boldsymbol{\alpha}_2,\boldsymbol{\alpha}_3,\boldsymbol{\alpha}_4$,由于它有一个部分组 $\boldsymbol{\alpha}_2,\boldsymbol{\alpha}_3,\boldsymbol{\alpha}_4$ 线性相关,故向量组 $\boldsymbol{\alpha}_1,\boldsymbol{\alpha}_2,\boldsymbol{\alpha}_3,\boldsymbol{\alpha}_4$ 线性相关,又向量组 $\boldsymbol{\alpha}_1,\boldsymbol{\alpha}_2,\boldsymbol{\alpha}_3$ 线性无关,故由定理 4.4 知 $\boldsymbol{\alpha}_4$ 可由 $\boldsymbol{\alpha}_1,\boldsymbol{\alpha}_2,\boldsymbol{\alpha}_3$ 线性表示. ▎

线性相关与线性无关是线性代数的基本概念之一. 读者应深刻理解其概念,并逐步掌握利用定义、有关性质或判别法判别向量组线性相关性的基本方法.

第 2 节　向量组的秩

本节继续讨论向量之间的线性关系. 首先讨论两个向量组之间的线性关系,

并由此引出向量组的极大无关组和向量组的秩的概念,进而讨论向量组的秩与矩阵的秩的关系.

4.2.1 等价向量组

定义 4.7 (等价向量组) 设有两个向量组

$$(\text{I}):\ \boldsymbol{\alpha}_1,\boldsymbol{\alpha}_2,\cdots,\boldsymbol{\alpha}_s;\quad (\text{II}):\ \boldsymbol{\beta}_1,\boldsymbol{\beta}_2,\cdots,\boldsymbol{\beta}_r.$$

如果(Ⅰ)中每个向量都可由(Ⅱ)线性表示,则称(Ⅰ)可由(Ⅱ)线性表示;如果(Ⅰ)与(Ⅱ)可以互相线性表示,则称向量组(Ⅰ)与向量组(Ⅱ)**等价**.

例如,向量组(Ⅰ):$\boldsymbol{\alpha}_1=(1,2,3)^{\mathrm{T}},\boldsymbol{\alpha}_2=(2,3,4)^{\mathrm{T}}$

与　　向量组(Ⅱ):$\boldsymbol{\beta}_1=(1,1,1)^{\mathrm{T}},\ \boldsymbol{\beta}_2=(3,5,7)^{\mathrm{T}},\ \boldsymbol{\beta}_3=(2,4,6)^{\mathrm{T}}$

就是等价的.这是因为向量组(Ⅰ)可由向量组(Ⅱ)线性表示为

$$\boldsymbol{\alpha}_1=-\frac{1}{2}\boldsymbol{\beta}_1+\frac{1}{2}\boldsymbol{\beta}_2+0\boldsymbol{\beta}_3,\quad \boldsymbol{\alpha}_2=\frac{1}{2}\boldsymbol{\beta}_1+\frac{1}{2}\boldsymbol{\beta}_2+0\boldsymbol{\beta}_3$$

且向量组(Ⅱ)也可由向量组(Ⅰ)线性表示为

$$\boldsymbol{\beta}_1=-\boldsymbol{\alpha}_1+\boldsymbol{\alpha}_2,\quad \boldsymbol{\beta}_2=\boldsymbol{\alpha}_1+\boldsymbol{\alpha}_2,\quad \boldsymbol{\beta}_3=2\boldsymbol{\alpha}_1+0\boldsymbol{\alpha}_2$$

所以(Ⅰ)与(Ⅱ)等价.

由定义 4.6,易知向量组的等价关系具有下列基本性质:

(1) 自反性:(Ⅰ)与(Ⅰ)等价;

(2) 对称性:若(Ⅰ)与(Ⅱ)等价,则(Ⅱ)与(Ⅰ)等价;

(3) 传递性:若(Ⅰ)与(Ⅱ)等价,(Ⅱ)与(Ⅲ)等价,则(Ⅰ)与(Ⅲ)等价.

例 4.9 设有两个向量组

(Ⅰ) $\boldsymbol{\alpha}_1=(1,1,0,0)^{\mathrm{T}},\ \boldsymbol{\alpha}_2=(1,0,1,1)^{\mathrm{T}},\ \boldsymbol{\alpha}_3=(1,3,-2,-2)^{\mathrm{T}}$;

(Ⅱ) $\boldsymbol{\beta}_1=(2,-1,3,3)^{\mathrm{T}},\ \boldsymbol{\beta}_2=(0,1,-1,-1)^{\mathrm{T}}$

证明:(Ⅰ)与(Ⅱ)等价.

证 考虑对下列矩阵作初等行变换

$$[\boldsymbol{\alpha}_1\ \ \boldsymbol{\alpha}_2\ \ \boldsymbol{\alpha}_3\ \vdots\ \boldsymbol{\beta}_1\ \ \boldsymbol{\beta}_2]=\left[\begin{array}{ccc:cc}1&1&1&2&0\\1&0&3&-1&1\\0&1&-2&3&-1\\0&1&-2&3&-1\end{array}\right]$$

$$\rightarrow\left[\begin{array}{ccc:cc}1&1&1&2&0\\0&-1&2&-3&1\\0&1&-2&3&-1\\0&1&-2&3&-1\end{array}\right]\rightarrow\left[\begin{array}{ccc:cc}1&1&1&2&0\\0&-1&2&-3&1\\0&0&0&0&0\\0&0&0&0&0\end{array}\right]$$

由阶梯形矩阵可见

$$r[\boldsymbol{\alpha}_1 \quad \boldsymbol{\alpha}_2 \quad \boldsymbol{\alpha}_3] = r[\boldsymbol{\alpha}_1 \quad \boldsymbol{\alpha}_2 \quad \boldsymbol{\alpha}_3 \mid \boldsymbol{\beta}_j] = 2,\ j = 1,2$$

因此,由线性方程组解的判定定理知方程组

$$x_1\boldsymbol{\alpha}_1 + x_2\boldsymbol{\alpha}_2 + x_3\boldsymbol{\alpha}_3 = \boldsymbol{\beta}_j,\ j = 1,2$$

有解,即向量 $\boldsymbol{\beta}_1,\boldsymbol{\beta}_2$ 均可由向量组(Ⅰ)线性表示.

同样对下列矩阵作初等行变换

$$[\boldsymbol{\beta}_1 \quad \boldsymbol{\beta}_2 \mid \boldsymbol{\alpha}_1 \quad \boldsymbol{\alpha}_2 \quad \boldsymbol{\alpha}_3] = \begin{bmatrix} 2 & 0 & 1 & 1 & 1 \\ -1 & 1 & 1 & 0 & 3 \\ 3 & -1 & 0 & 1 & -2 \\ 3 & -1 & 0 & 1 & -2 \end{bmatrix}$$

$$\rightarrow \begin{bmatrix} 1 & 1 & 1 & 0 & 3 \\ 0 & 2 & 3 & 1 & 7 \\ 0 & 2 & 3 & 1 & 7 \\ 0 & 2 & 3 & 1 & 7 \end{bmatrix} \rightarrow \begin{bmatrix} -1 & 1 & 1 & 0 & 3 \\ 0 & 2 & 3 & 1 & 7 \\ 0 & 0 & 0 & 0 & 0 \\ 0 & 0 & 0 & 0 & 0 \end{bmatrix}$$

得知向量 $\boldsymbol{\alpha}_1,\boldsymbol{\alpha}_2,\boldsymbol{\alpha}_3$ 均可由向量组(Ⅱ)线性表示.所以,(Ⅰ)与(Ⅱ)等价. ▎

4.2.2　向量组的极大无关组与向量组的秩

上一节我们介绍了向量组线性相关和线性无关的概念.当讨论向量组时,如果这组向量是线性无关时,由推论 4.3,则其任何部分组也是线性无关的.但如果这组向量是线性相关时,是否有部分向量组线性无关?最多有多少个向量线性无关?为此特引入下面的定义.

定义 4.8(极大无关组)　如果向量组 U 有一个部分组 $\boldsymbol{\alpha}_1,\boldsymbol{\alpha}_2,\cdots,\boldsymbol{\alpha}_r$ 满足

(1) $\boldsymbol{\alpha}_1,\boldsymbol{\alpha}_2,\cdots,\boldsymbol{\alpha}_r$ 线性无关;

(2) U 中任意向量 $\boldsymbol{\alpha}$ 都可由向量组 $\boldsymbol{\alpha}_1,\boldsymbol{\alpha}_2,\cdots,\boldsymbol{\alpha}_r$ 线性表示①,

则称 $\boldsymbol{\alpha}_1,\boldsymbol{\alpha}_2,\cdots,\boldsymbol{\alpha}_r$ 为向量组 U 的一个**极大线性无关组**,简称为**极大无关组**(或**最大无关组**).

例如,对于向量组

$$U:\ \boldsymbol{\alpha}_1 = (1,2,3)^{\mathrm{T}},\quad \boldsymbol{\alpha}_2 = (2,3,4)^{\mathrm{T}},\quad \boldsymbol{\alpha}_3 = (1,1,1)^{\mathrm{T}}$$

由于 $\boldsymbol{\alpha}_1$、$\boldsymbol{\alpha}_2$ 线性无关,而且 U 中任一向量都可由 $\boldsymbol{\alpha}_1$、$\boldsymbol{\alpha}_2$ 线性表示($\boldsymbol{\alpha}_3=\boldsymbol{\alpha}_2-\boldsymbol{\alpha}_1$),因此,由定义 4.8 即知 $\boldsymbol{\alpha}_1$、$\boldsymbol{\alpha}_2$ 为向量组 U 的一个极大无关组.不难验证$\{\boldsymbol{\alpha}_1,\boldsymbol{\alpha}_3\}$,$\{\boldsymbol{\alpha}_2,\boldsymbol{\alpha}_3\}$也都可作为向量组 U 的极大无关组.可见,向量组的极大无关组可以不唯一.但在此例中,任意两个极大无关组所含向量的个数都相同,可以证明这个

---

① 条件(2)的等价说法是:对 U 中的任意向量 $\boldsymbol{\alpha},\boldsymbol{\alpha}_1,\boldsymbol{\alpha}_2,\cdots,\boldsymbol{\alpha}_r$ 是线性相关的,或者说,对 U 中任意 $r+1$个向量都必线性相关.

结论对一般的情况都成立.

定义 4.9（向量组的秩） 向量组 U 的极大无关组所含向量的个数，称为**向量组 U 的秩**，记为 $r(U)$.

显然，向量组 U 线性无关，当且仅当 U 的极大无关组就是向量组 U 自身.因此有：向量组 U 线性无关$\Leftrightarrow U$ 的秩等于 U 所含向量的个数；向量组 U 线性相关$\Leftrightarrow U$ 的秩小于 U 所含向量的个数.

由定义 4.8 易知向量组 U 的极大无关组与 U 本身等价，注意这是极大无关组最本质的性质.由此性质可知，在线性表示问题中，可用 U 的极大无关组代替向量组 U.

例 4.10 已知两个向量组

（Ⅰ）$\boldsymbol{\alpha}_1=(1,2,-3)^{\mathrm{T}}$，$\boldsymbol{\alpha}_2=(3,0,1)^{\mathrm{T}}$，$\boldsymbol{\alpha}_3=(9,6,-7)^{\mathrm{T}}$

（Ⅱ）$\boldsymbol{\beta}_1=(0,1,-1)^{\mathrm{T}}$，$\boldsymbol{\beta}_2=(a,2,1)^{\mathrm{T}}$，$\boldsymbol{\beta}_3=(b,1,0)^{\mathrm{T}}$

(1) 求向量组（Ⅰ）的秩；

(2) 如果向量组（Ⅱ）与向量组（Ⅰ）有相同的秩，且 $\boldsymbol{\beta}_3$ 可由（Ⅰ）线性表示，试求常数 a、b 的值.

解 (1) 显然 $\boldsymbol{\alpha}_1$、$\boldsymbol{\alpha}_2$ 线性无关，又由计算可得 $\boldsymbol{\alpha}_3=3\boldsymbol{\alpha}_1+2\boldsymbol{\alpha}_2$，故 $\boldsymbol{\alpha}_1$、$\boldsymbol{\alpha}_2$ 为（Ⅰ）的极大无关组，从而有 $r(\text{Ⅰ})=2$.

(2) 由条件 $r(\text{Ⅱ})=r(\text{Ⅰ})=2$，及（Ⅱ）含 3 个向量，知（Ⅱ）线性相关，由推论 4.1，得行列式

$$\det[\boldsymbol{\beta}_1\ \boldsymbol{\beta}_2\ \boldsymbol{\beta}_3]=\begin{vmatrix}0 & a & b\\ 1 & 2 & 1\\ -1 & 1 & 0\end{vmatrix}=0$$

由此解得 $a=3b$.再由 $\boldsymbol{\beta}_3$ 可由（Ⅰ）线性表示，知 $\boldsymbol{\beta}_3$ 可由（Ⅰ）的极大无关组 $\boldsymbol{\alpha}_1$、$\boldsymbol{\alpha}_2$ 线性表示，故向量组 $\boldsymbol{\alpha}_1,\boldsymbol{\alpha}_2,\boldsymbol{\beta}_3$ 线性相关，再利用推论 4.1，得

$$\det[\boldsymbol{\alpha}_1\ \boldsymbol{\alpha}_2\ \boldsymbol{\beta}_3]=\begin{vmatrix}1 & 3 & b\\ 2 & 0 & 1\\ -3 & 1 & 0\end{vmatrix}=0$$

由此解得 $b=5$，所以 $a=15$，$b=5$. ▎

4.2.3 向量组的秩与矩阵的秩的关系

我们知道，一个 $m\times n$ 矩阵 $\boldsymbol{A}$ 可以看作是由它的 m 个 n 维行向量构成的，也可以看作是由它的 n 个 m 维列向量构成的.通常，称矩阵 $\boldsymbol{A}$ 的行向量组的秩为 $\boldsymbol{A}$ 的**行秩**，称矩阵 $\boldsymbol{A}$ 的列向量组的秩为 $\boldsymbol{A}$ 的**列秩**.那么，矩阵的秩与它的行秩、列秩之间的关系如何呢？

定理 4.6　对任意矩阵 $\boldsymbol{A}$，有

$$r(\boldsymbol{A}) = \boldsymbol{A}\text{ 的列秩} = \boldsymbol{A}\text{ 的行秩}.$$

*__证__　若 $\boldsymbol{A}=\boldsymbol{O}$，则结论显然成立．下面设 $\boldsymbol{A}\neq\boldsymbol{O}$．如能证明 $r(\boldsymbol{A})=\boldsymbol{A}$ 的列秩，则有 $r(\boldsymbol{A})=r(\boldsymbol{A}^{\mathrm{T}})=\boldsymbol{A}^{\mathrm{T}}$ 的列秩$=\boldsymbol{A}$ 的行秩，故只要证明 $r(\boldsymbol{A})=\boldsymbol{A}$ 的列秩即可．

设矩阵 $\boldsymbol{A}$ 的秩为 r，则在 $\boldsymbol{A}$ 中存在 r 阶子式 $D_r\neq 0$，并且 $\boldsymbol{A}$ 中所有的 $r+1$ 阶子式(如存在的话)全都为零．下面证明 D_r 所在的 r 列为 $\boldsymbol{A}$ 的列向量组的极大无关组，从而证得 $\boldsymbol{A}$ 的列秩也为 r，也就证明了 $r(\boldsymbol{A})=\boldsymbol{A}$ 的列秩．

由 $D_r\neq 0$，由定理 4.3 的推论 4.1 知，D_r 所在的 r 列线性无关；任取 $\boldsymbol{A}$ 中的 $r+1$ 列，由于 $\boldsymbol{A}$ 的任意 $r+1$ 阶子式都等于零，仍由定理 4.3 的推论 4.1 知，这 $r+1$列线性相关，于是由极大线性无关组的定义知，D_r 所在的 r 列是 $\boldsymbol{A}$ 的列向量组的极大线性无关组，因而 $\boldsymbol{A}$ 的列秩为 r．

同理可证 $\boldsymbol{A}$ 的行秩也为 r．　▌

矩阵的秩与其行秩、列秩三者相等，通常称为矩阵三秩相等，这是线性代数中非常重要的结论，它反映了矩阵内在的重要性质．正是这个性质给我们提供了求向量组的秩的一种常用方法．

例 4.11　求向量组 $\boldsymbol{\alpha}_1=(1,2,3,4)^{\mathrm{T}}$，$\boldsymbol{\alpha}_2=(2,3,4,5)^{\mathrm{T}}$，$\boldsymbol{\alpha}_3=(3,4,5,6)^{\mathrm{T}}$，$\boldsymbol{\alpha}_4=(4,5,6,7)^{\mathrm{T}}$的秩．

解　以 $\boldsymbol{\alpha}_1,\boldsymbol{\alpha}_2,\boldsymbol{\alpha}_3,\boldsymbol{\alpha}_4$ 为矩阵 $\boldsymbol{A}$ 的列向量组来构造矩阵 $\boldsymbol{A}$，则由定理 4.8 知 $r(\boldsymbol{\alpha}_1,\boldsymbol{\alpha}_2,\boldsymbol{\alpha}_3,\boldsymbol{\alpha}_4)=r(\boldsymbol{A})$．我们来求 $\boldsymbol{A}$ 的秩．对 $\boldsymbol{A}$ 作初等变换

$$\boldsymbol{A}=\begin{bmatrix}1&2&3&4\\2&3&4&5\\3&4&5&6\\4&5&6&7\end{bmatrix}\xrightarrow[r_2-r_1]{\substack{r_4-r_3\\r_3-r_2}}\begin{bmatrix}1&2&3&4\\1&1&1&1\\1&1&1&1\\1&1&1&1\end{bmatrix}\xrightarrow[r_4-r_2]{r_3-r_2}\begin{bmatrix}1&2&3&4\\1&1&1&1\\0&0&0&0\\0&0&0&0\end{bmatrix}=\boldsymbol{B}$$

由此知 $r(\boldsymbol{A})=r(\boldsymbol{B})=2$，故 $r(\boldsymbol{\alpha}_1,\boldsymbol{\alpha}_2,\boldsymbol{\alpha}_3,\boldsymbol{\alpha}_4)=2$．　▌

下例给出了求向量组的极大无关组的一种常用方法．

例 4.12　求向量组(Ⅰ)：$\boldsymbol{\alpha}_1=(1,-2,0,3,)^{\mathrm{T}}$，$\boldsymbol{\alpha}_2=(2,-5,-3,6)^{\mathrm{T}}$，$\boldsymbol{\alpha}_3=(0,1,3,0)^{\mathrm{T}}$，$\boldsymbol{\alpha}_4=(2,-1,4,-7)^{\mathrm{T}}$，$\boldsymbol{\alpha}_5=(5,-8,1,2)^{\mathrm{T}}$ 的一个极大无关组，并用该极大无关组线性表示该组中其他向量．

解　以向量组(Ⅰ)为矩阵 $\boldsymbol{A}$ 的列向量组来构造矩阵 $\boldsymbol{A}$，并用初等行变换将 $\boldsymbol{A}$ 化成阶梯形矩阵

$$\boldsymbol{A}=[\boldsymbol{\alpha}_1\ \boldsymbol{\alpha}_2\ \boldsymbol{\alpha}_3\ \boldsymbol{\alpha}_4\ \boldsymbol{\alpha}_5]$$

$$=\begin{bmatrix}1&2&0&2&5\\-2&-5&1&-1&-8\\0&-3&3&4&1\\3&6&0&-7&2\end{bmatrix}\xrightarrow[r_4-3r_1]{r_2+2r_1}\begin{bmatrix}1&2&0&2&5\\0&-1&1&3&2\\0&-3&3&4&1\\0&0&0&-13&-13\end{bmatrix}$$

$$\xrightarrow{r_3-3r_2}\begin{bmatrix}1&2&0&2&5\\0&-1&1&3&2\\0&0&0&-5&-5\\0&0&0&-13&-13\end{bmatrix}\xrightarrow{r_4-\frac{13}{5}r_3}\begin{bmatrix}1&2&0&2&5\\0&-1&1&3&2\\0&0&0&-5&-5\\0&0&0&0&0\end{bmatrix}=\boldsymbol{B}$$

由阶梯形矩阵 $\boldsymbol{B}$ 中非零行的个数为 3 知向量组(Ⅰ)的秩为 3,故(Ⅰ)中任何 3 个线性无关的向量都可作为(Ⅰ)的极大无关组. 注意矩阵 $\boldsymbol{B}$ 中 3 个首非零元所在的列为第 1,2,4 列,因此 $\boldsymbol{A}$ 的第 1,2,4 列,即向量组 $\boldsymbol{\alpha}_1,\boldsymbol{\alpha}_2,\boldsymbol{\alpha}_4$ 就可作为向量组(Ⅰ)的极大无关组,这是因为矩阵

$$[\boldsymbol{\alpha}_1\ \boldsymbol{\alpha}_2\ \boldsymbol{\alpha}_4]\xrightarrow{\text{初等行变换}}\begin{bmatrix}1&2&2\\0&-1&3\\0&0&-5\\0&0&0\end{bmatrix}$$

的秩为 3,所以,$\boldsymbol{\alpha}_1,\boldsymbol{\alpha}_2,\boldsymbol{\alpha}_4$ 线性无关.

为了用极大无关组 $\boldsymbol{\alpha}_1,\boldsymbol{\alpha}_2,\boldsymbol{\alpha}_4$ 线性表示 $\boldsymbol{\alpha}_3,\boldsymbol{\alpha}_5$,再把矩阵 $\boldsymbol{B}$ 化成简化行阶梯形矩阵

$$\boldsymbol{B}\xrightarrow[-\frac{1}{5}r_3]{-r_2}\begin{bmatrix}1&2&0&2&5\\0&1&-1&-3&-2\\0&0&0&1&1\\0&0&0&0&0\end{bmatrix}\xrightarrow[r_2+3r_3]{r_1-2r_3}\begin{bmatrix}1&2&0&0&3\\0&1&-1&0&1\\0&0&0&1&1\\0&0&0&0&0\end{bmatrix}$$

$$\xrightarrow{r_1-2r_2}\begin{bmatrix}1&0&2&0&1\\0&1&-1&0&1\\0&0&0&1&1\\0&0&0&0&0\end{bmatrix}$$

由此即得

$$\boldsymbol{\alpha}_3=2\boldsymbol{\alpha}_1-\boldsymbol{\alpha}_2,\quad \boldsymbol{\alpha}_5=\boldsymbol{\alpha}_1+\boldsymbol{\alpha}_2+\boldsymbol{\alpha}_4$$

这是因为

$$[\boldsymbol{\alpha}_1\ \boldsymbol{\alpha}_2\ \boldsymbol{\alpha}_4\ \vdots\ \boldsymbol{\alpha}_3]\xrightarrow{\text{初等行变换}}\left[\begin{array}{ccc:c}1&0&0&2\\0&1&0&-1\\0&0&1&0\\0&0&0&0\end{array}\right]$$

所以非齐次线性方程组

$$x_1\boldsymbol{\alpha}_1+x_2\boldsymbol{\alpha}_2+x_3\boldsymbol{\alpha}_4=\boldsymbol{\alpha}_3$$

有唯一解 $x_1=2,x_2=-1,x_3=0$,从而有 $\boldsymbol{\alpha}_3=2\boldsymbol{\alpha}_1-\boldsymbol{\alpha}_2$.

类似地可证明 $\boldsymbol{\alpha}_5=\boldsymbol{\alpha}_1+\boldsymbol{\alpha}_2+\boldsymbol{\alpha}_4$. ▎

第 3 节　线性方程组的解的结构

本节运用矩阵和 n 维向量的知识讨论线性方程组的解的性质及解集合的结构，从而完整地解决在上一章一开始所提出的关于线性方程组的几个基本问题.

4.3.1　齐次线性方程组

本段讨论 n 元齐次线性方程组

$$\sum_{j=1}^{n} a_{ij}x_j = 0, \quad i = 1,2,\cdots,m \tag{4.15}$$

解的性质与解的结构. 方程组(4.15)的矩阵形式为

$$\boldsymbol{Ax} = \boldsymbol{0} \tag{4.16}$$

其中 $\boldsymbol{A}=(a_{ij})_{m\times n}$为方程组(4.15)的系数矩阵.

我们已经知道方程组(4.15)的解的情况只有两种，其充要条件分别为：

(1) $\boldsymbol{Ax}=\boldsymbol{0}$只有零解$\Leftrightarrow\boldsymbol{A}$ 的列向量组线性无关$\Leftrightarrow r(\boldsymbol{A})=n$；

(2) $\boldsymbol{Ax}=\boldsymbol{0}$有非零解$\Leftrightarrow\boldsymbol{A}$ 的列向量组线性相关$\Leftrightarrow r(\boldsymbol{A})=r<n$，且此时通解中有 $n-r$ 个自由未知量.

齐次线性方程组总有零解 $\boldsymbol{x}=(0,0,\cdots,0)^{\mathrm{T}}=\boldsymbol{0}$，我们主要关心的是它有没有非零解. 如果方程组 $\boldsymbol{Ax}=\boldsymbol{0}$有非零解，那么它的解具有哪些性质呢？解集合的结构又如何呢？

我们先来讨论解的性质. 利用(4.16)式，易证齐次线性方程组的解有下述两个基本性质：

性质 4.1　如果 $\boldsymbol{\xi}_1$、$\boldsymbol{\xi}_2$ 都是齐次线性方程组 $\boldsymbol{Ax}=\boldsymbol{0}$的解，则 $\boldsymbol{\xi}_1+\boldsymbol{\xi}_2$ 也是 $\boldsymbol{Ax}=\boldsymbol{0}$的解.

这是因为 $\boldsymbol{A}(\boldsymbol{\xi}_1+\boldsymbol{\xi}_2)=\boldsymbol{A\xi}_1+\boldsymbol{A\xi}_2=\boldsymbol{0}+\boldsymbol{0}=\boldsymbol{0}$.

性质 4.2　如果 $\boldsymbol{\xi}$ 是齐次线性方程组 $\boldsymbol{Ax}=\boldsymbol{0}$的解，$k$ 为任意常数，则 $k\boldsymbol{\xi}$ 也是 $\boldsymbol{Ax}=\boldsymbol{0}$的解.

这是因为 $\boldsymbol{A}(k\boldsymbol{\xi})=k(\boldsymbol{A\xi})=k\,\boldsymbol{0}=\boldsymbol{0}$.

由此可知，若方程组 $\boldsymbol{Ax}=\boldsymbol{0}$有非零解，则这些解的任意线性组合仍是$\boldsymbol{Ax}=\boldsymbol{0}$的解，因而可得当 $\boldsymbol{Ax}=\boldsymbol{0}$有非零解时必有无穷多解的结论.

n 元齐次线性方程组 $\boldsymbol{Ax}=\boldsymbol{0}$的解是 $\mathbf{F}^n$ 中的向量，因此其解集合

$$S = \{\boldsymbol{x} \mid \boldsymbol{x} \in \mathbf{F}^n, \boldsymbol{Ax} = \boldsymbol{0}\}$$

是 $\mathbf{F}^n$ 的子集合. 由前面的讨论知道，当 $r(\boldsymbol{A})=n$ 时，$S=\{\boldsymbol{0}\}$；当 $r(\boldsymbol{A})<n$ 时，S 是

由无穷多个向量组成的集合，由于解的任意线性组合都仍然是解，所以我们希望能在 S 中找到个数最少的一组向量，使得能用这组向量线性表示 $\boldsymbol{Ax}=\boldsymbol{0}$ 的任一解，或者说，$\boldsymbol{Ax}=\boldsymbol{0}$ 的全部解可以用这组向量的所有线性组合来表示. 容易想到，如果将 S 看作向量组，则这组向量中的每个向量均可由 S 的极大无关组来线性表示. 显然，如果找到了 S 的一个极大无关组，则解集合 S 的结构也就清楚了. 因此，下面将重点讨论这个极大无关组. 通常称这个极大无关组为方程组 $\boldsymbol{Ax}=\boldsymbol{0}$ 的基础解系.

定义 4.10（基础解系） 如果齐次线性方程组 $\boldsymbol{Ax}=\boldsymbol{0}$ 的一组解向量 $\boldsymbol{\xi}_1,\boldsymbol{\xi}_2,\cdots,\boldsymbol{\xi}_t$ 满足

(1) $\boldsymbol{\xi}_1,\boldsymbol{\xi}_2,\cdots,\boldsymbol{\xi}_t$ 线性无关；

(2) 方程组 $\boldsymbol{Ax}=\boldsymbol{0}$ 的任一解都可由 $\boldsymbol{\xi}_1,\boldsymbol{\xi}_2,\cdots,\boldsymbol{\xi}_t$ 线性表示，

则称 $\boldsymbol{\xi}_1,\boldsymbol{\xi}_2,\cdots,\boldsymbol{\xi}_t$ 为方程组 $\boldsymbol{Ax}=\boldsymbol{0}$ 的一个**基础解系**.

显然，与基础解系等价的线性无关向量组也是基础解系（习题四（A）第 15 题）.

如果 $\boldsymbol{\xi}_1,\boldsymbol{\xi}_2,\cdots,\boldsymbol{\xi}_t$ 为方程组 $\boldsymbol{Ax}=\boldsymbol{0}$ 的一个基础解系，则由定义 4.10 知基础解系的所有线性组合

$$c_1\boldsymbol{\xi}_1+c_2\boldsymbol{\xi}_2+\cdots+c_t\boldsymbol{\xi}_t \quad (c_1,c_2,\cdots,c_t \text{ 为任意常数})$$

代表了方程组 $\boldsymbol{Ax}=\boldsymbol{0}$ 的全部解，所以它就是 $\boldsymbol{Ax}=\boldsymbol{0}$ 的**通解**. 由于这种通解清楚地显示了解集合的结构，因而也称这种形式的通解为齐次线性方程组的**结构式通解**，简称为**结构解**. 我们将上述的讨论归结为下面的定理.

定理 4.7（齐次线性方程组解的结构定理） 设 $\boldsymbol{\xi}_1,\boldsymbol{\xi}_2,\cdots,\boldsymbol{\xi}_t$ 为齐次方程组 $\boldsymbol{Ax}=\boldsymbol{0}$ 的一个基础解系，则方程组 $\boldsymbol{Ax}=\boldsymbol{0}$ 的通解可表示为

$$\boldsymbol{x}=\sum_{i=1}^{t}c_i\boldsymbol{\xi}_i \quad (c_1,c_2,\cdots,c_t \text{ 为任意常数}) \tag{4.17}$$

由此可见，基础解系的理论是齐次线性方程组解的理论中的核心理论. 因此，基础解系的存在性及其计算问题自然就是我们十分关心的问题. 当方程组 $\boldsymbol{Ax}=\boldsymbol{0}$ 只有零解时，它显然不存在基础解系. 那么，当 $\boldsymbol{Ax}=\boldsymbol{0}$ 有非零解时，它是否必定存在基础解系呢？又如何来求基础解系呢？下面的定理回答了这些问题.

定理 4.8 设 $\boldsymbol{A}$ 为 $m\times n$ 矩阵，$r(\boldsymbol{A})=r<n$，则 n 元齐次线性方程组 $\boldsymbol{Ax}=\boldsymbol{0}$ 必存在基础解系，且基础解系含 $n-r$ 个向量.

证 由于 $r(\boldsymbol{A})=r<n$，故由定理 3.5 知方程组 $\boldsymbol{Ax}=\boldsymbol{0}$ 的由自由未知量表示的通解中有 $n-r$ 个自由未知量，有 r 个约束未知量，不妨设 $x_1,x_2,\cdots,x_r$ 为约束未知量，因此由消元法可求得方程组的由自由未知量表示的通解为

$$\begin{cases} x_1 = c_{1,r+1}x_{r+1} + c_{1,r+2}x_{r+2} + \cdots + c_{1n}x_n \\ x_2 = c_{2,r+1}x_{r+1} + c_{2,r+2}x_{r+2} + \cdots + c_{2n}x_n \\ \quad\vdots \\ x_r = c_{r,r+1}x_{r+1} + c_{r,r+2}x_{r+2} + \cdots + c_{rn}x_n \end{cases} \tag{4.18}$$

其中 $x_{r+1},x_{r+2},\cdots,x_n$ 为自由未知量. 把(4.18)式中的任意解写成列向量,就有

$$\boldsymbol{x} = \begin{bmatrix} x_1 \\ x_2 \\ \vdots \\ x_r \\ x_{r+1} \\ x_{r+2} \\ \vdots \\ x_n \end{bmatrix} = \begin{bmatrix} c_{1,r+1}x_{r+1} & + & c_{1,r+2}x_{r+2} & +\cdots+ & c_{1n}x_n \\ c_{2,r+1}x_{r+1} & + & c_{2,r+2}x_{r+2} & +\cdots+ & c_{2n}x_n \\ & & \vdots & & \\ c_{r,r+1}x_{r+1} & + & c_{r,r+2}x_{r+2} & +\cdots+ & c_{rn}x_n \\ x_{r+1} & + & 0 & +\cdots+ & 0 \\ 0 & + & x_{r+2} & +\cdots+ & 0 \\ & & \vdots & & \\ 0 & + & 0 & +\cdots+ & x_n \end{bmatrix}$$

$$= x_{r+1}\begin{bmatrix} c_{1,r+1} \\ c_{2,r+1} \\ \vdots \\ c_{r,r+1} \\ 1 \\ 0 \\ \vdots \\ 0 \end{bmatrix} + x_{r+2}\begin{bmatrix} c_{1,r+2} \\ c_{2,r+2} \\ \vdots \\ c_{r,r+2} \\ 0 \\ 1 \\ \vdots \\ 0 \end{bmatrix} + \cdots + x_n\begin{bmatrix} c_{1n} \\ c_{2n} \\ \vdots \\ c_{rn} \\ 0 \\ 0 \\ \vdots \\ 1 \end{bmatrix} \tag{4.19}$$

或

$$\boldsymbol{x} = x_{r+1}\boldsymbol{\xi}_1 + x_{r+2}\boldsymbol{\xi}_2 + \cdots + x_n\boldsymbol{\xi}_{n-r} \tag{4.20}$$

其中

$$\boldsymbol{\xi}_1 = \begin{bmatrix} c_{1,r+1} \\ c_{2,r+1} \\ \vdots \\ c_{r,r+1} \\ 1 \\ 0 \\ \vdots \\ 0 \end{bmatrix}, \quad \boldsymbol{\xi}_2 = \begin{bmatrix} c_{1,r+2} \\ c_{2,r+2} \\ \vdots \\ c_{r,r+2} \\ 0 \\ 1 \\ \vdots \\ 0 \end{bmatrix}, \cdots, \boldsymbol{\xi}_{n-r} = \begin{bmatrix} c_{1n} \\ c_{2n} \\ \vdots \\ c_{rn} \\ 0 \\ 0 \\ \vdots \\ 1 \end{bmatrix} \tag{4.21}$$

以下证明 $\boldsymbol{\xi}_1,\boldsymbol{\xi}_2,\cdots,\boldsymbol{\xi}_{n-r}$ 就是方程组 $\boldsymbol{Ax}=\boldsymbol{0}$ 的基础解系.

首先证明$\boldsymbol{\xi}_1,\boldsymbol{\xi}_2,\cdots,\boldsymbol{\xi}_{n-r}$是方程组的解向量.这只要在通解(4.18)或(4.19)中令自由未知量$x_{r+1},x_{r+2},\cdots,x_n$分别取如下的$n-r$组值

$$\begin{bmatrix}x_{r+1}\\x_{r+2}\\\vdots\\x_n\end{bmatrix}=\begin{bmatrix}1\\0\\\vdots\\0\end{bmatrix},\ \begin{bmatrix}x_{r+1}\\x_{r+2}\\\vdots\\x_n\end{bmatrix}=\begin{bmatrix}0\\1\\\vdots\\0\end{bmatrix},\cdots,\begin{bmatrix}x_{r+1}\\x_{r+2}\\\vdots\\x_n\end{bmatrix}=\begin{bmatrix}0\\0\\\vdots\\1\end{bmatrix}\tag{4.22}$$

相应地就得到了方程组的$n-r$个解向量,它们就是(4.21)式中的$n-r$个向量.

其次来证$\boldsymbol{\xi}_1,\boldsymbol{\xi}_2,\cdots,\boldsymbol{\xi}_{n-r}$线性无关.容易看出由$\boldsymbol{\xi}_1,\boldsymbol{\xi}_2,\cdots,\boldsymbol{\xi}_{n-r}$的后$n-r$个分量所组成的向量组(为$n-r$维基本单位向量组)是线性无关的,由此易知$\boldsymbol{\xi}_1,\boldsymbol{\xi}_2,\cdots,\boldsymbol{\xi}_{n-r}$线性无关.

最后,由(4.20)式知方程组的任意解都可由向量组$\boldsymbol{\xi}_1,\boldsymbol{\xi}_2,\cdots,\boldsymbol{\xi}_{n-r}$线性表示.这样,由基础解系的定义即知$\boldsymbol{\xi}_1,\boldsymbol{\xi}_2,\cdots,\boldsymbol{\xi}_{n-r}$就是方程组的一个基础解系.因此,当$r(\boldsymbol{A})=r<n$时,方程组$\boldsymbol{Ax}=\boldsymbol{0}$必存在基础解系,且基础解系含$n-r$个向量. ▌

定理4.8的证明过程实际上已给出了求基础解系的一般方法.这就是:首先求出由自由未知量表示的通解(4.18);以下有两种方法,一种方法是在通解(4.18)中令$n-r$个自由未知量分别取如下的$n-r$组值:1,0,…,0;0,1,…,0;…;0,0,…,1,相应地就得到了方程组的$n-r$个解向量,这组解向量就构成了方程组的基础解系;另一种方法是将由自由未知量表示的通解(4.18)改写成向量形式(4.19),则相应所得到的(4.21)式中的$n-r$个向量就是基础解系.两种作法的结果是一样的.

例 4.13 求下列齐次线性方程组的基础解系与结构式通解

$$\begin{cases}x_1+2x_2+4x_3-3x_4=0\\3x_1+5x_2+6x_3-4x_4=0\\4x_1+5x_2-2x_3+3x_4=0\\3x_1+8x_2+24x_3-19x_4=0\end{cases}$$

解 对方程组的系数矩阵$\boldsymbol{A}$作初等行变换

$$\boldsymbol{A}=\begin{bmatrix}1&2&4&-3\\3&5&6&-4\\4&5&-2&3\\3&8&24&-19\end{bmatrix}\longrightarrow\begin{bmatrix}1&0&-8&7\\0&1&6&-5\\0&0&0&0\\0&0&0&0\end{bmatrix}$$

由阶梯形矩阵得方程组的由自由未知量表示的通解为

$$\begin{cases}x_1=8x_3-7x_4\\x_2=-6x_3+5x_4\end{cases}\quad(x_3、x_4\text{ 为自由未知量})\tag{4.23}$$

令 $x_3=1,x_4=0$,得解向量 $\boldsymbol{\xi}_1=(8,-6,1,0)^{\mathrm{T}}$;令 $x_3=0,x_4=1$,得解向量 $\boldsymbol{\xi}_2=(-7,5,0,1)^{\mathrm{T}}$,从而 $\boldsymbol{\xi}_1$、$\boldsymbol{\xi}_2$ 就是方程组的基础解系,所以,方程组的结构式通解为

$$\boldsymbol{x}=c_1\boldsymbol{\xi}_1+c_2\boldsymbol{\xi}_2\quad(c_1、c_2\text{ 为任意常数}).$$

若令自由未知量 $x_3=c_1,x_4=c_2$,并将通解(4.23)写成向量形式,便得结构式通解

$$\boldsymbol{x}=\begin{bmatrix}x_1\\x_2\\x_3\\x_4\end{bmatrix}=\begin{bmatrix}8c_1-7c_2\\-6c_1+5c_2\\c_1\\c_2\end{bmatrix}=c_1\begin{bmatrix}8\\-6\\1\\0\end{bmatrix}+c_2\begin{bmatrix}-7\\5\\0\\1\end{bmatrix}\quad(c_1、c_2\text{ 为任意常数})$$ ▌

例 4.14　设有齐次线性方程组

$$\begin{cases}(1+a)x_1+x_2+x_3+x_4=0\\2x_1+(2+a)x_2+2x_3+2x_4=0\\3x_1+3x_2+(3+a)x_3+3x_4=0\\4x_1+4x_2+4x_3+(4+a)x_4=0\end{cases}$$

试问 a 取何值时,该方程组有非零解,并在有非零解时求出其结构解.

解　该方程组的系数矩阵 $\boldsymbol{A}$ 为方阵,其行列式

$$\det(\boldsymbol{A})=\begin{vmatrix}1+a&1&1&1\\2&2+a&2&2\\3&3&3+a&3\\4&4&4&4+a\end{vmatrix}=(a+10)a^3$$

由于方程组有非零解$\Leftrightarrow\det(\boldsymbol{A})=0$,故当且仅当 $a=0$ 或 $a=-10$ 时,方程组有非零解.

当 $a=0$ 时,对系数矩阵 $\boldsymbol{A}$ 作初等行变换,有

$$\boldsymbol{A}=\begin{bmatrix}1&1&1&1\\2&2&2&2\\3&3&3&3\\4&4&4&4\end{bmatrix}\rightarrow\begin{bmatrix}1&1&1&1\\0&0&0&0\\0&0&0&0\\0&0&0&0\end{bmatrix}$$

由此得方程组的由自由未知量表示的通解为

$$x_1=-x_2-x_3-x_4\quad(x_2、x_3、x_4\text{ 为自由未知量})$$

从而得方程组的基础解系为

$$\boldsymbol{\xi}_1=(-1,1,0,0)^{\mathrm{T}},\ \boldsymbol{\xi}_2=(-1,0,1,0)^{\mathrm{T}},\ \boldsymbol{\xi}_3=(-1,0,0,1)^{\mathrm{T}}$$

故得所求的通解为

$$\boldsymbol{x}=k_1\boldsymbol{\xi}_1+k_2\boldsymbol{\xi}_2+k_3\boldsymbol{\xi}_3\quad(k_1、k_2、k_3\text{ 为任意常数})$$

当 $a=-10$ 时,对系数矩阵 $\boldsymbol{A}$ 作初等行变换,有

$$A = \begin{bmatrix} -9 & 1 & 1 & 1 \\ 2 & -8 & 2 & 2 \\ 3 & 3 & -7 & 3 \\ 4 & 4 & 4 & -6 \end{bmatrix} \xrightarrow[(k=2,3,4)]{r_k - kr_1} \begin{bmatrix} -9 & 1 & 1 & 1 \\ 20 & -10 & 0 & 0 \\ 30 & 0 & -10 & 0 \\ 40 & 0 & 0 & -10 \end{bmatrix}$$

$$\longrightarrow \begin{bmatrix} -9 & 1 & 1 & 1 \\ -2 & 1 & 0 & 0 \\ -3 & 0 & 1 & 0 \\ -4 & 0 & 0 & 1 \end{bmatrix} \longrightarrow \begin{bmatrix} 0 & 0 & 0 & 0 \\ -2 & 1 & 0 & 0 \\ -3 & 0 & 1 & 0 \\ -4 & 0 & 0 & 1 \end{bmatrix}$$

上面最后这个矩阵虽然不是简化行阶梯形矩阵，但它与简化行阶梯形矩阵有相同的功效，由于它的秩为3，且有一个子矩阵（右下角的3阶子矩阵）为3阶单位矩阵，因而可选与这个单位矩阵对应的未知量——x_2、x_3、x_4 作为约束未知量，从而 x_1 就是自由未知量，于是得方程组的由自由未知量表示的通解为

$$x_2 = 2x_1, \quad x_3 = 3x_1, \quad x_4 = 4x_1 \quad (x_1 \text{ 为自由未知量})$$

令自由未知量 $x_1=1$，得方程组的基础解系为

$$\boldsymbol{\xi} = (1,2,3,4)^{\mathrm{T}}$$

故方程组的结构解为 $\boldsymbol{x}=k\boldsymbol{\xi}$（$k$ 为任意常数）. ▌

注意基础解系不是唯一的，但由基础解系的定义知 $\boldsymbol{A}\boldsymbol{x}=\boldsymbol{0}$ 的任意两个基础解系是两个等价的线性无关向量组，所以它们所含向量的个数相同，这就是说基础解系所含向量的个数是唯一确定的.

例 4.15 设 $\boldsymbol{\alpha}_1,\boldsymbol{\alpha}_2,\boldsymbol{\alpha}_3$ 是齐次线性方程组 $\boldsymbol{A}\boldsymbol{x}=\boldsymbol{0}$ 的基础解系. 证明：向量组

$$\boldsymbol{\beta}_1 = \boldsymbol{\alpha}_1 + 2\boldsymbol{\alpha}_2, \boldsymbol{\beta}_2 = 2\boldsymbol{\alpha}_2 + 3\boldsymbol{\alpha}_3, \boldsymbol{\beta}_3 = 3\boldsymbol{\alpha}_3 + \boldsymbol{\alpha}_1$$

也是 $\boldsymbol{A}\boldsymbol{x}=\boldsymbol{0}$ 的基础解系.

证 已知 $\boldsymbol{A}\boldsymbol{x}=\boldsymbol{0}$ 的基础解系含3个向量，因此只要证明 $\boldsymbol{\beta}_1,\boldsymbol{\beta}_2,\boldsymbol{\beta}_3$ 是 $\boldsymbol{A}\boldsymbol{x}=\boldsymbol{0}$ 的线性无关解向量即可. 首先，由齐次线性方程组的解的线性组合仍是解，知 $\boldsymbol{\beta}_1,\boldsymbol{\beta}_2,\boldsymbol{\beta}_3$ 都是 $\boldsymbol{A}\boldsymbol{x}=\boldsymbol{0}$ 的解向量. 其次，由 $\boldsymbol{\alpha}_1,\boldsymbol{\alpha}_2,\boldsymbol{\alpha}_3$ 线性无关，易证（请读者补证）$\boldsymbol{\beta}_1,\boldsymbol{\beta}_2,\boldsymbol{\beta}_3$ 线性无关，所以，$\boldsymbol{\beta}_1,\boldsymbol{\beta}_2,\boldsymbol{\beta}_3$ 也是 $\boldsymbol{A}\boldsymbol{x}=\boldsymbol{0}$ 的一个基础解系. ▌

4.3.2 非齐次线性方程组

本段讨论 n 元非齐次线性方程组

$$\sum_{j=1}^{n} a_{ij}x_j = b_i, \quad i = 1,2,\cdots,m \tag{4.24}$$

解的性质与解的结构. 方程组(4.24)的矩阵形式为

$$\boldsymbol{A}\boldsymbol{x} = \boldsymbol{b} \tag{4.25}$$

其中 $\boldsymbol{A}=(a_{ij})_{m\times n}$，向量 $\boldsymbol{b}=(b_1,b_2,\cdots,b_m)^{\mathrm{T}}\neq\boldsymbol{0}$. $\bar{\boldsymbol{A}}=[\boldsymbol{A} \mid \boldsymbol{b}]$ 为方程组(4.24)的

增广矩阵.通常称方程组 $\boldsymbol{Ax}=\boldsymbol{0}$为与方程组$\boldsymbol{Ax}=\boldsymbol{b}$对应的**齐次线性方程组**.

关于 n 元非齐次线性方程组 $\boldsymbol{Ax}=\boldsymbol{b}$,我们已经知道其解的情况只有三种,其充要条件分别为:

(1) $\boldsymbol{Ax}=\boldsymbol{b}$ 无解$\Leftrightarrow\boldsymbol{b}$ 不能由 $\boldsymbol{A}$ 的列向量组线性表示$\Leftrightarrow r(\boldsymbol{A})\neq(\overline{\boldsymbol{A}})$;

(2) $\boldsymbol{Ax}=\boldsymbol{b}$ 有唯一解$\Leftrightarrow\boldsymbol{b}$ 可由 $\boldsymbol{A}$ 的列向量组唯一地线性表示$\Leftrightarrow r(\boldsymbol{A})=r(\overline{\boldsymbol{A}})=n$;

(3) $\boldsymbol{Ax}=\boldsymbol{b}$ 有无穷多解$\Leftrightarrow\boldsymbol{b}$ 可由 $\boldsymbol{A}$ 的列向量组线性表示,且有无穷多种表示法$\Leftrightarrow r(\boldsymbol{A})=r(\overline{\boldsymbol{A}})=r<n$,此时 $\boldsymbol{Ax}=\boldsymbol{b}$ 的通解中有 $n-r$ 个自由未知量.

为了研究非齐次线性方程组在有无穷多解时解集合的结构,需要先研究它的解的性质.

当方程组 $\boldsymbol{Ax}=\boldsymbol{b}$ 有解时,它的解也有两条基本性质:

性质 4.3　如果 $\boldsymbol{\eta}_1$、$\boldsymbol{\eta}_2$ 都是非齐次线性方程组 $\boldsymbol{Ax}=\boldsymbol{b}$ 的解,则 $\boldsymbol{\eta}_1-\boldsymbol{\eta}_2$ 是对应齐次线性方程组 $\boldsymbol{Ax}=\boldsymbol{0}$的解.

这是因为 $\boldsymbol{A}(\boldsymbol{\eta}_1-\boldsymbol{\eta}_2)=\boldsymbol{A}\boldsymbol{\eta}_1-\boldsymbol{A}\boldsymbol{\eta}_2=\boldsymbol{b}-\boldsymbol{b}=\boldsymbol{0}$.

性质 4.4　如果 $\boldsymbol{\eta}$ 是 $\boldsymbol{Ax}=\boldsymbol{b}$ 的一个解,$\boldsymbol{\xi}$ 是 $\boldsymbol{Ax}=\boldsymbol{0}$的一个解,则 $\boldsymbol{\eta}+\boldsymbol{\xi}$ 是 $\boldsymbol{Ax}=\boldsymbol{b}$的一个解.

这是因为 $\boldsymbol{A}(\boldsymbol{\eta}+\boldsymbol{\xi})=\boldsymbol{A}\boldsymbol{\eta}+\boldsymbol{A}\boldsymbol{\xi}=\boldsymbol{b}+\boldsymbol{0}=\boldsymbol{b}$.

由解的上述两条性质,容易得到非齐次线性方程组解的结构定理.

定理 4.9 (非齐次线性方程组解的结构定理)　设 $\boldsymbol{\eta}^*$ 为非齐次线性方程组 $\boldsymbol{Ax}=\boldsymbol{b}$ 的一个特解(即不含任意常数的一个确定解),则 $\boldsymbol{Ax}=\boldsymbol{b}$ 的任一解 $\boldsymbol{x}$ 可表示为

$$\boldsymbol{x}=\boldsymbol{\eta}^*+\boldsymbol{\xi}\tag{4.26}$$

其中 $\boldsymbol{\xi}$ 为对应齐次线性方程组 $\boldsymbol{Ax}=\boldsymbol{0}$的某个解.

证　方程组 $\boldsymbol{Ax}=\boldsymbol{b}$ 的任一解 $\boldsymbol{x}$ 显然可表示成

$$\boldsymbol{x}=\boldsymbol{\eta}^*+(\boldsymbol{x}-\boldsymbol{\eta}^*)$$

令 $\boldsymbol{\xi}=\boldsymbol{x}-\boldsymbol{\eta}^*$,则 $\boldsymbol{x}=\boldsymbol{\eta}^*+\boldsymbol{\xi}$,且由上述性质 4.3 知 $\boldsymbol{\xi}$ 是 $\boldsymbol{Ax}=\boldsymbol{0}$的一个解.　▍

由式(4.26)也可以说明在 $\boldsymbol{Ax}=\boldsymbol{b}$ 有解的前提下,$\boldsymbol{Ax}=\boldsymbol{b}$ 的解的情况只有两种:当方程组 $\boldsymbol{Ax}=\boldsymbol{0}$只有零解,即 $\boldsymbol{Ax}=\boldsymbol{0}$有唯一解时,方程组 $\boldsymbol{Ax}=\boldsymbol{b}$ 也有唯一解;当 $\boldsymbol{Ax}=\boldsymbol{0}$有非零解,即 $\boldsymbol{Ax}=\boldsymbol{0}$有无穷多解时,$\boldsymbol{Ax}=\boldsymbol{b}$ 也有无穷多解,此时,由于方程组 $\boldsymbol{Ax}=\boldsymbol{b}$ 的任一解都能表示成式(4.26)的形式,因此当 $\boldsymbol{\xi}$ 取遍方程组 $\boldsymbol{Ax}=\boldsymbol{0}$ 的全部解的时候,由式(4.26)就给出了方程组 $\boldsymbol{Ax}=\boldsymbol{b}$ 的全部解,换句话说,方程组 $\boldsymbol{Ax}=\boldsymbol{b}$ 的通解可以表示成它的任一特解 $\boldsymbol{\eta}^*$ 与对应齐次线性方程组 $\boldsymbol{Ax}=\boldsymbol{0}$的通解之和,即方程组 $\boldsymbol{Ax}=\boldsymbol{b}$ 的通解可以表示为

$$x = \boldsymbol{\eta}^* + \sum_{i=1}^{n-r} c_i \boldsymbol{\xi}_i \quad (c_1, c_2, \cdots, c_{n-r} \text{为任意常数}) \tag{4.27}$$

其中，$\boldsymbol{\eta}^*$ 为 $\boldsymbol{Ax}=\boldsymbol{b}$ 的一个特解，$\boldsymbol{\xi}_1, \boldsymbol{\xi}_2, \cdots, \boldsymbol{\xi}_{n-r}$ 为方程组 $\boldsymbol{Ax}=\boldsymbol{0}$ 的基础解系. 也称式(4.27)为方程组 $\boldsymbol{Ax}=\boldsymbol{b}$ 的**结构式通解**，简称为**结构解**.

根据以上讨论，线性方程组在有无穷多解时解的结构均已清楚，虽然有无穷多解，但可以用有限个向量的线性组合来表示全部解. 至此，我们在上一章一开始所提出的关于线性方程组的几个基本问题，就都得到了圆满解决.

例 4.16 求解方程组

$$\begin{cases} x_1 + x_2 - x_3 + 2x_4 = 3 \\ 2x_1 + x_2 \qquad - 3x_4 = 1 \\ -2x_1 \qquad - 2x_3 + 10x_4 = 4 \end{cases}$$

如有无穷多解，求出其结构解.

解 用初等行变换将方程组的增广矩阵化成阶梯形

$$\overline{\boldsymbol{A}} = [\boldsymbol{A} \mid \boldsymbol{b}] = \left[\begin{array}{cccc:c} 1 & 1 & -1 & 2 & 3 \\ 2 & 1 & 0 & -3 & 1 \\ -2 & 0 & -2 & 10 & 4 \end{array}\right] \longrightarrow \left[\begin{array}{cccc:c} 1 & 1 & -1 & 2 & 3 \\ 0 & -1 & 2 & -7 & -5 \\ 0 & 0 & 0 & 0 & 0 \end{array}\right]$$

由阶梯形矩阵可见 $r(\boldsymbol{A}) = r(\overline{\boldsymbol{A}}) = 2 < 4$(未知量个数)，故方程组有解且有无穷多解. 为求解，将 $\overline{\boldsymbol{A}}$ 进一步化成简化行阶梯形矩阵

$$\overline{\boldsymbol{A}} \xrightarrow[-r_2]{r_1 + r_2} \left[\begin{array}{cccc:c} 1 & 0 & 1 & -5 & -2 \\ 0 & 1 & -2 & 7 & 5 \\ 0 & 0 & 0 & 0 & 0 \end{array}\right]$$

令 x_3, x_4 为自由未知量，则方程组的通解可表示为

$$\begin{cases} x_1 = -2 - x_3 + 5x_4 \\ x_2 = 5 + 2x_3 - 7x_4 \end{cases} \tag{4.28}$$

为求结构解，只要求出方程组的任意一个特解及对应的齐次线性方程组的基础解系就行了. 在(4.28)式中令自由未知量 $x_3 = x_4 = 0$，可求得方程组的一个特解

$$\boldsymbol{\eta}^* = (-2, 5, 0, 0)^{\mathrm{T}}$$

在(4.28)中令等号右端的常数项全为零，则得对应的齐次线性方程组的用自由未知量表示的通解为

$$\begin{cases} x_1 = -x_3 + 5x_4 \\ x_2 = 2x_3 - 7x_4 \end{cases} \quad (x_3、x_4 \text{ 为自由未知量}).$$

由此可求出 $\boldsymbol{Ax}=\boldsymbol{0}$ 的基础解系为

$$\boldsymbol{\xi}_1 = (-1, 2, 1, 0)^{\mathrm{T}}, \quad \boldsymbol{\xi}_2 = (5, -7, 0, 1)^{\mathrm{T}}$$

于是得方程组的结构解为

$$\boldsymbol{x}=\boldsymbol{\eta}^*+c_1\boldsymbol{\xi}_1+c_2\boldsymbol{\xi}_2\quad(c_1、c_2\text{ 为任意常数}).$$

也可以用下面的方法求得结构解:在由自由未知量表示的通解(4.28)中,令自由未知量 $x_3=c_1,x_4=c_2$,并把通解写成向量形式,得方程组的结构解

$$\boldsymbol{x}=\begin{bmatrix}x_1\\x_2\\x_3\\x_4\end{bmatrix}=\begin{bmatrix}-2-c_1+5c_2\\5+2c_1-7c_2\\c_1\\c_2\end{bmatrix}=\begin{bmatrix}-2\\5\\0\\0\end{bmatrix}+c_1\begin{bmatrix}-1\\2\\1\\0\end{bmatrix}+c_2\begin{bmatrix}5\\-7\\0\\1\end{bmatrix}$$

其中 c_1、c_2 为任意常数. ▎

例 4.17　a 取何值时,方程组

$$\begin{cases}x_1+2x_2+x_3=1\\2x_1+3x_2+(a+2)x_3=3\\x_1+ax_2-2x_3=0\end{cases}$$

有唯一解、无解、有无穷多解?并在有解时,求出方程组的通解.

解　对方程组的增广矩阵施行初等行变换

$$\overline{\boldsymbol{A}}=[\boldsymbol{A}\ \vdots\ \boldsymbol{b}]=\left[\begin{array}{ccc:c}1&2&1&1\\2&3&a+2&3\\1&a&-2&0\end{array}\right]\longrightarrow\left[\begin{array}{ccc:c}1&2&1&1\\0&-1&a&1\\0&a-2&-3&-1\end{array}\right]$$

$$\longrightarrow\left[\begin{array}{ccc:c}1&2&1&1\\0&-1&a&1\\0&0&(a-3)(a+1)&a-3\end{array}\right]\xlongequal{\text{记为}}\boldsymbol{B}$$

由阶梯形矩阵 $\boldsymbol{B}$ 可见:

(1) 当 $a\neq3$ 且 $a\neq-1$ 时,$r(\boldsymbol{A})=r(\overline{\boldsymbol{A}})=3$(未知量个数),故此时方程组有唯一解.为求解,将矩阵 $\boldsymbol{B}$ 再化成简化行阶梯形

$$\boldsymbol{B}\rightarrow\left[\begin{array}{ccc:c}1&2&1&1\\0&-1&a&1\\0&0&a+1&1\end{array}\right]\rightarrow\left[\begin{array}{ccc:c}1&2&1&1\\0&1&-a&-1\\0&0&1&\frac{1}{a+1}\end{array}\right]$$

$$\rightarrow\left[\begin{array}{ccc:c}1&2&0&\frac{a}{a+1}\\0&1&0&\frac{-1}{a+1}\\0&0&1&\frac{1}{a+1}\end{array}\right]\rightarrow\left[\begin{array}{ccc:c}1&0&0&\frac{a+2}{a+1}\\0&1&0&\frac{-1}{a+1}\\0&0&1&\frac{1}{a+1}\end{array}\right]$$

由此得方程组的唯一解为 $x_1=\dfrac{a+2}{a+1},x_2=-\dfrac{1}{a+1},x_3=\dfrac{1}{a+1}$.

(2) 当 $a=-1$ 时,阶梯形矩阵 $\boldsymbol{B}$ 为

$$\boldsymbol{B}=\left[\begin{array}{ccc:c}1&2&1&1\\0&-1&-1&1\\0&0&0&-4\end{array}\right]$$

由此得 $r(\boldsymbol{A})=2,r(\overline{\boldsymbol{A}})=3$,故由解的判定定理知方程组无解.

(3) 当 $a=3$ 时,由矩阵 $\boldsymbol{B}$ 可知 $r(\boldsymbol{A})=r(\overline{\boldsymbol{A}})=2<3$,故此时方程组有解且有无穷多解. 为求解,将矩阵 $\boldsymbol{B}$ 再化成简化行阶梯形

$$\boldsymbol{B}=\left[\begin{array}{ccc:c}1&2&1&1\\0&-1&3&1\\0&0&0&0\end{array}\right]\to\left[\begin{array}{ccc:c}1&0&7&3\\0&1&-3&-1\\0&0&0&0\end{array}\right]$$

令 x_3 为自由未知量,则方程组的通解为

$$\begin{cases}x_1=3-7x_3\\x_2=-1+3x_3\end{cases}$$

令自由未知量 $x_3=c$,得方程组的结构解为

$$\boldsymbol{x}=\begin{bmatrix}x_1\\x_2\\x_3\end{bmatrix}=\begin{bmatrix}3-7c\\-1+3c\\c\end{bmatrix}=\begin{bmatrix}3\\-1\\0\end{bmatrix}+c\begin{bmatrix}-7\\3\\1\end{bmatrix},\ (c\text{ 为任意常数})$$ ▌

*第 4 节 线性空间与线性变换

在本章第 1 节中,定义了向量空间 R^n,研究了其线性运算的性质. 然而在许多科学与工程问题的研究中需要研究更广泛的线性系统,因而有必要以 R^n 为背景,将向量及其线性运算的本质特性抽象为一个更一般的代数结构——线性空间. 线性空间、线性变换及与之相联系的矩阵理论是线性代数的又一个中心内容,它是研究各类线性问题的有力工具. 鉴于本书的宗旨,在此仅对线性空间与线性变换作一个概要的介绍.

4.4.1 线性空间的定义与性质

定义 4.11 (线性空间) 设 X 为任一非空集合,若在 X 中规定了线性运算——元素的加法和元素与数(实数或复数,实数域记为 $\mathbf{R}$,复数域记为 $\mathbf{C}$)的乘法,并满足下列条件:

(Ⅰ) 对任意的 $\boldsymbol{x},\boldsymbol{y}\in X$,有 X 中的一个元素 $\boldsymbol{u}$ 与之对应,称为 $\boldsymbol{x}$ 和 $\boldsymbol{y}$ 的和,

记为 $\boldsymbol{u}=\boldsymbol{x}+\boldsymbol{y}$,且满足

1) $\boldsymbol{x}+\boldsymbol{y}=\boldsymbol{y}+\boldsymbol{x}$　　（加法交换律）

2) $(\boldsymbol{x}+\boldsymbol{y})+\boldsymbol{z}=\boldsymbol{x}+(\boldsymbol{y}+\boldsymbol{z})$　（加法结合律）

3) X 中存在**零元 $\mathbf{0}$**,使得对任意 $\boldsymbol{x}\in X$,有

$$\boldsymbol{x}+\mathbf{0}=\boldsymbol{x}$$

4) 对任意 $\boldsymbol{x}\in X$,都对应一个关于加法的**负元** $\boldsymbol{x}'$,使得

$$\boldsymbol{x}+\boldsymbol{x}'=\mathbf{0}$$

通常把 $\boldsymbol{x}'$ 记作 $-\boldsymbol{x}$

（Ⅱ）对任意 $\boldsymbol{x}\in X$ 及任意数 λ（实数或复数）,有 X 中的元素 $\boldsymbol{v}$ 与之对应,称为 λ 与 $\boldsymbol{x}$ 的**数积**,记为 $\boldsymbol{v}=\lambda\boldsymbol{x}$,且对任意数 λ,μ 及 $\boldsymbol{x},\boldsymbol{y}\in X$ 满足

5) $1\boldsymbol{x}=\boldsymbol{x},\quad 0\boldsymbol{x}=\mathbf{0}$

6) $\lambda(\mu\boldsymbol{x})=\lambda\mu\boldsymbol{x}$　　（数乘结合律）

7) $(\lambda+\mu)\boldsymbol{x}=\lambda\boldsymbol{x}+\mu\boldsymbol{x}$

8) $\lambda(\boldsymbol{x}+\boldsymbol{y})=\lambda\boldsymbol{x}+\lambda\boldsymbol{y}$　（7)、8) 数乘分配律）

则称 X 为（实的或复的）**线性空间**或**向量空间**,X 中的元素称为**向量**.

线性空间的范围很广,下面略举几个例子.

(1) $\mathbf{R}^n$

在本章 4.1.1 中定义的 n 维空间 $\mathbf{R}^n$,按照向量的加法与数乘,即设 $\boldsymbol{x}=(x_1,x_2,\cdots,x_n)^{\mathrm{T}},\boldsymbol{y}=(y_1,y_2,\cdots,y_n)^{\mathrm{T}}\in\mathbf{R}^n$,$\lambda$ 为数,则

$$\boldsymbol{x}+\boldsymbol{y}=(x_1+y_1,x_2+y_2,\cdots,x_n+y_n)^{\mathrm{T}}\in\mathbf{R}^n$$

$$\lambda\boldsymbol{x}=(\lambda x_1,\lambda x_2,\cdots,\lambda x_n)^{\mathrm{T}}\in\mathbf{R}^n$$

我们在本章第 1 节已指出 $\mathbf{R}^n$ 的线性运算满足定义 4.11 中（Ⅰ）,（Ⅱ）两组条件,所以 $\mathbf{R}^n$ 为线性空间,且零元 $\mathbf{0}=(0,0,\cdots,0)^{\mathrm{T}}$.

(2) 连续函数空间 $\boldsymbol{C}[a,b]$

设 $\boldsymbol{C}[a,b]$ 为闭区间 $[a,b]$ 上连续函数的全体. $\boldsymbol{C}[a,b]$ 中的元素（$[a,b]$ 上的连续函数）按照函数的加法与数乘,即设 $f(x),g(x)\in\boldsymbol{C}$, λ 为数,则

$$f(x)+g(x)\in\boldsymbol{C}[a,b],\quad \lambda f(x)\in\boldsymbol{C}[a,b]$$

同时也满足定义 4.11 中（Ⅰ）,（Ⅱ）两组条件,故 $\boldsymbol{C}[a,b]$ 为线性空间,其中零元 $\mathbf{0}$ 为零函数.

(3) n 阶方阵空间 $\boldsymbol{M}_n$

设 $\boldsymbol{M}_n$ 为 n 阶方阵的全体. 容易验证 $\boldsymbol{M}_n$ 按照矩阵的加法与数乘运算,也是一个线性空间.

定义 4.12（子空间）　设 L 为线性空间 X 的一个子集,若对 L 中任意两个元素 $\boldsymbol{x},\boldsymbol{y}$,有 $\boldsymbol{x}+\boldsymbol{y}\in L$ 及对任意数 λ,有 $\lambda\boldsymbol{x}\in L$,则称 L 为 X 的**线性子空间**（简称

子空间).

设 M 为线性空间 X 的子集,L 表示 M 中元素所有可能的线性组合构成的集合,即

$$L = \left\{ \sum_{i=1}^{n} \lambda_i \boldsymbol{x}_i \,\middle|\, \boldsymbol{x}_i \in M,\ \lambda_i \text{ 为数}, n \text{ 为任意正整数} \right\}$$

容易验证,L 为 X 的线性子空间,称 L 为**由子集 M 生成的线性子空间**,记作

$$L = \mathbf{span} M$$

例 4.18　$\mathbf{R}^n$ 的子集合

$$V = \{(0, x_2, \cdots, x_n)^{\mathrm{T}} \mid x_i \in \mathbf{R}, i = 2, \cdots, n\}$$

是 $\mathbf{R}^n$ 的一个子空间,这是因为若 $\boldsymbol{\alpha}=(0,x_2,\cdots,x_n)^{\mathrm{T}}\in V$,$\boldsymbol{\beta}=(0,y_2,\cdots,y_n)^{\mathrm{T}}\in V$,$k\in\mathbf{R}$,则 $\boldsymbol{\alpha}+\boldsymbol{\beta}=(0,x_2+y_2,\cdots,x_n+y_n)^{\mathrm{T}}\in V$,$k\boldsymbol{\alpha}=(0,kx_2,\cdots,kx_n)^{\mathrm{T}}\in V$,于是,由定义 4.11 知 V 是一个向量空间,再由定义 4.12 知 V 是 $\mathbf{R}^n$ 的一个子空间. ▌

例 4.19　$\mathbf{R}^n$ 的子集合

$$V = \{(1, x_2, \cdots, x_n)^{\mathrm{T}} \mid x_i \in \mathbf{R}, i = 1, 2, \cdots, n\}$$

不是向量空间,这是因为若 $\boldsymbol{\alpha}=(1,x_2,\cdots,x_n)^{\mathrm{T}}\in V$,则 $2\boldsymbol{\alpha}=(2,2x_2,\cdots,2x_n)^{\mathrm{T}}\overline{\in} V$. ▌

例 4.20　设 $\boldsymbol{A}$ 为 $m\times n$ 实矩阵,则 n 元齐次线性方程组 $\boldsymbol{Ax}=\boldsymbol{0}$的解集合

$$S = \{\boldsymbol{x} \in \mathbf{R}^n \mid \boldsymbol{Ax} = \boldsymbol{0}\}$$

是 $\mathbf{R}^n$ 的一个子空间.这是因为 S 非空(至少含有零向量),且由性质 4.1 和性质 4.2 知 S 关于向量的线性运算封闭.称 S 为方程组 $\boldsymbol{Ax}=\boldsymbol{0}$的**解空间**. ▌

例 4.21　非齐次线性方程组 $\boldsymbol{Ax}=\boldsymbol{b}$ 的解集合

$$S = \{\boldsymbol{x} \mid \boldsymbol{Ax} = \boldsymbol{b}\}$$

不是向量空间.这是因为当 $\boldsymbol{Ax}=\boldsymbol{b}$ 无解时,S 为空集;当 $\boldsymbol{Ax}=\boldsymbol{b}$ 有解 $\boldsymbol{\eta}$ 时,$\boldsymbol{A}(2\boldsymbol{\eta})=2\boldsymbol{b}$,故 $2\boldsymbol{\eta}\overline{\in} S$. ▌

例 4.22　在 3 维空间 $\mathbf{R}^3$ 中,设 $\boldsymbol{\varepsilon}_1=(1,0,0)$,$\boldsymbol{\varepsilon}_2=(0,1,0)$,则由 $\boldsymbol{\varepsilon}_1$ 和 $\boldsymbol{\varepsilon}_2$ 生成的线性子空间为 xOy 平面,即

$$\mathbf{span}\{\boldsymbol{\varepsilon}_1, \boldsymbol{\varepsilon}_2\} = xOy \text{ 平面}$$

设 $\boldsymbol{\alpha}_1=(1,1,0)$,$\boldsymbol{\alpha}_2=(-1,1,0)$,容易验证,由 $\boldsymbol{\alpha}_1$ 和 $\boldsymbol{\alpha}_2$ 生成的线性子空间也为 xOy 平面,即

$$\mathbf{span}\{\boldsymbol{\alpha}_1, \boldsymbol{\alpha}_2\} = xOy \text{ 平面}$$ ▌

定义 4.13 (基、维数与坐标)　如果在线性空间 X 中存在一组向量 $\boldsymbol{\alpha}_1,\boldsymbol{\alpha}_2,\cdots,\boldsymbol{\alpha}_r$ 满足

(1) $\boldsymbol{\alpha}_1,\boldsymbol{\alpha}_2,\cdots,\boldsymbol{\alpha}_r$ 线性无关;

(2) $\forall \boldsymbol{\alpha} \in X$, $\boldsymbol{\alpha}$ 可由 $\boldsymbol{\alpha}_1,\boldsymbol{\alpha}_2,\cdots,\boldsymbol{\alpha}_r$ 线性表示

$$\boldsymbol{\alpha} = x_1\boldsymbol{\alpha}_1 + x_2\boldsymbol{\alpha}_2 + \cdots + x_r\boldsymbol{\alpha}_r \quad (x_i \in \mathbf{F}, i = 1,2,\cdots,r)$$

则称向量组 $\boldsymbol{\alpha}_1,\boldsymbol{\alpha}_2,\cdots,\boldsymbol{\alpha}_r$ 为 X 的一个**基**；称基中所含向量的个数 r 为 X 的**维数**，并称 X 为 r 维线性空间；称有序数组 $x_1,x_2,\cdots,x_r$ 为向量 $\boldsymbol{\alpha}$ 在基 $\boldsymbol{\alpha}_1,\boldsymbol{\alpha}_2,\cdots,\boldsymbol{\alpha}_r$ 下的**坐标**，记为 $(x_1,x_2,\cdots,x_r)^{\mathrm{T}}$.

显然，如果将线性空间 X 看作向量组，则 X 的基与维数就分别相当于它的极大无关组与秩.

由单个零向量组成的集合 $\{\mathbf{0}\}$，用定义可验证它也是一个线性空间，称为**零空间**，零空间是唯一的没有基的线性空间，规定零空间的维数为零. 如果已经找到了线性空间 X 的基 $\boldsymbol{\alpha}_1,\boldsymbol{\alpha}_2,\cdots,\boldsymbol{\alpha}_r$，则由基的定义知

$$X = \{k_1\boldsymbol{\alpha}_1 + k_2\boldsymbol{\alpha}_2 + \cdots + k_r\boldsymbol{\alpha}_r \mid k_i \in \mathbf{F}, i = 1,2,\cdots,r\}$$

或 $X=\mathbf{span}\{\boldsymbol{\alpha}_1,\boldsymbol{\alpha}_2,\cdots,\boldsymbol{\alpha}_r\}$，即 X 是由向量组 $\boldsymbol{\alpha}_1,\boldsymbol{\alpha}_2,\cdots,\boldsymbol{\alpha}_r$ 生成的，这就比较清楚地显示出线性空间的构造.

由例 4.2 及例 4.4 知 n 维基本单位向量组 $\boldsymbol{\varepsilon}_1,\boldsymbol{\varepsilon}_2,\cdots,\boldsymbol{\varepsilon}_n$ 线性无关，而且可以线性表示 $\mathbf{R}^n$ 中任一向量，于是由定义 4.13 知 $\boldsymbol{\varepsilon}_1,\boldsymbol{\varepsilon}_2,\cdots,\boldsymbol{\varepsilon}_n$ 就是 $\mathbf{R}^n$ 的一个基.

对于例 4.20 中 n 元齐次线性方程组 $\mathbf{A}\mathbf{x}=\mathbf{0}$ 的解空间 S 来说，S 的基显然就是方程组 $\mathbf{A}\mathbf{x}=\mathbf{0}$ 的基础解系，因此，S 的维数等于 $n-r(\mathbf{A})$.

对于生成子空间

$$V = \mathbf{span}\{\boldsymbol{\alpha}_1,\boldsymbol{\alpha}_2,\cdots,\boldsymbol{\alpha}_m\}$$

来说，显然，向量组 $\boldsymbol{\alpha}_1,\boldsymbol{\alpha}_2,\cdots,\boldsymbol{\alpha}_m$ 的极大无关组与秩，分别就是 V 的基与维数.

例 4.23　验证向量组 $\boldsymbol{\alpha}_1=(1,2,3)^{\mathrm{T}}$，$\boldsymbol{\alpha}_2=(2,2,4)^{\mathrm{T}}$，$\boldsymbol{\alpha}_3=(-1,0,2)^{\mathrm{T}}$ 是 $\mathbf{R}^3$ 的一个基，并求向量 $\boldsymbol{\beta}=(3,2,3)^{\mathrm{T}}$ 在此基下的坐标.

解　由于 $\mathbf{R}^3$ 是 3 维向量空间，故 $\mathbf{R}^3$ 中任意 3 个线性无关的向量都可作为 $\mathbf{R}^3$ 的基. 由行列式

$$|\boldsymbol{\alpha}_1\ \boldsymbol{\alpha}_2\ \boldsymbol{\alpha}_3| = \begin{vmatrix} 1 & 2 & -1 \\ 2 & 2 & 0 \\ 3 & 4 & 2 \end{vmatrix} = -6 \neq 0$$

知 $\boldsymbol{\alpha}_1,\boldsymbol{\alpha}_2,\boldsymbol{\alpha}_3$ 线性无关，因而 $\boldsymbol{\alpha}_1,\boldsymbol{\alpha}_2,\boldsymbol{\alpha}_3$ 可作为 $\mathbf{R}^3$ 的基.

设有一组数 x_1,x_2,x_3，使得

$$x_1\boldsymbol{\alpha}_1 + x_2\boldsymbol{\alpha}_2 + x_3\boldsymbol{\alpha}_3 = \boldsymbol{\beta}$$

解此非齐次线性方程组，得唯一解 $(x_1,x_2,x_3)^{\mathrm{T}}=(-\frac{1}{3},\frac{4}{3},-\frac{2}{3})^{\mathrm{T}}$，故 $\boldsymbol{\beta}$ 在基 $\boldsymbol{\alpha}_1,\boldsymbol{\alpha}_2,\boldsymbol{\alpha}_3$ 下的坐标为 $(-\frac{1}{3},\frac{4}{3},-\frac{2}{3})^{\mathrm{T}}$.　▌

4.4.2 线性变换及其矩阵表示

线性变换的最简单的例子就是一元线性函数

$$y = f(x) = ax$$

它是线性空间 $\mathbf{R}$ 到 $\mathbf{R}$ 的映射,这个映射的特点是,对任意向量 $x_1, x_2, x \in \mathbf{R}$ 及数 $k \in \mathbf{R}$ 成立

$$f(x_1 + x_2) = f(x_1) + f(x_2) \tag{4.29}$$

$$f(kx) = kf(x) \tag{4.30}$$

保持线性性质,将这类映射的定义域及值域由 $\mathbf{R}$ 推广到 n 维线性空间 V_n,就得到一般线性空间的线性变换的定义.

定义 4.14 设 σ 是 n 维线性空间 V_n 到其自身的映射,即对任意 $\boldsymbol{\alpha} \in V_n$,$\sigma(\boldsymbol{\alpha}) \in V_n$. 如果 σ 具有如下两个性质:

(1) $\forall \boldsymbol{\alpha}_1, \boldsymbol{\alpha}_2 \in V_n$, 恒有 $\sigma(\boldsymbol{\alpha}_1 + \boldsymbol{\alpha}_2) = \sigma(\boldsymbol{\alpha}_1) + \sigma(\boldsymbol{\alpha}_2)$

(2) $\forall \boldsymbol{\alpha} \in V_n$ 及 $k \in \mathbf{R}$,恒有 $\sigma(k\boldsymbol{\alpha}) = k\sigma(\boldsymbol{\alpha})$

则称 σ 是 V_n 的一个**线性变换**,$\sigma(\boldsymbol{\alpha})$称为 $\boldsymbol{\alpha}$ 在线性变换 σ 下的**像**,而 $\boldsymbol{\alpha}$ 称为 $\sigma(\boldsymbol{\alpha})$ 在线性变换 σ 下的**原象**.

定义 4.15 设 σ 与 τ 都是 n 维线性空间 V_n 的线性变换. 如果对任意 $\boldsymbol{\alpha} \in V_n$,都有 $\sigma(\boldsymbol{\alpha}) = \tau(\boldsymbol{\alpha})$,则称两个线性变换**相等**,记为 $\sigma = \tau$.

下面给出 n 维线性空间 V_n 的线性变换的几个例子.

例 4.24 在线性空间 V_n 上定义如下变换:

(1) 恒等变换 I:任给 $\boldsymbol{\alpha} \in V_n$,$I(\boldsymbol{\alpha}) = \boldsymbol{\alpha}$;

(2) 数乘变换 Λ:给定 $\lambda \in \mathbf{R}$,任给 $\boldsymbol{\alpha} \in V_n$,$\Lambda(\boldsymbol{\alpha}) = \lambda\boldsymbol{\alpha}$;

(3) 零变换 θ:任给 $\boldsymbol{\alpha} \in V_n$,$\theta(\boldsymbol{\alpha}) = \mathbf{0}$,其中$\mathbf{0}$是 V_n 的零向量.

则容易验证这些变换都是 V_n 的线性变换. ▎

例 4.25 平面旋转变换:在 2 维线性空间 $\mathbf{R}^2$ 中,每个向量绕坐标原点 O 按逆时针方向旋转 θ 角的变换 R_θ 是 $\mathbf{R}^2$ 的一个线性变换.

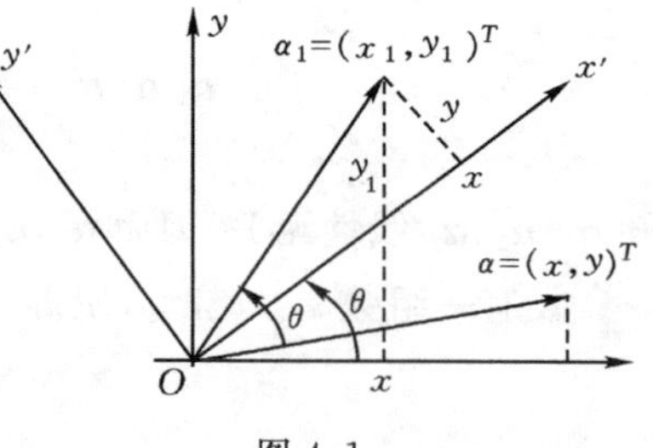

图 4.1

证 如图 4.1,在 $\mathbf{R}^2$ 中,设向量 $\boldsymbol{\alpha}$ 绕原点按逆时针旋转 θ 角后变成向量 $\boldsymbol{\alpha}_1$,即

$$\boldsymbol{\alpha}_1 = R_\theta(\boldsymbol{\alpha})$$

设它们在原坐标系 xOy 中的坐标分别为

$$\boldsymbol{\alpha} = (x, y)^{\mathrm{T}},$$

$$R_\theta(\boldsymbol{\alpha}) = \boldsymbol{\alpha}_1 = (x_1, y_1)^{\mathrm{T}}.$$

为了导出从 $\boldsymbol{\alpha}$ 旋转到 $\boldsymbol{\alpha}_1$ 的关系式，我们将原坐标系 xOy 也绕原点按逆时针旋转 θ 角得到新的坐标系 $x'Oy'$.

考察向量 $\boldsymbol{\alpha}_1$ 在新、旧坐标系中坐标之间的关系，由图 4.1 容易看出 $\boldsymbol{\alpha}_1$ 在旧坐标系中的坐标为$(x_1, y_1)^{\mathrm{T}}$，而在新坐标系中的坐标为$(x, y)^{\mathrm{T}}$. 这样，可利用第 2 章中坐标旋转时新旧坐标之间的关系式(2.1)得

$$\begin{cases} x_1 = \cos\theta x - \sin\theta y \\ y_1 = \sin\theta x + \cos\theta y \end{cases}$$

其矩阵表示为

$$\begin{bmatrix} x_1 \\ y_1 \end{bmatrix} = \begin{bmatrix} \cos\theta & -\sin\theta \\ \sin\theta & \cos\theta \end{bmatrix} \begin{bmatrix} x \\ y \end{bmatrix}$$

即 $R_\theta(\boldsymbol{\alpha}) = \boldsymbol{A\alpha}$，其中

$$\boldsymbol{A} = \begin{bmatrix} \cos\theta & -\sin\theta \\ \sin\theta & \cos\theta \end{bmatrix}$$

由矩阵的运算性质知，对任意向量 $\boldsymbol{\alpha}, \boldsymbol{\beta}$ 与数 λ，有

$$R_\theta(\boldsymbol{\alpha} + \boldsymbol{\beta}) = \boldsymbol{A}(\boldsymbol{\alpha} + \boldsymbol{\beta}) = \boldsymbol{A}(\boldsymbol{\alpha}) + \boldsymbol{A}(\boldsymbol{\beta}) = R_\theta(\boldsymbol{\alpha}) + R_\theta(\boldsymbol{\beta}),$$

$$R_\theta(\lambda\boldsymbol{\alpha}) = \boldsymbol{A}(\lambda\boldsymbol{\alpha}) = \lambda\boldsymbol{A}(\boldsymbol{\alpha}) = \lambda R_\theta(\boldsymbol{\alpha}).$$

可见 R_θ 满足线性性质，故 R_θ 为 $\mathbf{R}^2$ 上的线性变换. ▌

例 4.26　设 $\mathbf{R}^3$ 有两个基：(Ⅰ)：$\boldsymbol{\alpha}_1, \boldsymbol{\alpha}_2, \boldsymbol{\alpha}_3$；(Ⅱ)：$\boldsymbol{\beta}_1, \boldsymbol{\beta}_2, \boldsymbol{\beta}_3$，记矩阵 $\boldsymbol{A} = [\boldsymbol{\alpha}_1\ \boldsymbol{\alpha}_2\ \boldsymbol{\alpha}_3]$，$\boldsymbol{B} = [\boldsymbol{\beta}_1\ \boldsymbol{\beta}_2\ \boldsymbol{\beta}_3]$，求用基(Ⅰ)线性表示基(Ⅱ)的公式(**基变换公式**). 又若 $\mathbf{R}^3$ 中向量 $\boldsymbol{\alpha}$ 在基(Ⅰ)下的坐标为 $\boldsymbol{x} = (x_1, x_2, x_3)^{\mathrm{T}}$，$\boldsymbol{\alpha}$ 在基(Ⅱ)下的坐标为 $\boldsymbol{y} = (y_1, y_2, y_3)^{\mathrm{T}}$，求 $\boldsymbol{x}$ 与 $\boldsymbol{y}$ 之间的关系式(**坐标变换公式**).

解　设基(Ⅱ)可由基(Ⅰ)线性表示为

$$\boldsymbol{\beta}_1 = p_{11}\boldsymbol{\alpha}_1 + p_{21}\boldsymbol{\alpha}_2 + p_{31}\boldsymbol{\alpha}_3$$

$$\boldsymbol{\beta}_2 = p_{12}\boldsymbol{\alpha}_1 + p_{22}\boldsymbol{\alpha}_2 + p_{33}\boldsymbol{\alpha}_3$$

$$\boldsymbol{\beta}_3 = p_{13}\boldsymbol{\alpha}_1 + p_{23}\boldsymbol{\alpha}_2 + p_{33}\boldsymbol{\alpha}_3$$

其中 p_{ij} (i、$j = 1, 2, 3$)为常数. 写成矩阵形式就是

$$[\boldsymbol{\beta}_1\ \boldsymbol{\beta}_2\ \boldsymbol{\beta}_3] = [\boldsymbol{\alpha}_1\ \boldsymbol{\alpha}_2\ \boldsymbol{\alpha}_3] \begin{bmatrix} p_{11} & p_{12} & p_{13} \\ p_{21} & p_{22} & p_{23} \\ p_{31} & p_{32} & p_{33} \end{bmatrix} \tag{4.31}$$

或

$$\boldsymbol{B} = \boldsymbol{AP}\text{，其中矩阵 } \boldsymbol{P} = (p_{ij})_{3\times 3}$$

由于矩阵 $\boldsymbol{A}$ 为 3 阶可逆方阵，故由上式得 $\boldsymbol{P}=\boldsymbol{A}^{-1}\boldsymbol{B}$，代入(4.31)式，即得由基(Ⅰ)线性表示基(Ⅱ)的公式(通常称之为**基变换公式**)为

$$[\boldsymbol{\beta}_1\ \boldsymbol{\beta}_2\ \boldsymbol{\beta}_3]=[\boldsymbol{\alpha}_1\ \boldsymbol{\alpha}_2\ \boldsymbol{\alpha}_3]\boldsymbol{A}^{-1}\boldsymbol{B} \tag{4.32}$$

并称矩阵 $\boldsymbol{P}=\boldsymbol{A}^{-1}\boldsymbol{B}$ 为从基(Ⅰ)到基(Ⅱ)的**过渡矩阵**.

由题设条件，有

$$\boldsymbol{\alpha}=x_1\boldsymbol{\alpha}_1+x_2\boldsymbol{\alpha}_2+x_3\boldsymbol{\alpha}_3=[\boldsymbol{\alpha}_1\ \boldsymbol{\alpha}_2\ \boldsymbol{\alpha}_3]\boldsymbol{x} \tag{4.33}$$

$$\boldsymbol{\alpha}=y_1\boldsymbol{\beta}_1+y_2\boldsymbol{\beta}_2+y_3\boldsymbol{\beta}_3=[\boldsymbol{\beta}_1\ \boldsymbol{\beta}_2\ \boldsymbol{\beta}_3]\boldsymbol{y} \tag{4.34}$$

将基变换公式(4.32)代入(4.34)式右端，得

$$\boldsymbol{\alpha}=[\boldsymbol{\alpha}_1\ \boldsymbol{\alpha}_2\ \boldsymbol{\alpha}_3]\boldsymbol{P}\boldsymbol{y} \tag{4.35}$$

将(4.35)式与(4.33)式比较，即得坐标变换公式

$$\boldsymbol{x}=\boldsymbol{P}\boldsymbol{y}\quad 或\quad \boldsymbol{y}=\boldsymbol{P}^{-1}\boldsymbol{x}.\quad ▎$$

习 题 四

(A)

1. 试将向量 $\boldsymbol{\beta}$ 用向量组 $\boldsymbol{\alpha}_1,\boldsymbol{\alpha}_2,\boldsymbol{\alpha}_3,\boldsymbol{\alpha}_4$ 线性表示，其中 $\boldsymbol{\beta}=(1,2,1,1)^{\mathrm{T}}$，$\boldsymbol{\alpha}_1=(1,1,1,1)^{\mathrm{T}}$，$\boldsymbol{\alpha}_2=(1,1,-1,-1)^{\mathrm{T}}$，$\boldsymbol{\alpha}_3=(1,-1,1,-1)^{\mathrm{T}}$，$\boldsymbol{\alpha}_4=(1,-1,-1,1)^{\mathrm{T}}$.

2. 设向量 $\boldsymbol{\beta}=(-1,0,1,b)^{\mathrm{T}}$，$\boldsymbol{\alpha}_1=(3,1,0,0)^{\mathrm{T}}$，$\boldsymbol{\alpha}_2=(2,1,1,-1)^{\mathrm{T}}$，$\boldsymbol{\alpha}_3=(1,1,2,a-3)^{\mathrm{T}}$. 问 a、b 取何值时，$\boldsymbol{\beta}$ 可由 $\boldsymbol{\alpha}_1,\boldsymbol{\alpha}_2,\boldsymbol{\alpha}_3$ 线性表示？并求出此表示式.

3. 下列命题是否正确？如正确，给出证明；如不正确，举出反例.

(1) 若向量组 $\boldsymbol{\alpha}_1,\boldsymbol{\alpha}_2,\cdots,\boldsymbol{\alpha}_m$ 线性相关，则其中每个向量都可由该组中其余 $m-1$ 个向量线性表示；

(2) 若向量组 $\boldsymbol{\alpha}_1,\boldsymbol{\alpha}_2,\cdots,\boldsymbol{\alpha}_m$ 中存在一个向量不能由该组中其余 $m-1$ 个向量线性表示，则该向量组线性无关；

(3) 齐次线性方程组 $\boldsymbol{A}\boldsymbol{x}=\boldsymbol{0}$ 只有零解的充要条件是 $\boldsymbol{A}$ 的列向量组线性无关；

(4) 对于实向量 $\boldsymbol{x}=(a_1,a_2,\cdots,a_n)^{\mathrm{T}}$，则 $\boldsymbol{x}^{\mathrm{T}}\boldsymbol{x}\geqslant 0$，而且 $\boldsymbol{x}^{\mathrm{T}}\boldsymbol{x}=0\Leftrightarrow\boldsymbol{x}=\boldsymbol{0}$.

4. λ 取何值时，向量组 $\boldsymbol{\alpha}_1=(\lambda,-\frac{1}{2},-\frac{1}{2})^{\mathrm{T}}$，$\boldsymbol{\alpha}_2=(-\frac{1}{2},\lambda,-\frac{1}{2})^{\mathrm{T}}$，$\boldsymbol{\alpha}_3=(-\frac{1}{2},-\frac{1}{2},\lambda)^{\mathrm{T}}$ 线性相关？

5. 判断下列向量组的线性相关性

(1) $\boldsymbol{\alpha}_1=(6,2,4,-9)^{\mathrm{T}}$，$\boldsymbol{\alpha}_2=(3,1,2,3)^{\mathrm{T}}$，$\boldsymbol{\alpha}_3=(15,3,2,0)^{\mathrm{T}}$；

(2) $\boldsymbol{\alpha}_1=(2,-1,3,2)^{\mathrm{T}}$，$\boldsymbol{\alpha}_2=(-1,-2,1,-1)^{\mathrm{T}}$，$\boldsymbol{\alpha}_3=(0,-1,1,0)^{\mathrm{T}}$；

(3) $\boldsymbol{\alpha}_1=(1,-a,1,1)^{\mathrm{T}}$，$\boldsymbol{\alpha}_2=(1,1,-a,1)^{\mathrm{T}}$，$\boldsymbol{\alpha}_3=(1,1,1,-a)^{\mathrm{T}}$.

6. 设向量组 $\boldsymbol{\alpha}_1,\boldsymbol{\alpha}_2,\boldsymbol{\alpha}_3$ 线性无关，试判断下列向量组的线性相关性.

(1) $\boldsymbol{\beta}_1=\boldsymbol{\alpha}_1+2\boldsymbol{\alpha}_2$，$\boldsymbol{\beta}_2=2\boldsymbol{\alpha}_2+3\boldsymbol{\alpha}_3$，$\boldsymbol{\beta}_3=4\boldsymbol{\alpha}_3-\boldsymbol{\alpha}_1$；

(2) $\boldsymbol{\beta}_1=\boldsymbol{\alpha}_1+\boldsymbol{\alpha}_2+\boldsymbol{\alpha}_3$，$\boldsymbol{\beta}_2=2\boldsymbol{\alpha}_1-3\boldsymbol{\alpha}_2+22\boldsymbol{\alpha}_3$，$\boldsymbol{\beta}_3=3\boldsymbol{\alpha}_1+5\boldsymbol{\alpha}_2-5\boldsymbol{\alpha}_3$.

7. 设向量组 $\boldsymbol{\alpha}_1,\boldsymbol{\alpha}_2,\boldsymbol{\alpha}_3$ 线性相关，而向量组 $\boldsymbol{\alpha}_2,\boldsymbol{\alpha}_3,\boldsymbol{\alpha}_4$ 线性无关，问

(1) $\boldsymbol{\alpha}_1$ 能否由 $\boldsymbol{\alpha}_2,\boldsymbol{\alpha}_3$ 线性表示？为什么？

(2) $\boldsymbol{\alpha}_4$ 能否由 $\boldsymbol{\alpha}_1,\boldsymbol{\alpha}_2,\boldsymbol{\alpha}_3$ 线性表示？为什么？

8. 设向量组 $\boldsymbol{\alpha}_1,\boldsymbol{\alpha}_2,\cdots,\boldsymbol{\alpha}_m(m\geqslant 3)$线性无关. 证明：向量组 $\boldsymbol{\beta}_1=\boldsymbol{\alpha}_2+\boldsymbol{\alpha}_3+\cdots+\boldsymbol{\alpha}_m$，$\boldsymbol{\beta}_2=\boldsymbol{\alpha}_1+\boldsymbol{\alpha}_3+\cdots+\boldsymbol{\alpha}_m$，$\cdots$，$\boldsymbol{\beta}_m=\boldsymbol{\alpha}_1+\boldsymbol{\alpha}_2+\cdots+\boldsymbol{\alpha}_{m-1}$线性无关.

9. 设 $\boldsymbol{\alpha}_1,\boldsymbol{\alpha}_2,\cdots,\boldsymbol{\alpha}_t$ 为齐次线性方程组 $\boldsymbol{A}\boldsymbol{x}=\boldsymbol{0}$的 t 个线性无关的解向量，而向量 $\boldsymbol{\beta}$ 不是 $\boldsymbol{A}\boldsymbol{x}=\boldsymbol{0}$的解. 证明：向量组 $\boldsymbol{\alpha}_1+\boldsymbol{\beta},\boldsymbol{\alpha}_2+\boldsymbol{\beta},\cdots,\boldsymbol{\alpha}_t+\boldsymbol{\beta}$ 线性无关.

10. 设向量 $\boldsymbol{\beta}$ 可由向量组 $\boldsymbol{\alpha}_1,\boldsymbol{\alpha}_2,\cdots,\boldsymbol{\alpha}_m$ 线性表示，证明：表示式唯一$\Leftrightarrow$向量组 $\boldsymbol{\alpha}_1,\boldsymbol{\alpha}_2,\cdots,\boldsymbol{\alpha}_m$ 线性无关.

11. 设向量组 $\boldsymbol{\alpha}_1,\boldsymbol{\alpha}_2,\cdots,\boldsymbol{\alpha}_m$ 线性无关，而且向量 $\boldsymbol{\beta}$ 不能由 $\boldsymbol{\alpha}_1,\boldsymbol{\alpha}_2,\cdots,\boldsymbol{\alpha}_m$ 线性表示，证明：$\boldsymbol{\alpha}_1,\boldsymbol{\alpha}_2,\cdots,\boldsymbol{\alpha}_m,\boldsymbol{\beta}$ 线性无关.

12. 已知向量组 $\boldsymbol{\alpha}_1=(1,2,1)^{\mathrm T}$，$\boldsymbol{\alpha}_2=(2,3,1)^{\mathrm T}$，$\boldsymbol{\alpha}_3=(2,b,3)^{\mathrm T}$，$\boldsymbol{\alpha}_4=(a,3,1)^{\mathrm T}$ 的秩为 2，试求 a、b 的值.

13. 求下列向量组的一个极大无关组及向量组的秩，并用极大无关组线性表示该组中其他向量：

(1) $\boldsymbol{\alpha}_1=(1,-1,2,4)^{\mathrm T}$，$\boldsymbol{\alpha}_2=(0,3,1,2)^{\mathrm T}$，$\boldsymbol{\alpha}_3=(3,0,7,14)^{\mathrm T}$，$\boldsymbol{\alpha}_4=(1,-2,2,0)^{\mathrm T}$，$\boldsymbol{\alpha}_5=(2,1,5,10)^{\mathrm T}$；

(2) $\boldsymbol{\alpha}_1=(1,1,1,1)^{\mathrm T}$，$\boldsymbol{\alpha}_2=(1,2,3,4)^{\mathrm T}$，$\boldsymbol{\alpha}_3=(1,4,9,16)^{\mathrm T}$，$\boldsymbol{\alpha}_4=(1,3,7,13)^{\mathrm T}$，$\boldsymbol{\alpha}_5=(1,2,5,10)^{\mathrm T}$.

14. 设有向量组(Ⅰ)：$\boldsymbol{\alpha}_1=(1,1,1,3)^{\mathrm T}$，$\boldsymbol{\alpha}_2=(-1,-3,5,1)^{\mathrm T}$，$\boldsymbol{\alpha}_3=(3,2,-1,p+2)^{\mathrm T}$，$\boldsymbol{\alpha}_4=(-2,-6,10,p)^{\mathrm T}$.

(1) p 取何值时，向量组(Ⅰ)线性无关？并在此时将 $\boldsymbol{\alpha}=(4,1,6,10)^{\mathrm T}$ 用向量组(Ⅰ)线性表出；

(2) p 取何值时，向量组(Ⅰ)线性相关？并在此时求(Ⅰ)的秩及一个极大无关组.

15. 证明：与基础解系等价的线性无关向量组也是基础解系.

16. 求齐次线性方程组 $\boldsymbol{A}\boldsymbol{x}=\boldsymbol{0}$的基础解系与结构解，其中系数矩阵 $\boldsymbol{A}$ 为：

(1) $\begin{bmatrix}3&2&1&3&5\\6&4&3&5&7\\9&6&5&7&9\\3&2&0&4&8\end{bmatrix}$　　(2) $\begin{bmatrix}1&1&-2&3\\2&1&-6&4\\3&2&a&7\\1&-1&-6&-1\end{bmatrix}$

17. 设矩阵 $\boldsymbol{A}=\begin{bmatrix}1&2&1&2\\0&1&a&a\\1&a&0&1\end{bmatrix}$，已知线性方程组 $\boldsymbol{A}\boldsymbol{x}=\boldsymbol{0}$的基础解系含两个向量，求 a 的值，并求方程组 $\boldsymbol{A}\boldsymbol{x}=\boldsymbol{0}$的结构解.

18. 求作一个齐次线性方程组 $\boldsymbol{A}\boldsymbol{x}=\boldsymbol{0}$，使它的基础解系为 $\boldsymbol{\xi}_1=(0,1,2,3)^{\mathrm T}$，$\boldsymbol{\xi}_2=(3,2,1,0)^{\mathrm T}$.

19. 设 $\boldsymbol{\alpha}_1,\boldsymbol{\alpha}_2,\boldsymbol{\alpha}_3$ 是齐次线性方程组 $\boldsymbol{Ax}=\boldsymbol{0}$ 的基础解系，证明：向量组 $\boldsymbol{\beta}_1=\boldsymbol{\alpha}_1+\boldsymbol{\alpha}_2,\boldsymbol{\beta}_2=\boldsymbol{\alpha}_2+\boldsymbol{\alpha}_3,\boldsymbol{\beta}_3=\boldsymbol{\alpha}_3+\boldsymbol{\alpha}_1$ 也可作为 $\boldsymbol{Ax}=\boldsymbol{0}$ 的基础解系.

20. 若 n 阶方阵 $\boldsymbol{A}$ 的各行元素之和均为零，且 $r(\boldsymbol{A})=n-1$，证明：齐次线性方程组 $\boldsymbol{Ax}=\boldsymbol{0}$ 的通解为 $x=k(1,1,\cdots,1)^{\mathrm{T}}$（$k$ 为任意常数）.

21. 求下列方程组的结构解

(1) $\begin{cases} x_1+x_2-3x_3-x_4=1 \\ 3x_1-x_2-3x_3+4x_4=4 \\ x_1+5x_2-9x_3-8x_4=0 \end{cases}$　　(2) $\begin{cases} 6x_1+4x_2+5x_3+2x_4+3x_5=1 \\ 3x_1+2x_2+4x_3+x_4+2x_5=3 \\ 3x_1+2x_2-2x_3+x_4=-7 \\ 9x_1+6x_2+x_3+3x_4+2x_5=2 \end{cases}$

22. 设有向量 $\boldsymbol{\alpha}_1=(-1,1,4)^{\mathrm{T}},\boldsymbol{\alpha}_2=(-2,1,5)^{\mathrm{T}},\boldsymbol{\alpha}_3=(a,2,10)^{\mathrm{T}},\boldsymbol{\beta}=(1,b,-1)^{\mathrm{T}}$，问 a、b 为何值时，向量 $\boldsymbol{\beta}$ 可由向量组 $\boldsymbol{\alpha}_1,\boldsymbol{\alpha}_2,\boldsymbol{\alpha}_3$ 线性表示？并求出线性表示式.

23. 证明：方程组 $x_1-x_2=a_1,x_2-x_3=a_2,x_3-x_4=a_3,x_4-x_5=a_4,x_5-x_1=a_5$ 有解 $\Leftrightarrow a_1+a_2+a_3+a_4+a_5=0$，并在有解时，求其通解.

24. a、b 取何值时，下列方程组有解，并在有解时求其通解.

(1) $\begin{cases} x_1+x_2-2x_3+3x_4=0 \\ 2x_1+x_2-6x_3+4x_4=-1 \\ 3x_1+2x_2+ax_3+7x_4=-1 \\ x_1-x_2-6x_3-x_4=b \end{cases}$　　(2) $\begin{cases} ax_1+x_2+x_3=4 \\ x_1+bx_2+x_3=3 \\ x_1+2bx_2+x_3=4 \end{cases}$

25. 设 4 元非齐次线性方程组 $\boldsymbol{Ax}=\boldsymbol{b}$ 有解 $\boldsymbol{\alpha}_1,\boldsymbol{\alpha}_2,\boldsymbol{\alpha}_3$，其中 $\boldsymbol{\alpha}_1=(1,2,3,4)^{\mathrm{T}},\boldsymbol{\alpha}_2+\boldsymbol{\alpha}_3=(2,3,4,5)^{\mathrm{T}}$，且 $r(\boldsymbol{A})=3$. 求方程组 $\boldsymbol{Ax}=\boldsymbol{b}$ 的通解.

26. 验证 $V=\{(x,2x,3y)^{\mathrm{T}}\mid x、y\in\mathbf{R}\}$ 是 $\mathbf{R}^3$ 的子空间，并求 V 的基.

27. 设 $V_1=\{(x_1,x_2,x_3)^{\mathrm{T}}\mid x_i\in\mathbf{R},i=1,2,3,x_1+x_2+x_3=0\}$；

$V_2=\{(x_1,x_2,x_3)^{\mathrm{T}}\mid x_i\in\mathbf{R},i=1,2,3,x_1+x_2+x_3=1\}$.

问 V_1、V_2 是否为 $\mathbf{R}^3$ 的子空间？为什么？

28. 验证向量组 $\boldsymbol{\alpha}_1=(1,-3,4)^{\mathrm{T}},\boldsymbol{\alpha}_2=(4,0,5)^{\mathrm{T}},\boldsymbol{\alpha}_3=(3,1,2)^{\mathrm{T}}$ 是 $\mathbf{R}^3$ 的一个基，并求向量 $\boldsymbol{\alpha}=(7,-3,9)^{\mathrm{T}}$ 在此基下的坐标.

29. 设 $\boldsymbol{\alpha}_1=(1,1,0,0)^{\mathrm{T}},\boldsymbol{\alpha}_2=(1,0,1,1)^{\mathrm{T}};\boldsymbol{\beta}_1=(2,-1,3,3)^{\mathrm{T}},\boldsymbol{\beta}_2=(0,1,-1,-1)^{\mathrm{T}}$. 向量空间 $V_1=\mathbf{span}\{\boldsymbol{\alpha}_1,\boldsymbol{\alpha}_2\},V_2=\mathbf{span}\{\boldsymbol{\beta}_1,\boldsymbol{\beta}_2\}$，试证 $V_1=V_2$.

30. 设 $\mathbf{R}^3$ 有两个基：(Ⅰ)：$\boldsymbol{\alpha}_1=(1,2,1)^{\mathrm{T}},\boldsymbol{\alpha}_2=(2,3,3)^{\mathrm{T}},\boldsymbol{\alpha}_3=(3,7,1)^{\mathrm{T}}$；(Ⅱ)：$\boldsymbol{\beta}_1=(9,24,-1)^{\mathrm{T}},\boldsymbol{\beta}_2=(8,22,-2)^{\mathrm{T}},\boldsymbol{\beta}_3=(12,28,4)^{\mathrm{T}}$. 求由基(Ⅰ)到基(Ⅱ)的过渡矩阵.

(B)

1. 证明：若向量组(Ⅰ)可由向量组(Ⅱ)线性表示，则 $\mathbf{r}(\text{Ⅰ})\leqslant\mathbf{r}(\text{Ⅱ})$.

2. 设 $\boldsymbol{A}$ 为 n 阶方阵，k 为正整数，$\boldsymbol{\alpha}$ 为齐次线性方程组 $\boldsymbol{A}^k\boldsymbol{x}=\boldsymbol{0}$ 的解向量，但 $\boldsymbol{A}^{k-1}\boldsymbol{\alpha}\neq\boldsymbol{0}$，证明：向量组 $\boldsymbol{\alpha},\boldsymbol{A\alpha},\cdots,\boldsymbol{A}^{k-1}\boldsymbol{\alpha}$ 线性无关.

3. 设向量组(Ⅰ)：$\boldsymbol{\alpha}_1,\cdots,\boldsymbol{\alpha}_n$ 是一个 n 维向量组，且 n 维基本单位向量组(Ⅱ)：$\boldsymbol{\varepsilon}_1,\cdots,\boldsymbol{\varepsilon}_n$ 可由(Ⅰ)线性表示，证明：(Ⅰ)线性无关.

4. 设 $\boldsymbol{\alpha}_1,\cdots,\boldsymbol{\alpha}_n$ 是一组 n 维向量，证明：它们线性无关的充要条件是任一 n 维向量都可由它们线性表示.

5. 设矩阵 $\boldsymbol{A}_{n\times m},\boldsymbol{B}_{m\times n}$ 满足 $\boldsymbol{AB}=\boldsymbol{I}_n$，其中 $n<m$. 证明：(1) 矩阵 $\boldsymbol{B}$ 的列向量组线性无关；(2) 矩阵 $\boldsymbol{A}$ 的行向量组线性无关.

6. 设 $\boldsymbol{A}$ 为 $m\times n$ 矩阵，$\boldsymbol{B}$ 为 $n\times s$ 矩阵，证明：$r(\boldsymbol{AB})\leqslant r(\boldsymbol{A})$，且 $r(\boldsymbol{AB})\leqslant r(\boldsymbol{B})$.

7. 设齐次线性方程组 $\boldsymbol{Ax}=\boldsymbol{0}$ 与 $\boldsymbol{Bx}=\boldsymbol{0}$ 同解，证明：$r(\boldsymbol{A})=r(\boldsymbol{B})$.

8. 设有矩阵 $\boldsymbol{A}_{m\times n},\boldsymbol{B}_{n\times p}$，且 $r(\boldsymbol{A})=n$，证明：$r(\boldsymbol{AB})=r(\boldsymbol{B})$.

9. 设向量组 $\boldsymbol{\alpha}_1,\boldsymbol{\alpha}_2,\cdots,\boldsymbol{\alpha}_r$ 线性无关，向量组 $\boldsymbol{\beta}_1,\boldsymbol{\beta}_2,\cdots,\boldsymbol{\beta}_s$ 可由向量组 $\boldsymbol{\alpha}_1,\boldsymbol{\alpha}_2,\cdots,\boldsymbol{\alpha}_r$ 线性表示：$\boldsymbol{\beta}_j=b_{1j}\boldsymbol{\alpha}_1+b_{2j}\boldsymbol{\alpha}_2+\cdots+b_{rj}\boldsymbol{\alpha}_r$，$j=1,2,\cdots,s$，写成矩阵形式就是

$$[\boldsymbol{\beta}_1\ \boldsymbol{\beta}_2\ \cdots\ \boldsymbol{\beta}_s]=[\boldsymbol{\alpha}_1\ \boldsymbol{\alpha}_2\ \cdots\ \boldsymbol{\alpha}_r]\boldsymbol{B}$$

其中，矩阵 $\boldsymbol{B}=(b_{ij})_{r\times s}$. 试利用上题证明：向量组 $\boldsymbol{\beta}_1,\boldsymbol{\beta}_2,\cdots,\boldsymbol{\beta}_s$ 线性无关 $\Leftrightarrow r(\boldsymbol{B})=s$. 特别当 $s=r$ 时，有：$\boldsymbol{\beta}_1,\boldsymbol{\beta}_2,\cdots,\boldsymbol{\beta}_r$ 线性无关 $\Leftrightarrow \det(\boldsymbol{B})\neq 0$.

10. 设向量组 $\boldsymbol{\alpha}_1,\boldsymbol{\alpha}_2,\boldsymbol{\alpha}_3$ 是齐次线性方程组 $\boldsymbol{Ax}=\boldsymbol{0}$ 的基础解系，又向量 $\boldsymbol{\beta}_1=t_1\boldsymbol{\alpha}_1+t_2\boldsymbol{\alpha}_2$，$\boldsymbol{\beta}_2=t_1\boldsymbol{\alpha}_2+t_2\boldsymbol{\alpha}_3$，$\boldsymbol{\beta}_3=t_1\boldsymbol{\alpha}_3+t_2\boldsymbol{\alpha}_1$，其中 t_1、t_2 为实常数，问 t_1、t_2 满足何种条件时，$\boldsymbol{\beta}_1,\boldsymbol{\beta}_2,\boldsymbol{\beta}_3$ 也可作为方程组 $\boldsymbol{Ax}=\boldsymbol{0}$ 的基础解系？

复　习　题　四

1. 填空题

(1) 若向量组 $\begin{bmatrix}1\\0\\0\end{bmatrix},\begin{bmatrix}2\\3\\4\end{bmatrix},\begin{bmatrix}5\\6\\t\end{bmatrix}$ 线性相关，则常数 $t=$________.

(2) 若向量组 $\begin{bmatrix}1\\1\\k\end{bmatrix},\begin{bmatrix}1\\k\\1\end{bmatrix},\begin{bmatrix}k\\1\\1\end{bmatrix}$ 的秩为 2，则常数 $k=$________.

(3) 若向量 $\boldsymbol{\beta}=\begin{bmatrix}a\\1\\1\end{bmatrix}$ 可由向量组 $\boldsymbol{\alpha}_1=\begin{bmatrix}1\\-1\\1\end{bmatrix}$，$\boldsymbol{\alpha}_2=\begin{bmatrix}1\\a\\1\end{bmatrix}$ 线性表示，则常数 $a=$________.

(4) 若线性方程组 $\begin{cases}x_1+x_2+x_3=1\\x_1+\lambda x_3=2\\x_1-x_2+x_3=1\end{cases}$ 无解，则 $\lambda=$________.

(5) 齐次线性方程组 $\begin{cases}x_1-2x_2+x_3-x_4=0\\x_1+x_2-2x_3+x_4=0\\x_1-11x_2+10x_3-7x_4=0\end{cases}$ 的基础解系所含解向量的个数为________.

2. 单项选择题

(1) 设 $\boldsymbol{A}$ 为 $m\times n$ 矩阵，则齐次线性方程组 $\boldsymbol{Ax}=\boldsymbol{0}$ 有非零解的充分必要条件是(　).

(A) $\boldsymbol{A}$ 的行向量组线性相关　　(B) $\boldsymbol{A}$ 的行向量组线性无关

(C) $\boldsymbol{A}$ 的列向量组线性相关　　(D) $\boldsymbol{A}$ 的列向量组线性无关

(2) n 元非齐次线性方程组 $\boldsymbol{Ax}=\boldsymbol{b}$ 有唯一解的充分必要条件是(　).

(A) $\boldsymbol{A}$ 为方阵　　(B) 方程组 $\boldsymbol{Ax}=\boldsymbol{0}$ 只有零解

(C) $\boldsymbol{A}$ 的列向量组线性无关　　(D) $r(\boldsymbol{A})=r(\boldsymbol{A} \mid \boldsymbol{b})=n$

(3) 设向量组 $\boldsymbol{\alpha}_1,\boldsymbol{\alpha}_2,\boldsymbol{\alpha}_3$ 线性无关,则下列向量组中线性无关的是(　).

(A) $\boldsymbol{\alpha}_1+\boldsymbol{\alpha}_2,\boldsymbol{\alpha}_2+\boldsymbol{\alpha}_3,\boldsymbol{\alpha}_1-\boldsymbol{\alpha}_3$　　(B) $\boldsymbol{\alpha}_1,\boldsymbol{\alpha}_1+\boldsymbol{\alpha}_2,\boldsymbol{\alpha}_2+\boldsymbol{\alpha}_3$

(C) $\boldsymbol{\alpha}_1-\boldsymbol{\alpha}_2,\boldsymbol{\alpha}_2-\boldsymbol{\alpha}_3,\boldsymbol{\alpha}_1-\boldsymbol{\alpha}_3$　　(D) $\boldsymbol{\alpha}_1+\boldsymbol{\alpha}_2,\boldsymbol{\alpha}_2+3\boldsymbol{\alpha}_3,2\boldsymbol{\alpha}_1-6\boldsymbol{\alpha}_3$

(4) 设 $\boldsymbol{\beta}_1$、$\boldsymbol{\beta}_2$ 为非齐次线性方程组 $\boldsymbol{Ax}=\boldsymbol{b}$ 的两个特解,$\boldsymbol{\alpha}_1$、$\boldsymbol{\alpha}_2$ 为对应齐次线性方程组 $\boldsymbol{Ax}=\boldsymbol{0}$ 的基础解系,c_1、c_2 为任意常数,则 $\boldsymbol{Ax}=\boldsymbol{b}$ 的通解为(　).

(A) $c_1(\boldsymbol{\alpha}_1+\boldsymbol{\alpha}_2)+c_2(\boldsymbol{\beta}_1-\boldsymbol{\beta}_2)+\dfrac{1}{2}(\boldsymbol{\beta}_1+\boldsymbol{\beta}_2)$

(B) $c_1(\boldsymbol{\alpha}_1+\boldsymbol{\alpha}_2)+c_2\boldsymbol{\alpha}_2+\dfrac{1}{2}(\boldsymbol{\beta}_1+\boldsymbol{\beta}_2)$

(C) $c_1(\boldsymbol{\alpha}_1-\boldsymbol{\alpha}_2)+c_2\boldsymbol{\alpha}_2+\dfrac{1}{2}(\boldsymbol{\beta}_1-\boldsymbol{\beta}_2)$

(D) $c_1(\boldsymbol{\alpha}_1+\boldsymbol{\alpha}_2)+c_2(\boldsymbol{\alpha}_1-\boldsymbol{\alpha}_2)+\dfrac{1}{2}(\boldsymbol{\beta}_1-\boldsymbol{\beta}_2)$

(5) 若 $\boldsymbol{\alpha}_1=(1,-1,1,0)^{\mathrm{T}},\boldsymbol{\alpha}_2=(2,-3,0,1)^{\mathrm{T}}$ 是齐次线性方程组 $\boldsymbol{Ax}=\boldsymbol{0}$ 的基础解系,则该方程组的系数矩阵 $\boldsymbol{A}$ 为(　).

(A) $\begin{bmatrix}0 & 1 & 1 & 3\end{bmatrix}$　　(B) $\begin{bmatrix}0 & 1 & 1 & 3\\1 & 1 & 0 & 1\\0 & 1 & 2 & 1\end{bmatrix}$

(C) $\begin{bmatrix}1 & 1 & 0 & 1\\1 & 2 & 1 & 4\end{bmatrix}$　　(D) $\begin{bmatrix}1 & 1 & 0 & 1\\0 & 0 & 0 & 0\end{bmatrix}$

3. 求向量组 $\boldsymbol{\alpha}_1=(-1,2,2)^{\mathrm{T}},\boldsymbol{\alpha}_2=(2,-1,2)^{\mathrm{T}},\boldsymbol{\alpha}_3=(2,2,-1)^{\mathrm{T}},\boldsymbol{\alpha}_4=(1,7,-2)^{\mathrm{T}}$ 的秩及一个极大无关组,并用这个极大无关组线性表示该组中的其他向量.

4. 求下列齐次线性方程组的基础解系与通解

$$\begin{cases}x_1+x_3-x_4=0\\2x_1-x_2+4x_3-3x_4=0\\3x_1+x_2+x_3-2x_4=0\\x_1-2x_2+5x_3-3x_4=0\end{cases}$$

5. a、b 取何值时,方程组

$$\begin{bmatrix}1 & 1 & 1 & 1\\0 & 1 & 2 & 2\\1 & 0 & 3-a & -1\\3 & 2 & 1 & a-3\end{bmatrix}\begin{bmatrix}x_1\\x_2\\x_3\\x_4\end{bmatrix}=\begin{bmatrix}0\\1\\-b\\-1\end{bmatrix}$$

有唯一解、无解、有无穷多解?并在有无穷多解时,求出方程组的结构解.

6. 设 $\boldsymbol{\alpha}_1,\boldsymbol{\alpha}_2,\boldsymbol{\alpha}_3$ 是齐次线性方程组 $\boldsymbol{Ax}=\boldsymbol{0}$的基础解系. 证明：$\boldsymbol{\beta}_1=\boldsymbol{\alpha}_1+2\boldsymbol{\alpha}_2,\boldsymbol{\beta}_2=2\boldsymbol{\alpha}_2+3\boldsymbol{\alpha}_3,\boldsymbol{\beta}_3=3\boldsymbol{\alpha}_3+\boldsymbol{\alpha}_1$ 也可作为方程组 $\boldsymbol{Ax}=\boldsymbol{0}$的基础解系.

7. 设矩阵 $\boldsymbol{A}$ 按列分块为 $\boldsymbol{A}=[\boldsymbol{\alpha}_1\ \boldsymbol{\alpha}_2\ \boldsymbol{\alpha}_3\ \boldsymbol{\alpha}_4]$，其中，列向量组 $\boldsymbol{\alpha}_1,\boldsymbol{\alpha}_2,\boldsymbol{\alpha}_3,\boldsymbol{\alpha}_4$ 满足：$\boldsymbol{\alpha}_1,\boldsymbol{\alpha}_2,\boldsymbol{\alpha}_3$ 线性无关，$\boldsymbol{\alpha}_4=-2\boldsymbol{\alpha}_2+\boldsymbol{\alpha}_3$. 设向量 $\boldsymbol{\beta}=\boldsymbol{\alpha}_1+2\boldsymbol{\alpha}_2+3\boldsymbol{\alpha}_3+4\boldsymbol{\alpha}_4$，试求非齐次线性方程组 $\boldsymbol{Ax}=\boldsymbol{\beta}$ 的通解.

第5章　特征值与特征向量

特征值与特征向量是重要的数学概念，在科学与技术、经济与管理以及数学本身都有广泛的应用. 例如，工程技术中的振动问题和稳定性问题，在数值上大都归结为矩阵的特征值与特征向量的问题. 在数学上，诸如求解线性微分方程组和矩阵的对角化等问题，也都要用到矩阵的特征值与特征向量. 本章首先介绍矩阵的特征值与特征向量的概念、性质与计算；其次，讨论矩阵的相似对角化问题；然后，在介绍 $\mathbf{R}^n$ 的内积及正交矩阵的基础上，讨论实对称矩阵的正交相似对角化问题.

本章所涉及到的矩阵都是方阵，并且，如无特别说明，都可以是复方阵，所涉及到的数都可以是复数. 如果限于在实数域内讨论问题，则另加说明.

第1节　矩阵的特征值与特征向量

5.1.1　特征值与特征向量的定义及计算

线性变换在数学与实际问题中都有重要的应用. 我们知道任意一个从 $\mathbf{R}^n$ 到 $\mathbf{R}^n$ 的线性变换都可以表示为

$$\boldsymbol{y}=\boldsymbol{A}\boldsymbol{x} \quad 或 \quad \boldsymbol{A}\boldsymbol{x}=\boldsymbol{y},\ \forall\, \boldsymbol{x}\in\mathbf{R}^n$$

其中 $\boldsymbol{A}$ 为 n 阶方阵. 当我们研究这种线性变换时，发现有一些非零向量 $\boldsymbol{x}$，经过变换后变成向量 $\boldsymbol{x}$ 与某个数 λ 的乘积，即 $\boldsymbol{A}\boldsymbol{x}=\lambda\boldsymbol{x}$，而这样的数 λ 和相应的非零向量 $\boldsymbol{x}$ 又恰好反映该线性变换 $\boldsymbol{A}$ 的某种重要的特征性质. 因此在数学中，就有必要提出一个相当重要的问题：对于一个给定的 n 阶矩阵 $\boldsymbol{A}$，是否存在 n 维非零列向量 $\boldsymbol{x}$，使得 $\boldsymbol{A}\boldsymbol{x}$ 为 $\boldsymbol{x}$ 的一个倍数？即是否存在 n 维列向量 $\boldsymbol{x}$ 和常数 λ，使得 $\boldsymbol{A}\boldsymbol{x}=\lambda\boldsymbol{x}$？如果存在，怎样找出这样的 $\boldsymbol{x}$ 和 λ？这就引出一个重要的数学概念：特征值与特征向量.

定义 5.1（特征值与特征向量）　设 $\boldsymbol{A}=(a_{ij})_{n\times n}$ 是一个 n 阶矩阵，如果有一个复数 λ 及一个 n 维非零列向量 $\boldsymbol{x}=(x_1,\cdots,x_n)^{\mathrm{T}}\in\mathbf{C}^n$，使得

$$\boldsymbol{A}\boldsymbol{x} = \lambda\boldsymbol{x} \tag{5.1}$$

或

$$(\lambda\boldsymbol{I} - \boldsymbol{A})\boldsymbol{x} = \boldsymbol{0} \tag{5.2}$$

则称 λ 为矩阵 $\boldsymbol{A}$ 的一个**特征值**，称非零列向量 $\boldsymbol{x}$ 为 $\boldsymbol{A}$ 的对应于(或属于)特征值 λ 的**特征向量**.

下面来讨论特征值与特征向量的计算问题. 由于式(5.2)可看成一个系数矩阵是 n 阶矩阵 $\lambda\boldsymbol{I}-\boldsymbol{A}$ 的齐次线性方程组，特征向量 $\boldsymbol{x}$ 是它的非零解，故由 $n\times n$ 齐次线性方程组有非零解的充要条件，知

$$\det(\lambda\boldsymbol{I} - \boldsymbol{A}) = 0 \tag{5.3}$$

或

$$\begin{vmatrix} \lambda - a_{11} & -a_{12} & \cdots & -a_{1n} \\ -a_{21} & \lambda - a_{22} & \cdots & -a_{2n} \\ \vdots & \vdots & & \vdots \\ -a_{n1} & -a_{n2} & \cdots & \lambda - a_{nn} \end{vmatrix} = 0 \tag{5.4}$$

这表明，$\boldsymbol{A}$ 的特征值 λ 一定满足方程(5.3). 反过来，方程(5.3)的任一根 λ，必使齐次线性方程组(5.2)有非零解，这样的非零解 $\boldsymbol{x}$ 就是 $\boldsymbol{A}$ 的对应于特征值 λ 的特征向量. 因此，λ 为矩阵 $\boldsymbol{A}$ 的特征值，当且仅当 λ 为方程(5.3)的根. 我们引入下述定义.

定义 5.2 (特征方程、特征多项式)　称关于 λ 的一元 n 次代数方程(5.3)或(5.4)为矩阵 $\boldsymbol{A}$ 的**特征方程**；称一元 n 次多项式 $f(\lambda)=\det(\lambda\boldsymbol{I}-\boldsymbol{A})$ 为 $\boldsymbol{A}$ 的**特征多项式**.

前面的讨论表明，$\boldsymbol{A}$ 的特征值就是 $\boldsymbol{A}$ 的特征方程的根. 特征方程是关于 λ 的 n 次代数方程，由代数学基本定理，它在复数范围内有 n 个根(重根按重数计算)，所以 n 阶矩阵 $\boldsymbol{A}$ 有 n 个特征值. 如果 λ_i 为特征方程的单根，称 λ_i 为 $\boldsymbol{A}$ 的**单特征值**；如果 λ_i 为特征方程的 k 重根，则称 λ_i 为 $\boldsymbol{A}$ 的 **k 重特征值**，并称 k 为 λ_i 的**代数重数**，单特征值的代数重数为 1.

根据定义 5.1，$\boldsymbol{A}$ 的对应于特征值 λ_i 的特征向量是齐次线性方程组

$$(\lambda_i\boldsymbol{I} - \boldsymbol{A})\boldsymbol{x} = \boldsymbol{0} \tag{5.5}$$

的非零解. 因此，为求出对应于 λ_i 的全部特征向量，只要通过求方程组(5.5)的基础解系来求出通解，再从通解中删去零向量，就是对应于 λ_i 的全部特征向量. 通常称齐次线性方程组(5.2)的基础解系所含向量个数为特征值 λ_i 的**几何重数**，它就是对应于特征值 λ_i 的线性无关特征向量的最大个数.

综上可知，求 n 阶矩阵 $\boldsymbol{A}$ 的特征值与特征向量的一般步骤是：

第 1 步　求出特征方程 $\det(\lambda\boldsymbol{I}-\boldsymbol{A})=0$ 的全部根 $\lambda_1,\lambda_2,\cdots,\lambda_n$，则 $\lambda_1,\lambda_2,\cdots,\lambda_n$ 就是 $\boldsymbol{A}$ 的全部特征值.

第 2 步　对于 $\boldsymbol{A}$ 的特征值 λ_i，求出齐次线性方程组(5.5)的基础解系

$$\boldsymbol{\xi}_{i1},\boldsymbol{\xi}_{i2},\cdots,\boldsymbol{\xi}_{ik_i}$$

则 $\boldsymbol{A}$ 的属于特征值 λ_i 的全部特征向量为

$$\boldsymbol{x}=c_1\boldsymbol{\xi}_{i1}+c_2\boldsymbol{\xi}_{i2}+\cdots+c_{k_i}\boldsymbol{\xi}_{ik_i}$$

其中，$c_1,c_2,\cdots,c_{k_i}$ 是不全为零的任意常数.

对应于特征值 λ_i 的特征向量是齐次线性方程组(5.5)的非零解(应特别注意特征向量是非零列向量)，由齐次线性方程组解的性质可知，如果 $\boldsymbol{x}_1$、$\boldsymbol{x}_2$ 都是属于 λ_i 的特征向量，则当 $\boldsymbol{x}_1+\boldsymbol{x}_2\neq\boldsymbol{0}$ 时，$\boldsymbol{x}_1+\boldsymbol{x}_2$ 也是属于 λ_i 的特征向量；当 $k\boldsymbol{x}_1\neq\boldsymbol{0}$ 时(k 为常数)，$k\boldsymbol{x}_1$ 也是属于 λ_i 的特征向量. 一般地，如果 $\boldsymbol{x}_1,\boldsymbol{x}_2,\cdots,\boldsymbol{x}_m$ 都是属于特征值 λ_i 的特征向量，$c_1,c_2,\cdots,c_m$ 为任意常数，则当 $c_1\boldsymbol{x}_1+c_2\boldsymbol{x}_2+\cdots+c_m\boldsymbol{x}_m\neq\boldsymbol{0}$ 时，$c_1\boldsymbol{x}_1+c_2\boldsymbol{x}_2+\cdots+c_m\boldsymbol{x}_m$ 也仍是属于 λ_i 的特征向量. 可见，属于同一特征值 λ_i 的特征向量不是唯一的.

如果矩阵 $\boldsymbol{A}$ 有一个特征值为零，即存在列向量 $\boldsymbol{x}\neq\boldsymbol{0}$，使得 $\boldsymbol{A}\boldsymbol{x}=0\boldsymbol{x}=\boldsymbol{0}$，于是由齐次线性方程组有非零解的充要条件立即可得：矩阵 $\boldsymbol{A}$ 不可逆 $\Leftrightarrow\boldsymbol{A}$ 至少有一个特征值为零；等价地有：矩阵 $\boldsymbol{A}$ 可逆 $\Leftrightarrow\boldsymbol{A}$ 的特征值都不为零.

例 5.1 求矩阵 $\boldsymbol{A}=\begin{bmatrix}1&-1\\2&4\end{bmatrix}$ 的特征值与特征向量.

解 由 $\boldsymbol{A}$ 的特征方程

$$|\lambda\boldsymbol{I}-\boldsymbol{A}|=\begin{vmatrix}\lambda-1&1\\-2&\lambda-4\end{vmatrix}=(\lambda-2)(\lambda-3)=0$$

得 $\boldsymbol{A}$ 的全部特征值为 $\lambda_1=2,\lambda_2=3$.

对于特征值 $\lambda_1=2$，求齐次线性方程组 $(2\boldsymbol{I}-\boldsymbol{A})\boldsymbol{x}=\boldsymbol{0}$ 的基础解系，由

$$2\boldsymbol{I}-\boldsymbol{A}=\begin{bmatrix}1&1\\-2&-2\end{bmatrix}\to\begin{bmatrix}1&1\\0&0\end{bmatrix}$$

得通解：$x_1=-x_2$(x_2 任意)，令 $x_2=-1$，得其基础解系为 $\boldsymbol{\xi}_1=(1,-1)^{\mathrm{T}}$，$\boldsymbol{\xi}_1$ 就是对应于 $\lambda_1=2$ 的线性无关特征向量，故属于 $\lambda_1=2$ 的全部特征向量为 $\boldsymbol{x}=k_1\boldsymbol{\xi}_1$ (k_1 为任意非零常数).

同理，由解齐次线性方程组 $(3\boldsymbol{I}-\boldsymbol{A})\boldsymbol{x}=\boldsymbol{0}$，得属于 $\lambda_2=3$ 的线性无关特征向量可取为 $\boldsymbol{\xi}_2=(1,-2)^{\mathrm{T}}$，故对应于 $\lambda_2=3$ 的全部特征向量为 $\boldsymbol{x}=k_2\boldsymbol{\xi}_2$ (k_2 为任意非零常数). ▌

例 5.2 求矩阵

$$\boldsymbol{A}=\begin{bmatrix}1&2&1\\-1&0&1\\1&1&0\end{bmatrix}$$

的特征值与特征向量.

解　由 $\boldsymbol{A}$ 的特征方程

$$|\lambda\boldsymbol{I}-\boldsymbol{A}|=\begin{vmatrix}\lambda-1 & -2 & -1\\ 1 & \lambda & -1\\ -1 & -1 & \lambda\end{vmatrix}\xlongequal{r_3+r_2}\begin{vmatrix}\lambda-1 & -2 & -1\\ 1 & \lambda & -1\\ 0 & \lambda-1 & \lambda-1\end{vmatrix}$$

$$=(\lambda-1)\begin{vmatrix}\lambda-1 & -2 & -1\\ 1 & \lambda & -1\\ 0 & 1 & 1\end{vmatrix}\xlongequal{c_2-c_3}(\lambda-1)\begin{vmatrix}\lambda-1 & -1 & -1\\ 1 & \lambda+1 & -1\\ 0 & 0 & 1\end{vmatrix}$$

$$=(\lambda-1)\lambda^2=0$$

得 $\boldsymbol{A}$ 的全部特征值为 $\lambda_1=\lambda_2=0,\lambda_3=1$.

对于特征值 $\lambda_1=\lambda_2=0$，求方程组 $(0\boldsymbol{I}-\boldsymbol{A})\boldsymbol{x}=\boldsymbol{0}$ 的基础解系，由

$$0\boldsymbol{I}-\boldsymbol{A}=-\boldsymbol{A}\rightarrow\boldsymbol{A}=\begin{bmatrix}1 & 2 & 1\\ -1 & 0 & 1\\ 1 & 1 & 0\end{bmatrix}\rightarrow\begin{bmatrix}1 & 0 & -1\\ 0 & 1 & 1\\ 0 & 0 & 0\end{bmatrix}$$

得通解：$x_1=x_3,x_2=-x_3$（x_3 任意），令 $x_3=1$，得其基础解系为 $\boldsymbol{\xi}_1=(1,-1,1)^{\mathrm{T}}$，故对应于 $\lambda_1=\lambda_2=0$ 的全部特征向量为 $\boldsymbol{x}=k_1\boldsymbol{\xi}_1$（$k_1$ 为任意非零常数）.

对于特征值 $\lambda_3=1$，求方程组 $(\boldsymbol{I}-\boldsymbol{A})\boldsymbol{x}=\boldsymbol{0}$ 的基础解系，由

$$\boldsymbol{I}-\boldsymbol{A}=\begin{bmatrix}0 & -2 & -1\\ 1 & 1 & -1\\ -1 & -1 & 1\end{bmatrix}\rightarrow\begin{bmatrix}1 & 0 & -\frac{3}{2}\\ 0 & 1 & \frac{1}{2}\\ 0 & 0 & 0\end{bmatrix}$$

得通解：$x_1=\frac{3}{2}x_3,x_2=-\frac{1}{2}x_3$（$x_3$ 任意），令 $x_3=2$，得其基础解系为 $\boldsymbol{\xi}_2=(3,-1,2)^{\mathrm{T}}$，故对应于 $\lambda_3=1$ 的全部特征向量为 $\boldsymbol{x}=k_2\boldsymbol{\xi}_2$（$k_2$ 为任意非零常数）. ▌

例 5.3　求矩阵

$$\boldsymbol{A}=\begin{bmatrix}3 & -6 & -3\\ 3 & -6 & -3\\ -4 & 8 & 4\end{bmatrix}$$

的特征值与特征向量.

解　由 $\boldsymbol{A}$ 的特征方程

$$|\lambda\boldsymbol{I}-\boldsymbol{A}|=\begin{vmatrix}\lambda-3 & 6 & 3\\ -3 & \lambda+6 & 3\\ 4 & -8 & \lambda-4\end{vmatrix}\xlongequal{c_1+c_3}\begin{vmatrix}\lambda & 6 & 3\\ 0 & \lambda+6 & 3\\ \lambda & -8 & \lambda-4\end{vmatrix}$$

$$=\lambda\begin{vmatrix}1 & 6 & 3\\ 0 & \lambda+6 & 3\\ 1 & -8 & \lambda-4\end{vmatrix}\xlongequal{r_3-r_1}\lambda\begin{vmatrix}1 & 6 & 3\\ 0 & \lambda+6 & 3\\ 0 & -14 & \lambda-7\end{vmatrix}$$

$$= \lambda(\lambda^2 - \lambda) = \lambda^2(\lambda - 1) = 0$$

得 $\boldsymbol{A}$ 的全部特征值为 $\lambda_1=\lambda_2=0,\lambda_3=1$.

对于 $\lambda_1=\lambda_2=0$，由

$$0\boldsymbol{I}-\boldsymbol{A}=-\boldsymbol{A}\rightarrow\boldsymbol{A}=\begin{bmatrix}3&-6&-3\\3&-6&-3\\-4&8&4\end{bmatrix}\rightarrow\begin{bmatrix}1&-2&-1\\0&0&0\\0&0&0\end{bmatrix}$$

得方程组$(0\boldsymbol{I}-\boldsymbol{A})\boldsymbol{x}=\boldsymbol{0}$的通解：$x_1=2x_2+x_3$（$x_2$、$x_3$ 任意），在此通解中分别令 $x_2=1$、$x_3=0$ 和 $x_2=0$、$x_3=1$，从而得对应于 $\lambda_1=\lambda_2=0$ 的线性无关特征向量可取为

$$\boldsymbol{\xi}_1=(2,1,0)^{\mathrm{T}},\quad \boldsymbol{\xi}_2=(1,0,1)^{\mathrm{T}}$$

故对应于 $\lambda_1=\lambda_2=0$ 的全部特征向量为 $\boldsymbol{x}=k_1\boldsymbol{\xi}_1+k_2\boldsymbol{\xi}_2$（$k_1,k_2$ 为不全为零的任意常数）.

对于特征值 $\lambda_3=1$，由

$$\boldsymbol{I}-\boldsymbol{A}=\begin{bmatrix}-2&6&3\\-3&7&3\\4&-8&-3\end{bmatrix}\xrightarrow{r_3+r_2}\begin{bmatrix}-2&6&3\\-3&7&3\\1&-1&0\end{bmatrix}\rightarrow\begin{bmatrix}1&-1&0\\-2&6&3\\-3&7&3\end{bmatrix}$$

$$\rightarrow\begin{bmatrix}1&-1&0\\0&4&3\\0&4&3\end{bmatrix}\rightarrow\begin{bmatrix}1&0&\frac{3}{4}\\0&1&\frac{3}{4}\\0&0&0\end{bmatrix}$$

得方程组$(\boldsymbol{I}-\boldsymbol{A})\boldsymbol{x}=\boldsymbol{0}$的通解：$x_1=-\frac{3}{4}x_3,x_2=-\frac{3}{4}x_3$（$x_3$ 任意），令 $x_3=-4$，从而得对应于 $\lambda_3=1$ 的线性无关特征向量可取为 $\boldsymbol{\xi}_3=(3,3,-4)^{\mathrm{T}}$，故对应于 $\lambda_3=1$的全部特征向量为 $\boldsymbol{x}=k_3\boldsymbol{\xi}_3$（$k_3$ 为任意非零常数）. ▌

例 5.4 设矩阵 $\boldsymbol{A}=\begin{bmatrix}2&1&1\\1&2&1\\1&1&2\end{bmatrix}$，向量 $\boldsymbol{x}=(1,k,1)^{\mathrm{T}}$ 是 $\boldsymbol{A}$ 的伴随矩阵 $\boldsymbol{A}^*$ 的一个特征向量. 求常数 k 的值及与 $\boldsymbol{x}$ 对应的特征值 λ.

解 由条件，有 $\boldsymbol{A}^*\boldsymbol{x}=\lambda\boldsymbol{x}$，用 $\boldsymbol{A}$ 左乘两端，并利用 $\boldsymbol{A}\boldsymbol{A}^*=\det(\boldsymbol{A})\boldsymbol{I}=4\boldsymbol{I}$，得

$$\lambda\boldsymbol{A}\boldsymbol{x}=4\boldsymbol{x}$$

即

$$\lambda\begin{bmatrix}2&1&1\\1&2&1\\1&1&2\end{bmatrix}\begin{bmatrix}1\\k\\1\end{bmatrix}=4\begin{bmatrix}1\\k\\1\end{bmatrix}$$

对比两端的对应分量，得

$$\begin{cases}\lambda(2+k+1)=4\\ \lambda(1+2k+1)=4k\end{cases}$$

解上面的方程组，得 $k=-2,\lambda=4$ 或 $k=1,\lambda=1$. ▌

5.1.2　特征值与特征向量的性质

如果已知 λ 为 $\boldsymbol{A}$ 的特征值，$\boldsymbol{x}$ 为 $\boldsymbol{A}$ 的对应于 λ 的特征向量，那么是否可由此导出与 $\boldsymbol{A}$ 相关的一些矩阵的特征值与对应的特征向量？下面介绍几个常用的基本性质.

性质 5.1　设 λ 是 n 阶矩阵 $\boldsymbol{A}$ 的特征值，$\boldsymbol{x}$ 是 $\boldsymbol{A}$ 的对应于 λ 的特征向量，则

(1) $r\lambda$ 为 $r\boldsymbol{A}$ 的特征值，其中 r 为任意常数；

(2) λ^k 为 $\boldsymbol{A}^k$ 的特征值，其中 k 为任意正整数；

(3) 当 $\boldsymbol{A}$ 可逆时，有 $\lambda\neq 0$，且 $\dfrac{1}{\lambda}$ 是 $\boldsymbol{A}^{-1}$ 的特征值，$\dfrac{|\boldsymbol{A}|}{\lambda}$ 是 $\boldsymbol{A}^*$ 的特征值.

而且 $\boldsymbol{x}$ 分别是 $r\boldsymbol{A},\boldsymbol{A}^k,\boldsymbol{A}^{-1}$ 及 $\boldsymbol{A}^*$ 对应于 $r\lambda,\lambda^k$ 及 $\dfrac{|\boldsymbol{A}|}{\lambda}$ 的特征向量.

证　只证(2)，将(1)、(3)留给读者自行证明.

利用数学归纳法：设 $\boldsymbol{x}$ 是 $\boldsymbol{A}$ 的对应于特征值 λ 的特征向量，则有 $\boldsymbol{Ax}=\lambda\boldsymbol{x}$，两端左乘 $\boldsymbol{A}$，得 $\boldsymbol{A}^2\boldsymbol{x}=\lambda\boldsymbol{Ax}$，将 $\boldsymbol{Ax}=\lambda\boldsymbol{x}$ 代入右端，得 $\boldsymbol{A}^2\boldsymbol{x}=\lambda^2\boldsymbol{x}$. 设 $\boldsymbol{x}$ 满足 $\boldsymbol{A}^{k-1}\boldsymbol{x}=\lambda^{k-1}\boldsymbol{x}$，两端左乘 $\boldsymbol{A}$，得 $\boldsymbol{A}^k\boldsymbol{x}=\lambda^{k-1}\boldsymbol{Ax}$，将 $\boldsymbol{Ax}=\lambda\boldsymbol{x}$ 代入右端，得 $\boldsymbol{A}^k\boldsymbol{x}=\lambda^k\boldsymbol{x}$，由数学归纳法即知 $\boldsymbol{A}^k\boldsymbol{x}=\lambda^k\boldsymbol{x}$ 对任意正整数 k 都成立，注意 $\boldsymbol{A}$ 的特征向量 $\boldsymbol{x}\neq\boldsymbol{0}$，于是由定义即知 λ^k 是 $\boldsymbol{A}^k$ 的一个特征值且 $\boldsymbol{x}$ 为对应的一个特征向量. ▌

设 2 阶矩阵

$$\boldsymbol{A}=\begin{bmatrix}a_{11} & a_{12}\\ a_{21} & a_{22}\end{bmatrix}$$

的全部特征值为 λ_1、λ_2，即 λ_1、λ_2 是 $\boldsymbol{A}$ 的特征方程

$$|\lambda\boldsymbol{I}-\boldsymbol{A}|=\begin{vmatrix}\lambda-a_{11} & -a_{12}\\ -a_{21} & \lambda-a_{22}\end{vmatrix}=\lambda^2-(a_{11}+a_{22})\lambda+|\boldsymbol{A}|=0$$

的全部根，于是由因式定理有

$$\lambda^2-(a_{11}+a_{22})\lambda+|\boldsymbol{A}|=(\lambda-\lambda_1)(\lambda-\lambda_2)=\lambda^2-(\lambda_1+\lambda_2)\lambda+\lambda_1\lambda_2$$

比较两端关于 λ 的同次幂系数，可得

$$\lambda_1+\lambda_2=a_{11}+a_{22},\quad \lambda_1\lambda_2=|\boldsymbol{A}|$$

这就是说，$\boldsymbol{A}$ 的全部特征值之和等于 $\boldsymbol{A}$ 的主对角线元素之和，$\boldsymbol{A}$ 的全部特征值之积等于 $\boldsymbol{A}$ 的行列式. 2 阶矩阵的这两个性质可以推广到 n 阶矩阵的情况. 一般地，有(证明从略)

性质 5.2 设 n 阶矩阵 $\boldsymbol{A}=(a_{ij})_{n\times n}$ 的全部特征值为 $\lambda_1,\lambda_2,\cdots,\lambda_n$，则有

(1) $\lambda_1+\lambda_2+\cdots+\lambda_n=a_{11}+a_{22}+\cdots+a_{nn}$；

(2) $\lambda_1\lambda_2\cdots\lambda_n=|\boldsymbol{A}|$.

例 5.5 设 3 阶矩阵 $\boldsymbol{A}$ 的全部特征值为 $\lambda_1=1,\lambda_2=-1,\lambda_3=2$，求矩阵 $\boldsymbol{B}=\boldsymbol{A}^2-\boldsymbol{A}^*+3\boldsymbol{I}$ 的行列式，其中 $\boldsymbol{A}^*$ 为 $\boldsymbol{A}$ 的伴随矩阵，$\boldsymbol{I}$ 为 3 阶单位矩阵.

解 如能求出矩阵 $\boldsymbol{B}$ 的全部特征值，则由性质 5.2 的(2)便可求出 $|\boldsymbol{B}|$. 首先，由 $\boldsymbol{A}$ 的全部特征值可得 $|\boldsymbol{A}|=\lambda_1\lambda_2\lambda_3=-2\neq 0$，故 $\boldsymbol{A}$ 可逆. 设 $\boldsymbol{A}$ 的对应于特征值λ_1、λ_2、λ_3 的特征向量分别为 $\boldsymbol{x}_1$、$\boldsymbol{x}_2$、$\boldsymbol{x}_3$，则由性质 5.1 可知

$$\boldsymbol{A}^2\boldsymbol{x}_1=\lambda_1^2\boldsymbol{x}_1, \text{及 } \boldsymbol{A}^*\boldsymbol{x}_1=\frac{|\boldsymbol{A}|}{\lambda_1}\boldsymbol{x}_1$$

于是有

$$\begin{aligned}\boldsymbol{B}\boldsymbol{x}_1&=(\boldsymbol{A}^2-\boldsymbol{A}^*+3\boldsymbol{I})\boldsymbol{x}_1=\boldsymbol{A}^2\boldsymbol{x}_1-\boldsymbol{A}^*\boldsymbol{x}_1+3\boldsymbol{x}_1\\&=\lambda_1^2\boldsymbol{x}_1-\frac{|\boldsymbol{A}|}{\lambda_1}\boldsymbol{x}_1+3\boldsymbol{x}_1=(\lambda_1^2-\frac{|\boldsymbol{A}|}{\lambda_1}+3)\boldsymbol{x}_1\\&=(1+2+3)\boldsymbol{x}_1=6\boldsymbol{x}_1\end{aligned}$$

类似可得

$$\boldsymbol{B}\boldsymbol{x}_2=(\lambda_2^2-\frac{|\boldsymbol{A}|}{\lambda_2}+3)\boldsymbol{x}_2=(1-2+3)\boldsymbol{x}_2=2\boldsymbol{x}_2$$

$$\boldsymbol{B}\boldsymbol{x}_3=(\lambda_3^2-\frac{|\boldsymbol{A}|}{\lambda_3}+3)\boldsymbol{x}_3=(4+1+3)\boldsymbol{x}_3=8\boldsymbol{x}_3$$

由于特征向量 $\boldsymbol{x}_1$、$\boldsymbol{x}_2$、$\boldsymbol{x}_3$ 均为非零向量，故由定义知 $\boldsymbol{B}$ 有特征值 6、2、8(且 $\boldsymbol{x}_1$、$\boldsymbol{x}_2$、$\boldsymbol{x}_3$ 分别为对应的特征向量)，因 3 阶矩阵 $\boldsymbol{B}$ 最多有 3 个互不相同的特征值，故 6、2、8 就是 $\boldsymbol{B}$ 的全部特征值，于是由性质 5.2 的(2)，便得

$$|\boldsymbol{B}|=6\times 2\times 8=96 \quad ▌$$

下述性质在下一节关于矩阵对角化问题的讨论中要用到.

性质 5.3 设 $\lambda_1,\lambda_2,\cdots,\lambda_m$ 是矩阵 $\boldsymbol{A}$ 的互不相同的特征值，$\boldsymbol{x}_i$ 为 $\boldsymbol{A}$ 的对应于特征值 λ_i 的特征向量($i=1,2,\cdots,m$)，则 $\boldsymbol{x}_1,\boldsymbol{x}_2,\cdots,\boldsymbol{x}_m$ 线性无关，即对应于互不相同特征值的特征向量是线性无关的.

***证** 我们对特征值的个数 m 用数学归纳法来证明. 当 $m=1$ 时，由于 $\boldsymbol{x}_1\neq\boldsymbol{0}$，故 $\boldsymbol{x}_1$ 线性无关. 设当 $m=k$ 时结论成立，即向量组 $\boldsymbol{x}_1,\boldsymbol{x}_2,\cdots,\boldsymbol{x}_k$ 线性无关，我们来证 $m=k+1$ 时结论也成立. 设有一组数 $a_1,a_2,\cdots,a_k,a_{k+1}$，使得

$$a_1\boldsymbol{x}_1+a_2\boldsymbol{x}_2+\cdots+a_k\boldsymbol{x}_k+a_{k+1}\boldsymbol{x}_{k+1}=\boldsymbol{0} \tag{5.6}$$

用矩阵 $\boldsymbol{A}$ 左乘上式两端，并利用 $\boldsymbol{A}\boldsymbol{x}_i=\lambda_i\boldsymbol{x}_i$($i=1,2,\cdots,k+1$)，得

$$a_1\lambda_1\boldsymbol{x}_1+a_2\lambda_2\boldsymbol{x}_2+\cdots+a_k\lambda_k\boldsymbol{x}_k+a_{k+1}\lambda_{k+1}\boldsymbol{x}_{k+1}=\boldsymbol{0} \tag{5.7}$$

用 λ_{k+1} 乘(5.6)式两端后再与(5.7)式相减，得

$$a_1(\lambda_{k+1}-\lambda_1)\boldsymbol{x}_1+a_2(\lambda_{k+1}-\lambda_2)\boldsymbol{x}_2+\cdots+a_k(\lambda_{k+1}-\lambda_k)\boldsymbol{x}_k=\boldsymbol{0} \tag{5.8}$$

因 $\boldsymbol{x}_1,\boldsymbol{x}_2,\cdots,\boldsymbol{x}_k$ 线性无关,故由(5.8)式得

$$a_1(\lambda_{k+1}-\lambda_1)=0,\quad a_2(\lambda_{k+1}-\lambda_2)=0,\ \cdots,\ a_k(\lambda_{k+1}-\lambda_k)=0$$

注意 $\lambda_{k+1}\neq\lambda_i(i=1,\cdots,k)$,得 $a_1=a_2=\cdots=a_k=0$,代入(5.6)式,得 $a_{k+1}\boldsymbol{x}_{k+1}=\boldsymbol{0}$,因 $\boldsymbol{x}_{k+1}\neq\boldsymbol{0}$,得 $a_{k+1}=0$. 于是,使得(5.6)式成立的 $a_1,a_2,\cdots,a_{k+1}$ 全都为零,所以,向量组 $\boldsymbol{x}_1,\boldsymbol{x}_2,\cdots,\boldsymbol{x}_{k+1}$ 线性无关. 因此,由数学归纳法知,对任意正整数 m,结论都成立. ▍

例 5.6　设 λ_1、λ_2 是矩阵 $\boldsymbol{A}$ 的两个不同的特征值,$\boldsymbol{x}_i$ 为对应于 λ_i 的特征向量($i=1,2$). 证明:$\boldsymbol{x}_1+\boldsymbol{x}_2$ 不是 $\boldsymbol{A}$ 的特征向量.

证　用反证法. 如果 $\boldsymbol{x}_1+\boldsymbol{x}_2$ 是 $\boldsymbol{A}$ 的属于特征值 λ_0 的特征向量,则有

$$\boldsymbol{A}(\boldsymbol{x}_1+\boldsymbol{x}_2)=\lambda_0(\boldsymbol{x}_1+\boldsymbol{x}_2)$$

即

$$\boldsymbol{A}\boldsymbol{x}_1+\boldsymbol{A}\boldsymbol{x}_2=\lambda_0\boldsymbol{x}_1+\lambda_0\boldsymbol{x}_2$$

把 $\boldsymbol{A}\boldsymbol{x}_i=\lambda_i\boldsymbol{x}_i(i=1,2)$ 代入上式,得

$$(\lambda_1-\lambda_0)\boldsymbol{x}_1+(\lambda_2-\lambda_0)\boldsymbol{x}_2=\boldsymbol{0} \tag{5.9}$$

由于 $\boldsymbol{x}_1$、$\boldsymbol{x}_2$ 是对应于相异特征值的特征向量,故由性质 5.3 知 $\boldsymbol{x}_1$、$\boldsymbol{x}_2$ 线性无关. 于是由(5.9)式得

$$\lambda_1-\lambda_0=0,\quad \lambda_2-\lambda_0=0$$

从而有 $\lambda_1=\lambda_2$,这与已知的 $\lambda_1\neq\lambda_2$ 矛盾. 故 $\boldsymbol{x}_1+\boldsymbol{x}_2$ 不是 $\boldsymbol{A}$ 的特征向量. ▍

可将性质 5.3 推广为

性质 5.3′　设 $\lambda_1,\lambda_2,\cdots,\lambda_m$ 是矩阵 $\boldsymbol{A}$ 的互不相同的特征值,$\boldsymbol{\alpha}_{i1},\boldsymbol{\alpha}_{i2},\cdots,\boldsymbol{\alpha}_{ik_i}$ 为对应于 λ_i 的一组线性无关特征向量($i=1,2,\cdots,m$),则向量组

$$\boldsymbol{\alpha}_{11},\boldsymbol{\alpha}_{12},\cdots,\boldsymbol{\alpha}_{1k_1};\ \boldsymbol{\alpha}_{21},\boldsymbol{\alpha}_{22},\cdots,\boldsymbol{\alpha}_{2k_2};\cdots;\boldsymbol{\alpha}_{m1},\boldsymbol{\alpha}_{m2},\cdots,\boldsymbol{\alpha}_{mk_m} \tag{5.10}$$

线性无关.

性质 5.3′的证明从略.

从例 5.1～例 5.3 容易看出,对应于单特征值的线性无关特征向量有且仅有 1 个,对应于 $k(k>1)$ 重特征值的线性无关特征向量最多有 k 个. 可以证明(证明从略)这个结论对于任意方阵都成立.

第 2 节　相似矩阵与矩阵的相似对角化

矩阵相似是同阶方阵之间的一种重要关系. 本节首先介绍相似矩阵的概念与性质,然后利用特征值与特征向量的知识,重点讨论在理论和应用上都非常重要的矩阵相似对角化问题.

5.2.1 相似矩阵

定义 5.3 (相似矩阵) 设 $\boldsymbol{A}$、$\boldsymbol{B}$ 都是 n 阶矩阵，如果存在一个 n 阶可逆矩阵 $\boldsymbol{P}$，使得

$$\boldsymbol{P}^{-1}\boldsymbol{A}\boldsymbol{P}=\boldsymbol{B} \tag{5.11}$$

则称 $\boldsymbol{A}$ **相似于** $\boldsymbol{B}$ 或 $\boldsymbol{A}$ **与** $\boldsymbol{B}$ **相似**，记作 $\boldsymbol{A}\sim\boldsymbol{B}$. 并称由 $\boldsymbol{A}$ 到 $\boldsymbol{B}=\boldsymbol{P}^{-1}\boldsymbol{A}\boldsymbol{P}$ 的变换为一个**相似变换**. 如果 $\boldsymbol{A}$ 与一个对角矩阵相似，则称 $\boldsymbol{A}$ **可相似对角化**，简称为 $\boldsymbol{A}$ **可对角化**.

根据定义，矩阵相似是矩阵之间的一种关系，这种关系显然具有下列简单性质：

(1) 自反性：$\boldsymbol{A}\sim\boldsymbol{A}$；

(2) 对称性：若 $\boldsymbol{A}\sim\boldsymbol{B}$，则 $\boldsymbol{B}\sim\boldsymbol{A}$；

(3) 传递性：若 $\boldsymbol{A}\sim\boldsymbol{B}$，$\boldsymbol{B}\sim\boldsymbol{C}$，则 $\boldsymbol{A}\sim\boldsymbol{C}$.

彼此相似的矩阵有下列的共同性质.

定理 5.1 设 n 阶矩阵 $\boldsymbol{A}$ 与 $\boldsymbol{B}$ 相似，则

(1) $\det(\boldsymbol{A})=\det(\boldsymbol{B})$；

(2) $r(\boldsymbol{A})=r(\boldsymbol{B})$. 特别当 $\boldsymbol{A}$ 与 $\boldsymbol{B}$ 都可逆时，$\boldsymbol{A}^{-1}$ 与 $\boldsymbol{B}^{-1}$ 也相似；

(3) $\boldsymbol{A}$ 与 $\boldsymbol{B}$ 有相同的特征多项式(从而有相同的特征值).

证 (1) $\boldsymbol{A}$ 与 $\boldsymbol{B}$ 相似，即有可逆矩阵 $\boldsymbol{P}$，使 $\boldsymbol{P}^{-1}\boldsymbol{A}\boldsymbol{P}=\boldsymbol{B}$，两边取行列式即得证.

(2) 由于用满秩矩阵左(右)乘矩阵 $\boldsymbol{A}$，所得矩阵的秩不变，所以有 $r(\boldsymbol{A})=r(\boldsymbol{B})$. 当 $\boldsymbol{A}$ 与 $\boldsymbol{B}$ 都可逆时，对 $\boldsymbol{P}^{-1}\boldsymbol{A}\boldsymbol{P}=\boldsymbol{B}$ 两边取逆矩阵，得 $\boldsymbol{P}^{-1}\boldsymbol{A}^{-1}(\boldsymbol{P}^{-1})^{-1}=\boldsymbol{B}^{-1}$，即 $\boldsymbol{P}^{-1}\boldsymbol{A}^{-1}\boldsymbol{P}=\boldsymbol{B}^{-1}$，故 $\boldsymbol{A}^{-1}$ 与 $\boldsymbol{B}^{-1}$ 相似.

(3) 将 $\boldsymbol{B}=\boldsymbol{P}^{-1}\boldsymbol{A}\boldsymbol{P}$ 代入 $\boldsymbol{B}$ 的特征多项式，并利用 $|\boldsymbol{P}^{-1}||\boldsymbol{P}|=1$，得

$$\begin{aligned}|\lambda\boldsymbol{I}-\boldsymbol{B}| &= |\lambda\boldsymbol{I}-\boldsymbol{P}^{-1}\boldsymbol{A}\boldsymbol{P}| = |\boldsymbol{P}^{-1}(\lambda\boldsymbol{I}-\boldsymbol{A})\boldsymbol{P}| \\ &= |\boldsymbol{P}^{-1}||\lambda\boldsymbol{I}-\boldsymbol{A}||\boldsymbol{P}| = |\boldsymbol{P}^{-1}||\boldsymbol{P}||\lambda\boldsymbol{I}-\boldsymbol{A}| \\ &= |\lambda\boldsymbol{I}-\boldsymbol{A}|\end{aligned} \tag{5.12}$$

即 $\boldsymbol{B}$ 的特征多项式与 $\boldsymbol{A}$ 的特征多项式相同. ▍

定理 5.1 表明，相似矩阵具有相同的行列式、相同的秩和相同的特征多项式. 但必须注意，这些命题的逆命题不真. 例如，容易验证下列两个矩阵

$$\begin{bmatrix}1 & 1\\0 & 1\end{bmatrix} \quad 与 \quad \begin{bmatrix}1 & 0\\0 & 1\end{bmatrix}$$

有相同的行列式、相同的秩和相同的特征值多项式，但它们不相似，因为与单位矩阵相似的矩阵只能是单位矩阵($\boldsymbol{P}^{-1}\boldsymbol{I}\boldsymbol{P}=\boldsymbol{I}$).

5.2.2　矩阵可对角化的条件

由定理 5.1 知相似矩阵有许多共同的性质，因此，如能找到最简单形式的相似矩阵，就可通过研究这种简单矩阵的性质，得到其他矩阵的性质，从而简化矩阵的计算. 显然，对角矩阵是最简单的一种矩阵，而且矩阵对角化有许多重要应用. 因此，研究矩阵相似于对角矩阵的问题，就是本节的一个核心问题.

容易看出对角矩阵的全部特征值是其主对角线上的全部元素，因此，若矩阵 $\boldsymbol{A}$ 相似于对角矩阵 $\boldsymbol{D}=\mathrm{diag}(\lambda_1,\lambda_2,\cdots,\lambda_n)$，则由定理 5.1(3) 知 $\boldsymbol{A}$ 的全部特征值就是 $\lambda_1,\lambda_2,\cdots,\lambda_n$.

然而，并非任何矩阵都可对角化. 例如矩阵 $\boldsymbol{A}=\begin{bmatrix}1 & 1\\0 & 1\end{bmatrix}$ 就不能对角化，因为 $\boldsymbol{A}$ 的全部特征值为 $\lambda_1=\lambda_2=1$，因而若 $\boldsymbol{A}$ 可对角化，则 $\boldsymbol{A}$ 的相似对角矩阵只能是单位矩阵 $\boldsymbol{I}$，而前面已说明这是不可能的，故 $\boldsymbol{A}$ 不能对角化. 因此，研究矩阵对角化有两个基本问题：

(1) 矩阵对角化的条件；

(2) 若矩阵 $\boldsymbol{A}$ 可对角化，如何求可逆矩阵 $\boldsymbol{P}$，使 $\boldsymbol{P}^{-1}\boldsymbol{A}\boldsymbol{P}$ 成对角矩阵.

定理 5.2（矩阵可对角化的充要条件）　n 阶矩阵 $\boldsymbol{A}$ 可对角化的充要条件是 $\boldsymbol{A}$ 有 n 个线性无关的特征向量.

证　（必要性）设有可逆矩阵 $\boldsymbol{P}$，使

$$\boldsymbol{P}^{-1}\boldsymbol{A}\boldsymbol{P}=\begin{bmatrix}\lambda_1 & & & \\ & \lambda_2 & & \\ & & \ddots & \\ & & & \lambda_n\end{bmatrix}\xlongequal{\text{记为}}\boldsymbol{D} \tag{5.13}$$

设 $\boldsymbol{P}$ 按列分块为　$\boldsymbol{P}=[\boldsymbol{x}_1\ \boldsymbol{x}_2\cdots\ \boldsymbol{x}_n]$

则 $\boldsymbol{x}_1,\boldsymbol{x}_2,\cdots,\boldsymbol{x}_n$ 线性无关，且由(5.13)式得 $\boldsymbol{A}\boldsymbol{P}=\boldsymbol{P}\boldsymbol{D}$，即

$$\boldsymbol{A}[\boldsymbol{x}_1\ \boldsymbol{x}_2\ \cdots\ \boldsymbol{x}_n]=[\boldsymbol{x}_1\ \boldsymbol{x}_2\ \cdots\ \boldsymbol{x}_n]\begin{bmatrix}\lambda_1 & & & \\ & \lambda_2 & & \\ & & \ddots & \\ & & & \lambda_n\end{bmatrix}$$

亦即
$$[\boldsymbol{A}\boldsymbol{x}_1\ \boldsymbol{A}\boldsymbol{x}_2\ \cdots\ \boldsymbol{A}\boldsymbol{x}_n]=[\lambda_1\boldsymbol{x}_1\ \lambda_2\boldsymbol{x}_2\ \cdots\ \lambda_n\boldsymbol{x}_n]$$

或
$$\boldsymbol{A}\boldsymbol{x}_i=\lambda_i\boldsymbol{x}_i,\quad i=1,2,\cdots,n$$

因 $\boldsymbol{x}_i\neq\boldsymbol{0}$，故 λ_i 为 $\boldsymbol{A}$ 的特征值，$\boldsymbol{x}_i$ 为对应于 λ_i 的特征向量($i=1,2,\cdots,n$). 所以 $\boldsymbol{A}$ 有 n 个线性无关的特征向量 $\boldsymbol{x}_1,\boldsymbol{x}_2,\cdots,\boldsymbol{x}_n$.

将以上证明倒推上去，就是充分性的证明. ▌

从定理 5.2 的证明中可见，当矩阵 $\boldsymbol{A}$ 与对角矩阵 $\boldsymbol{D}$ 相似时，使得$\boldsymbol{P}^{-1}\boldsymbol{AP}=\boldsymbol{D}$ 的可逆矩阵 $\boldsymbol{P}$ 的第 j 列 $\boldsymbol{x}_j$ 就是 $\boldsymbol{A}$ 的对应于特征值λ_j 的特征向量($j=1,2,\cdots,n$). 因此，当 $\boldsymbol{A}$ 可对角化时，欲求使得式(5.13)成立的对角矩阵 $\boldsymbol{D}$ 及可逆矩阵 $\boldsymbol{P}$，也就是求 $\boldsymbol{A}$ 的全部特征值及 $\boldsymbol{A}$ 的 n 个线性无关的特征向量.

联系性质 5.3 与定理 5.2，立即可得

推论 5.1（矩阵可对角化的充分条件） 若 n 阶矩阵 $\boldsymbol{A}$ 的 n 个特征值互不相同(即 $\boldsymbol{A}$ 的特征值都是单特征值)，则 $\boldsymbol{A}$ 必与对角矩阵相似.

但必须注意推论 5.1 的逆命题不成立. 例如，n 阶单位矩阵 $\boldsymbol{I}$ 相似于对角矩阵 $\boldsymbol{I}$，但 $\boldsymbol{I}$ 的互不相同的特征值只有一个 1. 所以说推论 5.1 只是矩阵相似于对角矩阵的充分条件而不是必要条件.

由推论 5.1 知，若矩阵 $\boldsymbol{A}$ 只有单特征值(而没有重特征值)，则 $\boldsymbol{A}$ 必可对角化. 下面的推论则给出了当矩阵有重特征值时可否对角化的具体判别方法.

推论 5.2（矩阵可对角化的充要条件） n 阶矩阵 $\boldsymbol{A}$ 可对角化的充要条件是 $\boldsymbol{A}$ 的每个特征值的几何重数都等于它的代数重数.

* **证** 设 $\boldsymbol{A}_{n\times n}$的互不相同的全部特征值为$\lambda_1,\lambda_2,\cdots,\lambda_m$，其代数重数分别为 $n_1,n_2,\cdots,n_m$，其中 $n_1+n_2+\cdots+n_m=n$；其几何重数分别为 $k_1,k_2,\cdots,k_m$. 我们来证明：$\boldsymbol{A}$ 可对角化的充要条件是 $k_i=n_i(i=1,2,\cdots,m)$.

设对应于特征值 $\lambda_1,\lambda_2,\cdots,\lambda_m$ 的线性无关特征向量分别为

$$\boldsymbol{x}_{11},\boldsymbol{x}_{12},\cdots,\boldsymbol{x}_{1k_1};\boldsymbol{x}_{21},\boldsymbol{x}_{22},\cdots,\boldsymbol{x}_{2k_2};\cdots;\boldsymbol{x}_{m1},\boldsymbol{x}_{m2},\cdots,\boldsymbol{x}_{mk_m} \tag{5.14}$$

即由性质 5.3′知，式(5.14)中的 $k_1+k_2+\cdots+k_m$ 个特征向量是线性无关的，它们又显然可以线性表示 $\boldsymbol{A}$ 的每个特征向量，因此，式(5.14)中的向量组就是 $\boldsymbol{A}$ 的全体特征向量的一个极大无关组. 这就是说，$\boldsymbol{A}$ 的线性无关的特征向量有且只有 $k_1+k_2+\cdots+k_m$ 个. 于是由定理 5.2 知

$$\begin{aligned}\boldsymbol{A}\text{ 可对角化}&\Leftrightarrow k_1+k_2+\cdots+k_m=n\\&\Leftrightarrow k_1+k_2+\cdots+k_m=n_1+n_2+\cdots+n_m\end{aligned} \tag{5.15}$$

由于特征值的几何重数总是小于等于代数重数，即 $k_i\leqslant n_i(i=1,2,\cdots,m)$，所以式(5.15)成立，即 $\boldsymbol{A}$ 可对角化的充要条件是 $k_i=n_i(i=1,2,\cdots,m)$. ▌

附注 由于单特征值的几何重数必等于其代数重数，因此也可把推论 5.2 说成：$\boldsymbol{A}$ 可对角化$\Leftrightarrow\boldsymbol{A}$ 的每个重特征值的几何重数都等于它的代数重数.

根据以上讨论，可得到判别 n 阶矩阵 $\boldsymbol{A}$ 可否对角化，以及在可对角化时求对角矩阵 $\boldsymbol{D}$ 和可逆矩阵 $\boldsymbol{P}$ 使得 $\boldsymbol{P}^{-1}\boldsymbol{AP}=\boldsymbol{D}$ 的一般步骤：

首先，求出 $\boldsymbol{A}$ 的全部特征值$\lambda_1,\lambda_2,\cdots,\lambda_n$. 如果 $\boldsymbol{A}$ 的特征值都是单特征值，或者虽然有重特征值，但每个特征值的几何重数都等于它的代数重数，则 $\boldsymbol{A}$ 可对角化，否则不能对角化.

其次，在 $\boldsymbol{A}$ 可对角化时，求出对应于每个特征值的线性无关特征向量，从而得到 $\boldsymbol{A}$ 的 n 个线性无关特征向量 $\boldsymbol{\xi}_1,\boldsymbol{\xi}_2,\cdots,\boldsymbol{\xi}_n$，其中 $\boldsymbol{\xi}_i$ 是对应于特征值 λ_i 的特征向量 $(i=1,2,\cdots,n)$. 然后，以 $\boldsymbol{\xi}_1,\boldsymbol{\xi}_2,\cdots,\boldsymbol{\xi}_n$ 为列向量构成矩阵

$$\boldsymbol{P}=[\boldsymbol{\xi}_1\ \boldsymbol{\xi}_2\ \cdots\ \boldsymbol{\xi}_n]$$

则 $\boldsymbol{P}$ 可逆，且有

$$\boldsymbol{P}^{-1}\boldsymbol{AP}=\mathrm{diag}(\lambda_1,\lambda_2,\cdots,\lambda_n)$$

例 5.7　下列矩阵能否对角化？若能对角化，求可逆矩阵 $\boldsymbol{P}$，使 $\boldsymbol{P}^{-1}\boldsymbol{AP}$ 成对角矩阵：

(1) $\boldsymbol{A}_1=\begin{bmatrix}1 & -1\\ 2 & 4\end{bmatrix}$　(2) $\boldsymbol{A}_2=\begin{bmatrix}1 & 2 & 1\\ -1 & 0 & 1\\ 1 & 1 & 0\end{bmatrix}$　(3) $\boldsymbol{A}_3=\begin{bmatrix}3 & -6 & -3\\ 3 & -6 & -3\\ -4 & 8 & 4\end{bmatrix}$

解　(1) $\boldsymbol{A}_1$ 就是例 5.1 中的矩阵 $\boldsymbol{A}$，在例 5.1 中已求出 $\boldsymbol{A}_1$ 的特征值为 2、3，对应的特征向量分别为 $\boldsymbol{\xi}_1=(1,-1)^{\mathrm{T}}$，$\boldsymbol{\xi}_2=(1,-2)^{\mathrm{T}}$，因 $\boldsymbol{A}_1$ 只有单特征值而无重特征值，故由推论 5.1 知 $\boldsymbol{A}_1$ 可对角化. 令矩阵

$$\boldsymbol{P}=[\boldsymbol{\xi}_1\ \boldsymbol{\xi}_2]=\begin{bmatrix}1 & 1\\ -1 & -2\end{bmatrix}$$

则 $\boldsymbol{P}$ 可逆，且使 $\boldsymbol{P}^{-1}\boldsymbol{A}_1\boldsymbol{P}=\begin{bmatrix}2 & \\ & 3\end{bmatrix}$.

(2) $\boldsymbol{A}_2$ 就是例 5.2 中的矩阵 $\boldsymbol{A}$，在例 5.2 中已求出 $\boldsymbol{A}_2$ 的特征值为 0、0、1，且对应于 2 重特征值 0 的线性无关特征向量只有 1 个，故由推论 5.2 知 $\boldsymbol{A}_2$ 不能对角化.

(3) $\boldsymbol{A}_3$ 就是例 5.3 中的矩阵 $\boldsymbol{A}$，在例 5.3 中已求出 $\boldsymbol{A}_3$ 的特征值为 0、0、1，对应于 2 重特征值 0 的线性无关特征向量有 2 个：$\boldsymbol{\xi}_1=(2,1,0)^{\mathrm{T}}$，$\boldsymbol{\xi}_2=(1,0,1)^{\mathrm{T}}$；对应于单特征值 1 的特征向量为 $\boldsymbol{\xi}_3=(3,3,-4)^{\mathrm{T}}$. 由于 $\boldsymbol{A}_3$ 的每个特征值的几何重数都等于其代数重数，故由推论 5.2 知 $\boldsymbol{A}_3$ 可对角化. 令矩阵

$$\boldsymbol{P}=[\boldsymbol{\xi}_1\ \boldsymbol{\xi}_2\ \boldsymbol{\xi}_3]=\begin{bmatrix}2 & 1 & 3\\ 1 & 0 & 3\\ 0 & 1 & -4\end{bmatrix}$$

则 $\boldsymbol{P}$ 可逆，且使

$$\boldsymbol{P}^{-1}\boldsymbol{A}_3\boldsymbol{P}=\begin{bmatrix}0 & & \\ & 0 & \\ & & 1\end{bmatrix}\quad\blacksquare$$

例 5.8　常数 a 取何值时，矩阵 $\boldsymbol{A}=\begin{bmatrix}1 & a & -2\\ 0 & 1 & 0\\ 0 & 0 & 2\end{bmatrix}$ 相似于对角矩阵？当 $\boldsymbol{A}$ 可

对角化时,求可逆矩阵 $\boldsymbol{P}$ 及对角矩阵 $\boldsymbol{D}$,使 $\boldsymbol{P}^{-1}\boldsymbol{AP}=\boldsymbol{D}$.

解 由 $\boldsymbol{A}$ 的特征方程

$$|\lambda\boldsymbol{I}-\boldsymbol{A}|=\begin{vmatrix}\lambda-1 & -a & 2\\ 0 & \lambda-1 & 0\\ 0 & 0 & \lambda-2\end{vmatrix}=(\lambda-1)^2(\lambda-2)=0$$

得 $\boldsymbol{A}$ 的全部特征值为 $\lambda_1=\lambda_2=1,\lambda_3=2$.

因为 $\boldsymbol{A}$ 只有一个重特征值:1,这是一个 2 重特征值,故由推论 5.2 知,$\boldsymbol{A}$ 可对角化等价于方程组 $(\boldsymbol{I}-\boldsymbol{A})\boldsymbol{x}=\boldsymbol{0}$ 的基础解系含有 2 个向量,因而 $r(\boldsymbol{I}-\boldsymbol{A})=3-2=1$,而由

$$\boldsymbol{I}-\boldsymbol{A}=\begin{bmatrix}0 & -a & 2\\ 0 & 0 & 0\\ 0 & 0 & -1\end{bmatrix}\rightarrow\begin{bmatrix}0 & a & 0\\ 0 & 0 & 1\\ 0 & 0 & 0\end{bmatrix}$$

知,当 $a=0$ 时,$r(\boldsymbol{I}-\boldsymbol{A})=1$,即 $\boldsymbol{A}$ 可对角化.

当 $a=0$ 时,我们来求 $\boldsymbol{A}$ 的 3 个线性无关特征向量. 对于 $\lambda_1=\lambda_2=1$,求方程组 $(\boldsymbol{I}-\boldsymbol{A})\boldsymbol{x}=\boldsymbol{0}$ 的基础解系,由

$$\boldsymbol{I}-\boldsymbol{A}=\begin{bmatrix}0 & 0 & 2\\ 0 & 0 & 0\\ 0 & 0 & -1\end{bmatrix}\rightarrow\begin{bmatrix}0 & 0 & 1\\ 0 & 0 & 0\\ 0 & 0 & 0\end{bmatrix}$$

得通解:$x_3=0$(x_1、x_2 任意),在此通解中分别令 $x_1=1$、$x_2=0$ 和 $x_1=0$、$x_2=1$,从而得对应于 $\lambda_1=\lambda_2=1$ 的线性无关特征向量可取为

$$\boldsymbol{\xi}_1=(1,0,0)^{\mathrm{T}},\quad \boldsymbol{\xi}_2=(0,1,0)^{\mathrm{T}}$$

对于 $\lambda_3=2$,求解方程组 $(2\boldsymbol{I}-\boldsymbol{A})\boldsymbol{x}=\boldsymbol{0}$,由

$$2\boldsymbol{I}-\boldsymbol{A}=\begin{bmatrix}1 & 0 & 2\\ 0 & 1 & 0\\ 0 & 0 & 0\end{bmatrix}$$

得通解:$x_1=-2x_3,x_2=0$(x_3 任意),令 $x_3=1$,从而得对应于 $\lambda_3=2$ 的特征向量可取为

$$\boldsymbol{\xi}_3=(-2,0,1)^{\mathrm{T}}$$

于是令矩阵

$$\boldsymbol{P}=[\boldsymbol{\xi}_1\ \boldsymbol{\xi}_2\ \boldsymbol{\xi}_3]=\begin{bmatrix}1 & 0 & -2\\ 0 & 1 & 0\\ 0 & 0 & 1\end{bmatrix}$$

则 $\boldsymbol{P}$ 可逆,且使 $\boldsymbol{P}^{-1}\boldsymbol{AP}=\begin{bmatrix}1 & & \\ & 1 & \\ & & 2\end{bmatrix}$. ▌

例 5.9 已知 3 阶矩阵 $\boldsymbol{A}$ 满足 $\boldsymbol{A\alpha}_1=\boldsymbol{\alpha}_1$，$\boldsymbol{A\alpha}_2=\boldsymbol{0}$，$\boldsymbol{A\alpha}_3=-\boldsymbol{\alpha}_3$，其中 $\boldsymbol{\alpha}_1=(2,0,0)^{\mathrm{T}}$，$\boldsymbol{\alpha}_2=(0,1,2)^{\mathrm{T}}$，$\boldsymbol{\alpha}_3=(0,2,5)^{\mathrm{T}}$，求矩阵 $\boldsymbol{A}$ 及 $\boldsymbol{A}^{10}$.

解 由于 $\boldsymbol{\alpha}_1$、$\boldsymbol{\alpha}_2$、$\boldsymbol{\alpha}_3$ 都是非零向量，由题设知 $\boldsymbol{A}$ 的特征值为 1、0、-1，且 $\boldsymbol{\alpha}_1$、$\boldsymbol{\alpha}_2$、$\boldsymbol{\alpha}_3$ 分别为对应的特征向量. 3 阶矩阵 $\boldsymbol{A}$ 有 3 个互不相同的特征值，于是由推论 5.1 知 $\boldsymbol{A}$ 可对角化. 令矩阵

$$\boldsymbol{P}=[\boldsymbol{\alpha}_1\ \boldsymbol{\alpha}_2\ \boldsymbol{\alpha}_3]=\begin{bmatrix}2&0&0\\0&1&2\\0&2&5\end{bmatrix}$$

则 $\boldsymbol{P}$ 可逆，且有 $\boldsymbol{P}^{-1}\boldsymbol{AP}=\begin{bmatrix}1&&\\&0&\\&&-1\end{bmatrix}\xlongequal{\text{记为}}\boldsymbol{D}$，因而

$$\boldsymbol{A}=\boldsymbol{PDP}^{-1}=\begin{bmatrix}2&0&0\\0&1&2\\0&2&5\end{bmatrix}\begin{bmatrix}1&&\\&0&\\&&-1\end{bmatrix}\begin{bmatrix}\frac{1}{2}&0&0\\0&5&-2\\0&-2&1\end{bmatrix}=\begin{bmatrix}1&0&0\\0&4&-2\\0&10&-5\end{bmatrix}$$

利用矩阵乘法结合律，得

$$\begin{aligned}\boldsymbol{A}^{10}&=(\boldsymbol{PDP}^{-1})(\boldsymbol{PDP}^{-1})\cdots(\boldsymbol{PDP}^{-1})\\&=\boldsymbol{PD}(\boldsymbol{P}^{-1}\boldsymbol{P})\boldsymbol{D}(\boldsymbol{P}^{-1}\boldsymbol{P})\cdots\boldsymbol{DP}^{-1}\\&=\boldsymbol{PD}^{10}\boldsymbol{P}^{-1}\end{aligned}$$

而 $$\boldsymbol{D}^{10}=\begin{bmatrix}1&&\\&0&\\&&-1\end{bmatrix}^{10}=\begin{bmatrix}1^{10}&&\\&0&\\&&(-1)^{10}\end{bmatrix}=\begin{bmatrix}1&&\\&0&\\&&1\end{bmatrix}$$

所以 $$\boldsymbol{A}^{10}=\begin{bmatrix}2&0&0\\0&1&2\\0&2&5\end{bmatrix}\begin{bmatrix}1&&\\&0&\\&&1\end{bmatrix}\begin{bmatrix}\frac{1}{2}&0&0\\0&5&-2\\0&-2&1\end{bmatrix}=\begin{bmatrix}1&0&0\\0&-4&2\\0&-10&5\end{bmatrix}$$ ▌

例 5.9 表明，如果矩阵 $\boldsymbol{A}$ 可对角化，则利用例 5.9 的方法来求 $\boldsymbol{A}$ 的正整数幂是一种有效方法.

第 3 节 实向量的内积与正交矩阵

本节介绍 $\mathbf{R}^n$ 的内积及正交矩阵等基本概念，其目的一方面是为了将几何空间的有关度量概念(如长度、距离、夹角、正交等)推广到 $\mathbf{R}^n$ 中去，另一方面也为下一节讨论实对称矩阵的正交相似对角化问题提供必要的准备.

本节的讨论限于在实数范围内，即凡涉及到的数都是实数，凡涉及到的向量和矩阵也都是实的.

5.3.1 内积的基本概念

在解析几何中，我们曾定义了两个向量的内积，即对于两个 3 维向量

$$\boldsymbol{\alpha}=\begin{bmatrix}a_1\\a_2\\a_3\end{bmatrix},\quad \boldsymbol{\beta}=\begin{bmatrix}b_1\\b_2\\b_3\end{bmatrix}$$

称实数

$$\boldsymbol{\alpha}\cdot\boldsymbol{\beta}=a_1b_1+a_2b_2+a_3b_3$$

为 $\boldsymbol{\alpha}$ 与 $\boldsymbol{\beta}$ 的**内积**（或**数量积**）. 现在，将 $\mathbf{R}^3$ 中两个向量的内积概念推广到 $\mathbf{R}^n$ 中去.

定义 5.4（内积） 对于 $\mathbf{R}^n$ 中任意两个向量

$$\boldsymbol{\alpha}=\begin{bmatrix}a_1\\a_2\\\vdots\\a_n\end{bmatrix},\quad \boldsymbol{\beta}=\begin{bmatrix}b_1\\b_2\\\vdots\\b_n\end{bmatrix}$$

规定 $\boldsymbol{\alpha}$ 与 $\boldsymbol{\beta}$ 的内积是一个实数，这个实数记为 $\langle\boldsymbol{\alpha},\boldsymbol{\beta}\rangle$，定义为

$$\langle\boldsymbol{\alpha},\boldsymbol{\beta}\rangle=a_1b_1+a_2b_2+\cdots+a_nb_n=\boldsymbol{\alpha}^{\mathrm{T}}\boldsymbol{\beta}=\boldsymbol{\beta}^{\mathrm{T}}\boldsymbol{\alpha}$$

容易验证，内积具有下列基本性质（其中 $\boldsymbol{\alpha}$、$\boldsymbol{\beta}$、$\boldsymbol{\gamma}$ 是 $\mathbf{R}^n$ 中任意向量，k 为任意实数）：

(1) 对称性：$\langle\boldsymbol{\alpha},\boldsymbol{\beta}\rangle=\langle\boldsymbol{\beta},\boldsymbol{\alpha}\rangle$；

(2) 线性性质：$\langle\boldsymbol{\alpha}+\boldsymbol{\beta},\boldsymbol{\gamma}\rangle=\langle\boldsymbol{\alpha},\boldsymbol{\gamma}\rangle+\langle\boldsymbol{\beta},\boldsymbol{\gamma}\rangle$；

$\langle k\boldsymbol{\alpha},\boldsymbol{\beta}\rangle=k\langle\boldsymbol{\alpha},\boldsymbol{\beta}\rangle$；

(3) 非负性：$\langle\boldsymbol{\alpha},\boldsymbol{\alpha}\rangle\geqslant 0$，而且 $\langle\boldsymbol{\alpha},\boldsymbol{\alpha}\rangle=0\Leftrightarrow\boldsymbol{\alpha}=\mathbf{0}$.

由内积的对称性，可将内积的线性性质推广为

$$\left\langle\sum_{i=1}^{m}k_i\boldsymbol{\alpha}_i,\ \sum_{j=1}^{n}l_j\boldsymbol{\beta}_j\right\rangle=\sum_{i=1}^{m}\sum_{j=1}^{n}k_il_j\langle\boldsymbol{\alpha}_i,\boldsymbol{\beta}_j\rangle$$

其中 $\boldsymbol{\alpha}_i$、$\boldsymbol{\beta}_j\in\mathbf{R}^n$，$k_i$、$l_j\in\mathbf{R}$，$i=1,2,\cdots,m$；$j=1,2,\cdots,n$.

由内积的非负性，定义向量 $\boldsymbol{\alpha}=(a_1,a_2,\cdots,a_n)^{\mathrm{T}}$ 的**长度**（或**范数**）为

$$\|\boldsymbol{\alpha}\|=\sqrt{\langle\boldsymbol{\alpha},\boldsymbol{\alpha}\rangle}=\sqrt{a_1^2+a_2^2+\cdots+a_n^2}$$

称长度为 1 的向量为**单位向量**. 例如向量

$$\boldsymbol{\alpha}=\left(\frac{1}{\sqrt{3}},\frac{1}{\sqrt{3}},-\frac{1}{\sqrt{3}}\right)^{\mathrm{T}},\quad \boldsymbol{\beta}=\left(\frac{1}{\sqrt{2}},0,-\frac{1}{\sqrt{2}},0\right)^{\mathrm{T}},\quad \boldsymbol{\gamma}=(1,0,0,0,0)^{\mathrm{T}}$$

分别是 3 维、4 维、5 维单位向量.

若向量 $\boldsymbol{\alpha}\neq\mathbf{0}$,则不难验证向量

$$\boldsymbol{\beta}=\frac{1}{\|\boldsymbol{\alpha}\|}\boldsymbol{\alpha}$$

是一个单位向量.把以上由非零向量 $\boldsymbol{\alpha}$ 得到单位向量 $\boldsymbol{\beta}$ 的过程称为向量 $\boldsymbol{\alpha}$ 的**单位化**.

n 维向量没有直观的几何意义,所以不能像几何空间中那样定义两个向量的夹角.但我们知道,几何空间中两个非零向量 $\boldsymbol{\alpha}$ 与 $\boldsymbol{\beta}$ 的夹角 $\theta(0\leqslant\theta\leqslant\pi)$ 可由内积表示为

$$\theta=\arccos\frac{\langle\boldsymbol{\alpha},\boldsymbol{\beta}\rangle}{\sqrt{\langle\boldsymbol{\alpha},\boldsymbol{\alpha}\rangle}\sqrt{\langle\boldsymbol{\beta},\boldsymbol{\beta}\rangle}}$$

那么,能否将这一夹角概念也推广到 $\mathbf{R}^n$ 中去呢?由反余弦函数的定义知道,能否作这个推广,关键是看在 $\mathbf{R}^n$ 中是否成立不等式

$$\left|\frac{\langle\boldsymbol{\alpha},\boldsymbol{\beta}\rangle}{\sqrt{\langle\boldsymbol{\alpha},\boldsymbol{\alpha}\rangle}\sqrt{\langle\boldsymbol{\beta},\boldsymbol{\beta}\rangle}}\right|\leqslant 1,\quad \boldsymbol{\alpha}\neq\mathbf{0},\boldsymbol{\beta}\neq\mathbf{0} \tag{5.16}$$

定理 5.3 (柯西-许瓦兹(Cauchy-Schwarz)不等式)　对于 $\mathbf{R}^n$ 中两个任意向量 $\boldsymbol{\alpha}$、$\boldsymbol{\beta}$,成立不等式

$$|\langle\boldsymbol{\alpha},\boldsymbol{\beta}\rangle|\leqslant\sqrt{\langle\boldsymbol{\alpha},\boldsymbol{\alpha}\rangle}\sqrt{\langle\boldsymbol{\beta},\boldsymbol{\beta}\rangle}=\|\boldsymbol{\alpha}\|\,\|\boldsymbol{\beta}\| \tag{5.17}$$

定理 5.3 的证明从略.

由定理 5.3 知道,不等式(5.16)在 $\mathbf{R}^n$ 中也成立.于是,我们定义 $\mathbf{R}^n$ 中两个非零向量 $\boldsymbol{\alpha}$ 与 $\boldsymbol{\beta}$ 的**夹角** $\theta(0\leqslant\theta\leqslant\pi)$ 为

$$\theta=\arccos\frac{\langle\boldsymbol{\alpha},\boldsymbol{\beta}\rangle}{\sqrt{\langle\boldsymbol{\alpha},\boldsymbol{\alpha}\rangle}\sqrt{\langle\boldsymbol{\beta},\boldsymbol{\beta}\rangle}}=\arccos\frac{\langle\boldsymbol{\alpha},\boldsymbol{\beta}\rangle}{\|\boldsymbol{\alpha}\|\,\|\boldsymbol{\beta}\|} \tag{5.18}$$

按照夹角的这个定义,内积 $\langle\boldsymbol{\alpha},\boldsymbol{\beta}\rangle=0\Leftrightarrow\theta=\frac{\pi}{2}$.所以,作为解析几何中两个向量垂直概念的直接推广,我们规定:当 $\langle\boldsymbol{\alpha},\boldsymbol{\beta}\rangle=0$ 时,称 $\boldsymbol{\alpha}$ 与 $\boldsymbol{\beta}$ **正交**(或垂直),记为 $\boldsymbol{\alpha}\perp\boldsymbol{\beta}$.由于零向量与任何向量的内积为零,所以,零向量与任何向量都是正交的.

$\mathbf{R}^n$ 中两个向量 $\boldsymbol{\alpha}$ 与 $\boldsymbol{\beta}$ 的**距离**定义为

$$d(\boldsymbol{\alpha},\boldsymbol{\beta})=\|\boldsymbol{\alpha}-\boldsymbol{\beta}\|$$

显然,上述 $\mathbf{R}^n$ 中的内积、长度、夹角、正交和距离等概念,都是 $\mathbf{R}^3$ 中相应概念的推广.

5.3.2　正交向量组与正交矩阵

如果 $\mathbf{R}^n$ 中一个向量组中不含零向量,且其中的向量两两正交,则称此向量

组为**正交向量组**.如果一个正交向量组中每个向量都是单位向量,则称此向量组为**标准正交向量组**(或**规范正交向量组**).

例如,向量组

$$\boldsymbol{\alpha}_1=(1,1,1)^{\mathrm{T}},\quad \boldsymbol{\alpha}_2=(1,-1,0)^{\mathrm{T}},\quad \boldsymbol{\alpha}_3=(1,1,-2)^{\mathrm{T}}$$

就是一个正交向量组.把一个正交向量组中每个向量单位化,就得到一个标准正交向量组.例如,对上面这个向量组,令 $\boldsymbol{\beta}_i=\frac{1}{\|\boldsymbol{\alpha}_i\|}\boldsymbol{\alpha}_i(i=1,2,3)$,便得到一个标准正交向量组

$$\boldsymbol{\beta}_1=\left(\frac{1}{\sqrt{3}},\frac{1}{\sqrt{3}},\frac{1}{\sqrt{3}}\right)^{\mathrm{T}},\quad \boldsymbol{\beta}_2=\left(\frac{1}{\sqrt{2}},-\frac{1}{\sqrt{2}},0\right)^{\mathrm{T}},\quad \boldsymbol{\beta}_3=\left(\frac{1}{\sqrt{6}},\frac{1}{\sqrt{6}},-\frac{2}{\sqrt{6}}\right)^{\mathrm{T}}$$

定理 5.4　正交向量组必是线性无关向量组.

证　设 $\boldsymbol{\alpha}_1,\boldsymbol{\alpha}_2,\cdots,\boldsymbol{\alpha}_m$ 是一个正交向量组,即有

$$\langle\boldsymbol{\alpha}_i,\boldsymbol{\alpha}_j\rangle=\begin{cases}0, & i\neq j\\ \|\boldsymbol{\alpha}_i\|^2>0, & i=j\end{cases}$$

我们来证明 $\boldsymbol{\alpha}_1,\boldsymbol{\alpha}_2,\cdots,\boldsymbol{\alpha}_m$ 线性无关,设有一组数 $k_1,k_2,\cdots,k_m$,使得

$$k_1\boldsymbol{\alpha}_1+k_2\boldsymbol{\alpha}_2+\cdots+k_m\boldsymbol{\alpha}_m=\mathbf{0}$$

用 $\boldsymbol{\alpha}_1$ 与两端作内积,并利用内积的性质,得

$$k_1\langle\boldsymbol{\alpha}_1,\boldsymbol{\alpha}_1\rangle+k_2\langle\boldsymbol{\alpha}_2,\boldsymbol{\alpha}_1\rangle+\cdots+k_m\langle\boldsymbol{\alpha}_m,\boldsymbol{\alpha}_1\rangle=0$$

因 $\langle\boldsymbol{\alpha}_k,\boldsymbol{\alpha}_1\rangle=0(k=2,\cdots,m)$,$\langle\boldsymbol{\alpha}_1,\boldsymbol{\alpha}_1\rangle=\|\boldsymbol{\alpha}_1\|^2>0$,故得 $k_1=0$,同理可得 $k_2=\cdots=k_m=0$,所以向量组 $\boldsymbol{\alpha}_1,\boldsymbol{\alpha}_2,\cdots,\boldsymbol{\alpha}_m$ 线性无关.　▌

现在介绍在应用上很重要的正交矩阵.

定义 5.5(正交矩阵)　如果实方阵 $\boldsymbol{A}$ 满足 $\boldsymbol{A}\boldsymbol{A}^{\mathrm{T}}=\boldsymbol{A}^{\mathrm{T}}\boldsymbol{A}=\boldsymbol{I}$(或 $\boldsymbol{A}^{-1}=\boldsymbol{A}^{\mathrm{T}}$),则称 $\boldsymbol{A}$ 为正交矩阵.

例如,矩阵

$$\boldsymbol{I},\quad \begin{bmatrix}0 & -1\\ 1 & 0\end{bmatrix},\quad \begin{bmatrix}\cos\theta & -\sin\theta\\ \sin\theta & \cos\theta\end{bmatrix},\quad \begin{bmatrix}1 & 0 & 0\\ 0 & \frac{1}{\sqrt{2}} & -\frac{1}{\sqrt{2}}\\ 0 & \frac{1}{\sqrt{2}} & \frac{1}{\sqrt{2}}\end{bmatrix}$$

都是正交矩阵.

正交矩阵有下列基本性质:

(1) 正交矩阵的行列式等于 1 或 -1;

(2) 设 $\boldsymbol{A}$ 为正交矩阵,则 $\boldsymbol{A}^{\mathrm{T}}$、$\boldsymbol{A}^{-1}$ 及 $\boldsymbol{A}^{*}$ 都是正交矩阵;

(3) 同阶正交矩阵的乘积仍为正交矩阵;

(4) 方阵 $\boldsymbol{A}$ 为正交矩阵$\Leftrightarrow\boldsymbol{A}$ 的列(行)向量组为标准正交向量组.

证　性质(1)、(2)及(3)的证明留给读者作为练习(习题五(A)第 21 题). 下证(4):先证必要性:设 n 阶方阵 $\boldsymbol{A}$ 为正交矩阵,$\boldsymbol{A}$ 按列分块为

$$\boldsymbol{A}=[\boldsymbol{\alpha}_1\ \boldsymbol{\alpha}_2\ \cdots\ \boldsymbol{\alpha}_n]$$

则有

$$\boldsymbol{A}^{\mathrm{T}}\boldsymbol{A}=\begin{bmatrix}\boldsymbol{\alpha}_1^{\mathrm{T}}\\ \boldsymbol{\alpha}_2^{\mathrm{T}}\\ \vdots\\ \boldsymbol{\alpha}_n^{\mathrm{T}}\end{bmatrix}[\boldsymbol{\alpha}_1\ \boldsymbol{\alpha}_2\ \cdots\ \boldsymbol{\alpha}_n]=\boldsymbol{I}$$

亦即

$$\begin{bmatrix}\boldsymbol{\alpha}_1^{\mathrm{T}}\boldsymbol{\alpha}_1 & \boldsymbol{\alpha}_1^{\mathrm{T}}\boldsymbol{\alpha}_2 & \cdots & \boldsymbol{\alpha}_1^{\mathrm{T}}\boldsymbol{\alpha}_n\\ \boldsymbol{\alpha}_2^{\mathrm{T}}\boldsymbol{\alpha}_1 & \boldsymbol{\alpha}_2^{\mathrm{T}}\boldsymbol{\alpha}_2 & \cdots & \boldsymbol{\alpha}_2^{\mathrm{T}}\boldsymbol{\alpha}_n\\ \vdots & \vdots & & \vdots\\ \boldsymbol{\alpha}_n^{\mathrm{T}}\boldsymbol{\alpha}_1 & \boldsymbol{\alpha}_n^{\mathrm{T}}\boldsymbol{\alpha}_2 & \cdots & \boldsymbol{\alpha}_n^{\mathrm{T}}\boldsymbol{\alpha}_n\end{bmatrix}=\begin{bmatrix}1 & 0 & \cdots & 0\\ 0 & 1 & \cdots & 0\\ \vdots & \vdots & & \vdots\\ 0 & 0 & \cdots & 1\end{bmatrix}$$

比较两边的对应元素,得

$$\langle\boldsymbol{\alpha}_i,\boldsymbol{\alpha}_j\rangle=\boldsymbol{\alpha}_i^{\mathrm{T}}\boldsymbol{\alpha}_j=\begin{cases}1, & i=j\\ 0, & i\neq j\end{cases}$$

这表明 $\boldsymbol{A}$ 的列向量组 $\boldsymbol{\alpha}_1,\boldsymbol{\alpha}_2,\cdots,\boldsymbol{\alpha}_n$ 为标准正交向量组.

将以上证明倒推上去就是充分性的证明.

当 $\boldsymbol{A}$ 为正交矩阵时,$\boldsymbol{A}^{\mathrm{T}}$ 也是正交矩阵,因此,由已证明的结果知 $\boldsymbol{A}^{\mathrm{T}}$ 的列向量组即 $\boldsymbol{A}$ 的行向量组也是标准正交向量组.　▌

利用性质(4),容易验证方阵是否为正交矩阵. 例如,容易看出方阵

$$\boldsymbol{A}=\begin{bmatrix}\dfrac{1}{\sqrt{3}} & \dfrac{1}{\sqrt{2}} & \dfrac{1}{\sqrt{6}}\\ \dfrac{1}{\sqrt{3}} & 0 & -\dfrac{2}{\sqrt{6}}\\ \dfrac{1}{\sqrt{3}} & -\dfrac{1}{\sqrt{2}} & \dfrac{1}{\sqrt{6}}\end{bmatrix}$$

的列向量两两正交,且每个列向量都是单位向量,即 $\boldsymbol{A}$ 的列向量组为标准正交向量组,于是由性质(4)即知 $\boldsymbol{A}$ 为正交矩阵.

定义 5.6 ($\mathbf{R}^n$ 上的正交变换)　设 $\boldsymbol{A}$ 为一个 n 阶正交矩阵,则称 $\mathbf{R}^n$ 到其自身的变换 T:

$$\boldsymbol{y}=\boldsymbol{A}\boldsymbol{x},\quad \forall\,\boldsymbol{x}\in\mathbf{R}^n$$

为 $\mathbf{R}^n$ 上的一个正交变换.

定理 5.5 $\mathbf{R}^n$ 上的正交变换 $\boldsymbol{y}=\boldsymbol{A}\boldsymbol{x}$ 有如下性质:

对 $\mathbf{R}^n$ 中任意 $\boldsymbol{x}_1,\boldsymbol{x}_2$,经过变换后

(1) 保持内积不变,即 $\langle \boldsymbol{A}\boldsymbol{x}_1,\boldsymbol{A}\boldsymbol{x}_2\rangle=\langle \boldsymbol{x}_1,\boldsymbol{x}_2\rangle$;

(2) 保持长度不变,即 $\|\boldsymbol{A}\boldsymbol{x}_1\|=\|\boldsymbol{x}_1\|$;

(3) 保持夹角不变,即 $\cos(\boldsymbol{A}\boldsymbol{x}_1,\boldsymbol{A}\boldsymbol{x}_2)=\cos(\boldsymbol{x}_1,\boldsymbol{x}_2)$.

证 (1) $\langle \boldsymbol{A}\boldsymbol{x}_1,\boldsymbol{A}\boldsymbol{x}_2\rangle=(\boldsymbol{A}\boldsymbol{x}_2)^{\mathrm{T}}(\boldsymbol{A}\boldsymbol{x}_1)=\boldsymbol{x}_2^{\mathrm{T}}(\boldsymbol{A}^{\mathrm{T}}\boldsymbol{A})\boldsymbol{x}_1=\boldsymbol{x}_2^{\mathrm{T}}\boldsymbol{x}_1=\langle \boldsymbol{x}_1,\boldsymbol{x}_2\rangle$;

(2) 在(1)中取 $\boldsymbol{x}_1=\boldsymbol{x}_2$ 即得;

(3) $\cos(\boldsymbol{A}\boldsymbol{x}_1,\boldsymbol{A}\boldsymbol{x}_2)=\dfrac{\langle \boldsymbol{A}\boldsymbol{x}_1,\boldsymbol{A}\boldsymbol{x}_2\rangle}{\|\boldsymbol{A}\boldsymbol{x}_1\|\cdot\|\boldsymbol{A}\boldsymbol{x}_2\|}=\dfrac{\langle \boldsymbol{x}_1,\boldsymbol{x}_2\rangle}{\|\boldsymbol{x}_1\|\|\boldsymbol{x}_2\|}=\cos(\boldsymbol{x}_1,\boldsymbol{x}_2)$.

我们指出正交变换的几何意义:在几何空间中,空间直角坐标系(或向量)的旋转变换,必是正交变换(见第 6 章第 3 节).

5.3.3 施密特(Schmidt)正交化方法

线性无关向量组未必是正交向量组,但正交向量组又是重要的,因此现在就有一个问题:能否从一个线性无关向量组 $\boldsymbol{\alpha}_1,\boldsymbol{\alpha}_2,\cdots,\boldsymbol{\alpha}_m$ 出发,构造出一个标准正交向量组 $\boldsymbol{e}_1,\boldsymbol{e}_2,\cdots,\boldsymbol{e}_m$,并且使向量组 $\boldsymbol{\alpha}_1,\boldsymbol{\alpha}_2,\cdots,\boldsymbol{\alpha}_r$ 与向量组 $\boldsymbol{e}_1,\boldsymbol{e}_2,\cdots,\boldsymbol{e}_r$ 等价 $(r=1,2,\cdots,m)$ 呢? 回答是肯定的. 下面就来介绍这个方法. 由于把一个正交向量组中每个向量经过单位化,就得到一个标准正交向量组,所以,上述问题的关键是如何由一个线性无关向量组来构造出一个正交向量组. 我们以 3 个向量组成的线性无关组为例来说明这个方法. 设向量组 $\boldsymbol{\alpha}_1,\boldsymbol{\alpha}_2,\boldsymbol{\alpha}_3$ 线性无关,我们先来构造正交向量组 $\boldsymbol{\beta}_1,\boldsymbol{\beta}_2,\boldsymbol{\beta}_3$,并且使 $\boldsymbol{\alpha}_1,\boldsymbol{\alpha}_2,\boldsymbol{\alpha}_3$ 与 $\boldsymbol{\beta}_1,\boldsymbol{\beta}_2,\boldsymbol{\beta}_3$ 等价. 按所要求的条件,$\boldsymbol{\beta}_1$ 是 $\boldsymbol{\alpha}_1$ 的线性组合,$\boldsymbol{\beta}_2$ 是 $\boldsymbol{\alpha}_1$、$\boldsymbol{\alpha}_2$ 的线性组合,为方便起见,不妨设

$$\boldsymbol{\beta}_1=\boldsymbol{\alpha}_1,\quad \boldsymbol{\beta}_2=\boldsymbol{\alpha}_2-k\boldsymbol{\beta}_1$$

其中,数值 k 的选取应满足 $\boldsymbol{\beta}_2\perp\boldsymbol{\beta}_1$(如图 5.1 所示),即

$$\langle\boldsymbol{\beta}_2,\boldsymbol{\beta}_1\rangle=\langle\boldsymbol{\alpha}_2,\boldsymbol{\beta}_1\rangle-k\langle\boldsymbol{\beta}_1,\boldsymbol{\beta}_1\rangle=0$$

注意 $\langle\boldsymbol{\beta}_1,\boldsymbol{\beta}_1\rangle>0$,于是得 $k=\dfrac{\langle\boldsymbol{\alpha}_2,\boldsymbol{\beta}_1\rangle}{\langle\boldsymbol{\beta}_1,\boldsymbol{\beta}_1\rangle}$,从而得

$$\boldsymbol{\beta}_1=\boldsymbol{\alpha}_1,\quad \boldsymbol{\beta}_2=\boldsymbol{\alpha}_2-\frac{\langle\boldsymbol{\alpha}_2,\boldsymbol{\beta}_1\rangle}{\langle\boldsymbol{\beta}_1,\boldsymbol{\beta}_1\rangle}\boldsymbol{\beta}_1$$

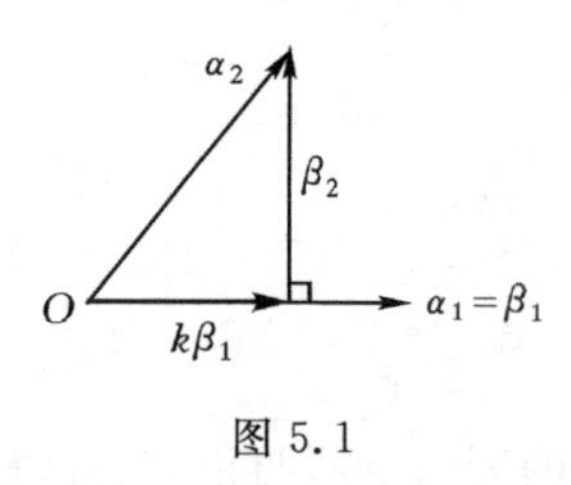

图 5.1

对于上面已构造的向量 $\boldsymbol{\beta}_1$ 和 $\boldsymbol{\beta}_2$,再来构造向量 $\boldsymbol{\beta}_3$. 为满足要求,可令

$$\boldsymbol{\beta}_3=\boldsymbol{\alpha}_3-k_1\boldsymbol{\beta}_1-k_2\boldsymbol{\beta}_2$$

其中,数值 k_1、k_2 的选取应满足 $\boldsymbol{\beta}_3\perp\boldsymbol{\beta}_1,\boldsymbol{\beta}_3\perp\boldsymbol{\beta}_2$,即

$$\langle\boldsymbol{\alpha}_3,\boldsymbol{\beta}_1\rangle - k_1\langle\boldsymbol{\beta}_1,\boldsymbol{\beta}_1\rangle = 0,\ \langle\boldsymbol{\alpha}_3,\boldsymbol{\beta}_2\rangle - k_2\langle\boldsymbol{\beta}_2,\boldsymbol{\beta}_2\rangle = 0$$

由此解得(注意$\langle\boldsymbol{\beta}_2,\boldsymbol{\beta}_2\rangle>0$)

$$k_1 = \frac{\langle\boldsymbol{\alpha}_3,\boldsymbol{\beta}_1\rangle}{\langle\boldsymbol{\beta}_1,\boldsymbol{\beta}_1\rangle},\quad k_2 = \frac{\langle\boldsymbol{\alpha}_3,\boldsymbol{\beta}_2\rangle}{\langle\boldsymbol{\beta}_2,\boldsymbol{\beta}_2\rangle}$$

于是得

$$\boldsymbol{\beta}_3 = \boldsymbol{\alpha}_3 - \frac{\langle\boldsymbol{\alpha}_3,\boldsymbol{\beta}_1\rangle}{\langle\boldsymbol{\beta}_1,\boldsymbol{\beta}_1\rangle}\boldsymbol{\beta}_1 - \frac{\langle\boldsymbol{\alpha}_3,\boldsymbol{\beta}_2\rangle}{\langle\boldsymbol{\beta}_2,\boldsymbol{\beta}_2\rangle}\boldsymbol{\beta}_2$$

容易验证,向量组 $\boldsymbol{\beta}_1,\boldsymbol{\beta}_2,\boldsymbol{\beta}_3$ 是与向量组 $\boldsymbol{\alpha}_1,\boldsymbol{\alpha}_2,\boldsymbol{\alpha}_3$ 等价的正交向量组.若再将 $\boldsymbol{\beta}_1$,$\boldsymbol{\beta}_2,\boldsymbol{\beta}_3$ 单位化,即令

$$\boldsymbol{e}_i = \frac{1}{\|\boldsymbol{\beta}_i\|}\boldsymbol{\beta}_i,\quad i=1,2,3$$

则 $\boldsymbol{e}_1$, $\boldsymbol{e}_2$, $\boldsymbol{e}_3$ 就是满足要求的标准正交向量组. 一般地, 用数学归纳法可以证明

定理 5.6　设 $\boldsymbol{\alpha}_1,\boldsymbol{\alpha}_2,\cdots,\boldsymbol{\alpha}_m(m\leqslant n)$是 $\mathbf{R}^n$ 中的一个线性无关向量组,若令

$$\begin{aligned}
\boldsymbol{\beta}_1 &= \boldsymbol{\alpha}_1\\
\boldsymbol{\beta}_2 &= \boldsymbol{\alpha}_2 - \frac{\langle\boldsymbol{\alpha}_2,\boldsymbol{\beta}_1\rangle}{\langle\boldsymbol{\beta}_1,\boldsymbol{\beta}_1\rangle}\boldsymbol{\beta}_1\\
&\ \vdots\\
\boldsymbol{\beta}_m &= \boldsymbol{\alpha}_m - \frac{\langle\boldsymbol{\alpha}_m,\boldsymbol{\beta}_1\rangle}{\langle\boldsymbol{\beta}_1,\boldsymbol{\beta}_1\rangle}\boldsymbol{\beta}_1 - \frac{\langle\boldsymbol{\alpha}_m,\boldsymbol{\beta}_2\rangle}{\langle\boldsymbol{\beta}_2,\boldsymbol{\beta}_2\rangle}\boldsymbol{\beta}_2 - \cdots - \frac{\langle\boldsymbol{\alpha}_m,\boldsymbol{\beta}_{m-1}\rangle}{\langle\boldsymbol{\beta}_{m-1},\boldsymbol{\beta}_{m-1}\rangle}\boldsymbol{\beta}_{m-1}
\end{aligned}$$

则 $\boldsymbol{\beta}_1,\boldsymbol{\beta}_2,\cdots,\boldsymbol{\beta}_m$ 就是一个正交向量组,若再令

$$\boldsymbol{e}_i = \frac{\boldsymbol{\beta}_i}{\|\boldsymbol{\beta}_i\|},\quad i=1,2,\cdots,m$$

就得到了一个标准正交向量组 $\boldsymbol{e}_1,\boldsymbol{e}_2,\cdots,\boldsymbol{e}_m$,且向量组 $\boldsymbol{e}_1,\boldsymbol{e}_2,\cdots,\boldsymbol{e}_r$ 与向量组 $\boldsymbol{\alpha}_1$,$\boldsymbol{\alpha}_2,\cdots,\boldsymbol{\alpha}_r$ 等价($r=1,2,\cdots,m$).

定理 5.6 所提供的由线性无关向量组获得标准正交向量组的方法称为施密特正交化方法.注意,这个方法是先正交化,再单位化.

例 5.10　试利用施密特正交化方法,由 $\mathbf{R}^4$ 的线性无关向量组

$$\boldsymbol{\alpha}_1 = (1,2,2,-1)^{\mathrm{T}},\ \boldsymbol{\alpha}_2 = (1,1,-5,3)^{\mathrm{T}},\ \boldsymbol{\alpha}_3 = (3,2,8,-7)^{\mathrm{T}}$$

构造一个标准正交向量组 $\boldsymbol{e}_1,\boldsymbol{e}_2,\boldsymbol{e}_3$,且使 $\boldsymbol{\alpha}_1,\boldsymbol{\alpha}_2,\boldsymbol{\alpha}_3$ 与 $\boldsymbol{e}_1,\boldsymbol{e}_2,\boldsymbol{e}_3$ 等价.

解　先正交化,即令

$$\boldsymbol{\beta}_1 = \boldsymbol{\alpha}_1 = (1,2,2,-1)^{\mathrm{T}}$$

$$\begin{aligned}
\boldsymbol{\beta}_2 &= \boldsymbol{\alpha}_2 - \frac{\langle\boldsymbol{\alpha}_2,\boldsymbol{\beta}_1\rangle}{\langle\boldsymbol{\beta}_1,\boldsymbol{\beta}_1\rangle}\boldsymbol{\beta}_1 = (1,1,-5,3)^{\mathrm{T}} - \frac{-10}{10}(1,2,2,-1)^{\mathrm{T}}\\
&= (2,3,-3,2)^{\mathrm{T}}
\end{aligned}$$

$$\boldsymbol{\beta}_3 = \boldsymbol{\alpha}_3 - \frac{\langle\boldsymbol{\alpha}_3,\boldsymbol{\beta}_1\rangle}{\langle\boldsymbol{\beta}_1,\boldsymbol{\beta}_1\rangle}\boldsymbol{\beta}_1 - \frac{\langle\boldsymbol{\alpha}_3,\boldsymbol{\beta}_2\rangle}{\langle\boldsymbol{\beta}_2,\boldsymbol{\beta}_2\rangle}\boldsymbol{\beta}_2$$

$$= (3,2,8,-7)^{\mathrm{T}} - \frac{30}{10}(1,2,2,-1)^{\mathrm{T}} - \frac{-26}{26}(2,3,-3,2)^{\mathrm{T}}$$
$$= (2,-1,-1,-2)^{\mathrm{T}}$$

再单位化,即令 $\boldsymbol{e}_i = \dfrac{\boldsymbol{\beta}_i}{\|\boldsymbol{\beta}_i\|}(i=1,2,3)$,便得到满足条件的标准正交向量组:

$$\boldsymbol{e}_1 = \frac{1}{\sqrt{10}}(1,2,2,-1)^{\mathrm{T}},\quad \boldsymbol{e}_2 = \frac{1}{\sqrt{26}}(2,3,-3,2)^{\mathrm{T}},$$
$$\boldsymbol{e}_3 = \frac{1}{\sqrt{10}}(2,-1,-1,-2)^{\mathrm{T}} \quad ▍$$

第 4 节 实对称矩阵的对角化

由第 2 节的讨论看到,并非所有的矩阵都相似于对角矩阵.然而,实对称矩阵却是必可对角化的一类矩阵,也是在应用上非常重要的一类矩阵.本节讨论这类矩阵的性质及对角化问题.

设 $\boldsymbol{A}=(a_{ij})$ 是一个复矩阵,称 $\overline{\boldsymbol{A}}=(\overline{a}_{ij})$ 为 $\boldsymbol{A}$ 的**共轭矩阵**,其中 $\overline{a}_{ij}$ 是复数 a_{ij} 的共轭数.容易验证矩阵的共轭运算满足

$$\overline{\boldsymbol{A}+\boldsymbol{B}} = \overline{\boldsymbol{A}}+\overline{\boldsymbol{B}},\quad \overline{\lambda\boldsymbol{A}} = \overline{\lambda}\,\overline{\boldsymbol{A}},\quad \overline{\boldsymbol{AB}} = \overline{\boldsymbol{A}}\,\overline{\boldsymbol{B}}$$

其中 $\boldsymbol{A}$、$\boldsymbol{B}$ 是复矩阵,λ 是复数.

根据定义,当 $\overline{\boldsymbol{A}}=\boldsymbol{A}$ 时,$\boldsymbol{A}$ 就是实矩阵.对称的实矩阵称为**实对称矩阵**.

实对称矩阵有一些重要的性质.

性质 5.4 实对称矩阵的特征值都是实数.

证 设复数 λ 为实对称矩阵 $\boldsymbol{A}$ 的特征值,非零复向量 $\boldsymbol{x}=(x_1,\cdots,x_n)^{\mathrm{T}}$ 为对应的特征向量,即有 $\boldsymbol{Ax}=\lambda\boldsymbol{x}$.对上式两端取共轭,并注意 $\overline{\boldsymbol{A}}=\boldsymbol{A}$,得 $\boldsymbol{A}\overline{\boldsymbol{x}}=\overline{\lambda}\,\overline{\boldsymbol{x}}$,再对两端取转置,并注意 $\boldsymbol{A}^{\mathrm{T}}=\boldsymbol{A}$,得 $\overline{\boldsymbol{x}}^{\mathrm{T}}\boldsymbol{A}=\overline{\lambda}\,\overline{\boldsymbol{x}}^{\mathrm{T}}$,用 $\boldsymbol{x}$ 右乘上式两端,得

$$\overline{\boldsymbol{x}}^{\mathrm{T}}\boldsymbol{Ax}=\overline{\lambda}\,\overline{\boldsymbol{x}}^{\mathrm{T}}\boldsymbol{x}$$

因 $\boldsymbol{Ax}=\lambda\boldsymbol{x}$,从而有 $\lambda\overline{\boldsymbol{x}}^{\mathrm{T}}\boldsymbol{x}=\overline{\lambda}\,\overline{\boldsymbol{x}}^{\mathrm{T}}\boldsymbol{x}$

移项,得 $(\lambda-\overline{\lambda})\overline{\boldsymbol{x}}^{\mathrm{T}}\boldsymbol{x}=0$

由于
$$\overline{\boldsymbol{x}}^{\mathrm{T}}\boldsymbol{x}=[\overline{x}_1,\cdots,\overline{x}_n]\begin{bmatrix}x_1\\ \vdots\\ x_n\end{bmatrix}=|x_1|^2+\cdots+|x_n|^2>0$$

所以 $\lambda-\overline{\lambda}=0$,故 $\lambda=\overline{\lambda}$,即 λ 为实数. ▍

既然实对称矩阵 $\boldsymbol{A}$ 的特征值 λ 必为实数,故齐次线性方程组

$$(\lambda\boldsymbol{I}-\boldsymbol{A})\boldsymbol{x}=\boldsymbol{0}$$

为实系数方程组,它必有实的基础解系,所以以下均假定实对称矩阵的特征向量为实向量.

性质5.5 设λ_1、λ_2是实对称矩阵$\boldsymbol{A}$的相异特征值,$\boldsymbol{x}_1$和$\boldsymbol{x}_2$分别是与λ_1和λ_2对应的特征向量,则$\boldsymbol{x}_1$与$\boldsymbol{x}_2$正交.

证 设$\boldsymbol{x}_1=(a_1,\cdots,a_n)^{\mathrm{T}}$,$\boldsymbol{x}_2=(b_1,\cdots,b_n)^{\mathrm{T}}$,我们要证明

$$\langle \boldsymbol{x}_1,\boldsymbol{x}_2\rangle = \sum_{i=1}^{n} a_i b_i = \boldsymbol{x}_1^{\mathrm{T}}\boldsymbol{x}_2 = 0$$

已知$\boldsymbol{A}\boldsymbol{x}_1=\lambda_1\boldsymbol{x}_1$,两端取转置,并注意$\boldsymbol{A}^{\mathrm{T}}=\boldsymbol{A}$,得

$$\boldsymbol{x}_1^{\mathrm{T}}\boldsymbol{A} = \lambda_1\boldsymbol{x}_1^{\mathrm{T}}$$

用$\boldsymbol{x}_2$右乘上式两端,得 $\boldsymbol{x}_1^{\mathrm{T}}\boldsymbol{A}\boldsymbol{x}_2=\lambda_1\boldsymbol{x}_1^{\mathrm{T}}\boldsymbol{x}_2$

因$\boldsymbol{A}\boldsymbol{x}_2=\lambda_2\boldsymbol{x}_2$,得 $\lambda_2\boldsymbol{x}_1^{\mathrm{T}}\boldsymbol{x}_2=\lambda_1\boldsymbol{x}_1^{\mathrm{T}}\boldsymbol{x}_2$

即 $(\lambda_2-\lambda_1)\boldsymbol{x}_1^{\mathrm{T}}\boldsymbol{x}_2=0$

由于$\lambda_2\neq\lambda_1$,故$\boldsymbol{x}_1^{\mathrm{T}}\boldsymbol{x}_2=0$,即$\boldsymbol{x}_1$与$\boldsymbol{x}_2$正交. ▌

定理5.7 设$\boldsymbol{A}$为n阶实对称矩阵,则必存在正交矩阵$\boldsymbol{P}$,使$\boldsymbol{P}^{-1}\boldsymbol{A}\boldsymbol{P}=\boldsymbol{P}^{\mathrm{T}}\boldsymbol{A}\boldsymbol{P}=D$,其中$D=\mathrm{diag}(\lambda_1,\lambda_2,\cdots,\lambda_n)$为对角矩阵,矩阵$\boldsymbol{P}$的第$j$列是$\boldsymbol{A}$的属于特征值$\lambda_j$的特征向量($j=1,2,\cdots,n$).(证明从略)

由推论5.2可得

推论5.3 设λ为实对称矩阵$\boldsymbol{A}$的特征值,则λ的几何重数等于它的代数重数.

推论5.3说明对于$\boldsymbol{A}$的k重特征值λ,齐次线性方程组$(\lambda\boldsymbol{I}-\boldsymbol{A})\boldsymbol{x}=\boldsymbol{0}$的基础解系必由$k$个线性无关的特征向量组成.

对实对称矩阵$\boldsymbol{A}$,求正交矩阵$\boldsymbol{P}$,使$\boldsymbol{P}^{-1}\boldsymbol{A}\boldsymbol{P}$成对角矩阵的一般步骤是:

第1步 求出$\boldsymbol{A}$的全部特征值$\lambda_1,\lambda_2,\cdots,\lambda_n$;

第2步 对$\boldsymbol{A}$的每个特征值λ_i,求出方程组

$$(\lambda_i\boldsymbol{I}-\boldsymbol{A})\boldsymbol{x}=\boldsymbol{0}$$

的一个基础解系;

第3步 对每个特征值λ_i,将齐次线性方程组$(\lambda_i\boldsymbol{I}-\boldsymbol{A})\boldsymbol{x}=\boldsymbol{0}$的基础解系中的向量先正交化,再单位化(如果$\lambda_i$为单特征值或该基础解系中的向量已是正交向量组,则只需单位化),然后,将所有这样的向量合在一起,就得到$\boldsymbol{A}$的n个标准正交的特征向量$\boldsymbol{e}_1,\boldsymbol{e}_2,\cdots,\boldsymbol{e}_n$;

第4步 令矩阵$\boldsymbol{P}=[\boldsymbol{e}_1\ \boldsymbol{e}_2\cdots\ \boldsymbol{e}_n]$,则$\boldsymbol{P}$为正交矩阵,且有

$$\boldsymbol{P}^{-1}\boldsymbol{A}\boldsymbol{P}=\boldsymbol{P}^{\mathrm{T}}\boldsymbol{A}\boldsymbol{P}=\mathrm{diag}(\lambda_1,\lambda_2,\cdots,\lambda_n)$$

其中$\boldsymbol{P}$的第j列$\boldsymbol{e}_j$是对应于特征值λ_j的特征向量($j=1,2,\cdots,n$).

以上过程,也称为n阶实对称矩阵$\boldsymbol{A}$**的正交相似对角化过程**.可以看出这

个计算的关键在于求出 $\boldsymbol{A}$ 的 n 个标准正交的特征向量.

例 5.11 对于实对称矩阵

$$\boldsymbol{A}=\begin{bmatrix}5&0&0\\0&1&3\\0&3&1\end{bmatrix}$$

求一个正交矩阵 $\boldsymbol{P}$,使 $\boldsymbol{P}^{-1}\boldsymbol{AP}$ 成为对角矩阵.

解 由 $\boldsymbol{A}$ 的特征方程

$$|\lambda\boldsymbol{I}-\boldsymbol{A}|=\begin{vmatrix}\lambda-5&0&0\\0&\lambda-1&-3\\0&-3&\lambda-1\end{vmatrix}=(\lambda-5)(\lambda-4)(\lambda+2)=0$$

得 $\boldsymbol{A}$ 的特征值为 $\lambda_1=5,\lambda_2=4,\lambda_3=-2$.

对于特征值 $\lambda_1=5$,求方程组 $(5\boldsymbol{I}-\boldsymbol{A})\boldsymbol{x}=\boldsymbol{0}$ 的基础解系,由

$$5\boldsymbol{I}-\boldsymbol{A}=\begin{bmatrix}0&0&0\\0&4&-3\\0&-3&4\end{bmatrix}\to\begin{bmatrix}0&1&0\\0&0&1\\0&0&0\end{bmatrix}$$

得通解:$x_2=0,x_3=0$(x_1 任意),令 $x_1=1$,从而得对应于 $\lambda_1=5$ 的单位特征向量 $\boldsymbol{e}_1=(1,0,0)^{\mathrm{T}}$.

对于特征值 $\lambda_2=4$,由

$$4\boldsymbol{I}-\boldsymbol{A}=\begin{bmatrix}-1&0&0\\0&3&-3\\0&-3&3\end{bmatrix}\to\begin{bmatrix}1&0&0\\0&1&-1\\0&0&0\end{bmatrix}$$

得通解:$x_1=0,x_2=x_3$(x_3 任意),令 $x_3=1$,从而得对应于 $\lambda_2=4$ 的特征向量 $\boldsymbol{\xi}_2=(0,1,1)^{\mathrm{T}}$,将 $\boldsymbol{\xi}_2$ 单位化,得对应于 $\lambda_2=4$ 的单位特征向量为 $\boldsymbol{e}_2=\left(0,\frac{1}{\sqrt{2}},\frac{1}{\sqrt{2}}\right)^{\mathrm{T}}$.

同理可求得对应于 $\lambda_3=-2$ 的单位特征向量为 $\boldsymbol{e}_3=\left(0,-\frac{1}{\sqrt{2}},\frac{1}{\sqrt{2}}\right)^{\mathrm{T}}$.

由于 $\boldsymbol{e}_1,\boldsymbol{e}_2,\boldsymbol{e}_3$ 分别是对应于实对称矩阵 $\boldsymbol{A}$ 的 3 个互不相同特征值的特征向量,性质 5.5 保证了 $\boldsymbol{e}_1,\boldsymbol{e}_2,\boldsymbol{e}_3$ 两两正交,因此,$\boldsymbol{e}_1,\boldsymbol{e}_2,\boldsymbol{e}_3$ 就是 $\boldsymbol{A}$ 的 3 个标准正交的特征向量.于是,所求的正交矩阵 $\boldsymbol{P}$ 可取为

$$\boldsymbol{P}=[\boldsymbol{e}_1\ \boldsymbol{e}_2\ \boldsymbol{e}_3]=\begin{bmatrix}1&0&0\\0&\frac{1}{\sqrt{2}}&-\frac{1}{\sqrt{2}}\\0&\frac{1}{\sqrt{2}}&\frac{1}{\sqrt{2}}\end{bmatrix}$$

且有
$$P^{-1}AP=P^{T}AP=\begin{bmatrix}5&&\\&4&\\&&-2\end{bmatrix}.\quad \blacksquare$$

例 5.12　对于实对称矩阵
$$A=\begin{bmatrix}2&2&-2\\2&5&-4\\-2&-4&5\end{bmatrix}$$
求一个正交矩阵 P,使 $P^{-1}AP$ 成为对角矩阵.

解　由 A 的特征方程
$$\det(\lambda I-A)=\begin{vmatrix}\lambda-2&-2&2\\-2&\lambda-5&4\\2&4&\lambda-5\end{vmatrix}$$
$$\xlongequal{r_3+r_2}\begin{vmatrix}\lambda-2&-2&2\\-2&\lambda-5&4\\0&\lambda-1&\lambda-1\end{vmatrix}$$
$$\xlongequal{c_2-c_3}\begin{vmatrix}\lambda-2&-4&2\\-2&\lambda-9&4\\0&0&\lambda-1\end{vmatrix}$$
$$=(\lambda-1)(\lambda^2-11\lambda+10)=(\lambda-1)^2(\lambda-10)=0$$
得 A 的特征值为 $\lambda_1=\lambda_2=1,\lambda_3=10$.

对于 2 重特征值 $\lambda_1=\lambda_2=1$,求方程组 $(I-A)x=0$ 的基础解系. 由
$$I-A=\begin{bmatrix}-1&-2&2\\-2&-4&4\\2&4&-4\end{bmatrix}\to\begin{bmatrix}1&2&-2\\0&0&0\\0&0&0\end{bmatrix}$$
得基础解系
$$\xi_1=(0,1,1)^{T},\quad \xi_2=(4,-1,1)^{T}$$
ξ_1 与 ξ_2 已经正交,再单位化,即令 $e_i=\dfrac{\xi_i}{\|\xi_i\|}(i=1,2)$,则得 A 的对应于特征值 $\lambda_1=\lambda_2=1$ 的标准正交的特征向量
$$e_1=\left(0,\frac{1}{\sqrt{2}},\frac{1}{\sqrt{2}}\right)^{T},\quad e_2=\left(\frac{4}{3\sqrt{2}},-\frac{1}{3\sqrt{2}},\frac{1}{3\sqrt{2}}\right)^{T}$$
同理可求得属于 $\lambda_3=10$ 的单位特征向量
$$e_3=\left(\frac{1}{3},\frac{2}{3},-\frac{2}{3}\right)^{T}$$

于是得 $\boldsymbol{A}$ 的标准正交特征向量 $\boldsymbol{e}_1$、$\boldsymbol{e}_2$、$\boldsymbol{e}_3$，故所求的正交矩阵可取为

$$\boldsymbol{P}=[\boldsymbol{e}_1\ \boldsymbol{e}_2\ \boldsymbol{e}_3]=\begin{bmatrix}0 & \dfrac{4}{3\sqrt{2}} & \dfrac{1}{3}\\ \dfrac{1}{\sqrt{2}} & -\dfrac{1}{3\sqrt{2}} & \dfrac{2}{3}\\ \dfrac{1}{\sqrt{2}} & \dfrac{1}{3\sqrt{2}} & -\dfrac{2}{3}\end{bmatrix}$$

且有 $\boldsymbol{P}^{-1}\boldsymbol{AP}=\boldsymbol{P}^{\mathrm{T}}\boldsymbol{AP}=\mathrm{diag}(1,1,10)$. ▌

在例 5.12 中，如果由齐次线性方程组 $(\boldsymbol{I}-\boldsymbol{A})\boldsymbol{x}=\boldsymbol{0}$ 所求得的基础解系不是正交向量组，例如，若取基础解系为

$$\boldsymbol{\alpha}_1=(-2,1,0)^{\mathrm{T}},\ \boldsymbol{\alpha}_2=(2,0,1)^{\mathrm{T}}$$

则因 $\boldsymbol{\alpha}_1$ 与 $\boldsymbol{\alpha}_2$ 不正交，就要利用施密特正交化方法将其化为标准正交向量组，先正交化，即令

$$\boldsymbol{\beta}_1=\boldsymbol{\alpha}_1=(-2,1,0)^{\mathrm{T}}$$

$$\boldsymbol{\beta}_2=\boldsymbol{\alpha}_2-\frac{\langle\boldsymbol{\alpha}_2,\boldsymbol{\beta}_1\rangle}{\langle\boldsymbol{\beta}_1,\boldsymbol{\beta}_1\rangle}\boldsymbol{\beta}_1=(2,0,1)^{\mathrm{T}}-\frac{-4}{5}(-2,1,0)^{\mathrm{T}}=\left(\frac{2}{5},\frac{4}{5},1\right)^{\mathrm{T}}$$

再单位化，即令 $\boldsymbol{e}_i=\dfrac{1}{\|\boldsymbol{\beta}_i\|}\boldsymbol{\beta}_i(i=1,2)$，便得对应于 λ_1 的标准正交的特征向量

$$\boldsymbol{e}_1=\left(-\frac{2}{\sqrt{5}},\frac{1}{\sqrt{5}},0\right)^{\mathrm{T}},\quad \boldsymbol{e}_2=\left(\frac{2}{3\sqrt{5}},\frac{4}{3\sqrt{5}},\frac{5}{3\sqrt{5}}\right)^{\mathrm{T}}$$

这时，所求得的正交矩阵就是

$$\boldsymbol{P}=[\boldsymbol{e}_1\ \boldsymbol{e}_2\ \boldsymbol{e}_3]=\begin{bmatrix}-\dfrac{2}{\sqrt{5}} & \dfrac{2}{3\sqrt{5}} & \dfrac{1}{3}\\ \dfrac{1}{\sqrt{5}} & \dfrac{4}{3\sqrt{5}} & \dfrac{2}{3}\\ 0 & \dfrac{5}{3\sqrt{5}} & -\dfrac{2}{3}\end{bmatrix}$$

例 5.13 设 3 阶实对称矩阵 $\boldsymbol{A}$ 的特征值为 $\lambda_1=-1,\lambda_2=\lambda_3=1$，$\boldsymbol{\xi}_1=(0,1,1)^{\mathrm{T}}$ 为对应于特征值 λ_1 的特征向量. 求矩阵 $\boldsymbol{A}$.

解 实对称矩阵 $\boldsymbol{A}$ 必相似于对角矩阵，即必存在可逆矩阵 $\boldsymbol{P}$ 和对角矩阵 $\boldsymbol{D}$，使 $\boldsymbol{P}^{-1}\boldsymbol{AP}=\boldsymbol{D}$，因此，若这样的矩阵 $\boldsymbol{P}$ 和对角矩阵 $\boldsymbol{D}$ 能求出，则可由此解出 $\boldsymbol{A}$ 来. 由题设条件知 $\boldsymbol{A}$ 必相似于对角矩阵 $\boldsymbol{D}=\mathrm{diag}(-1,1,1)$. 为求出上述的可逆矩阵 $\boldsymbol{P}$，需要求出 $\boldsymbol{A}$ 的属于特征值 $\lambda_2=\lambda_3=1$ 的特征向量. 设属于 $\lambda_2=\lambda_3=1$ 的特征向量为 $\boldsymbol{x}=(x_1,x_2,x_3)^{\mathrm{T}}$，则由性质 5.6 知 $\boldsymbol{x}$ 与 $\boldsymbol{\xi}_1$ 正交，即

$$x_2+x_3=0$$

上面这个齐次方程的通解为：$x_2=-x_3$（x_1、x_3 任意），在此通解中分别令 $x_1=1$、$x_3=0$ 和 $x_1=0$、$x_3=-1$，便得其基础解系

$$\boldsymbol{\xi}_2=(1,0,0)^{\mathrm{T}},\quad \boldsymbol{\xi}_3=(0,1,-1)^{\mathrm{T}}$$

$\boldsymbol{\xi}_2$、$\boldsymbol{\xi}_3$ 就是对应于 $\lambda_2=\lambda_3=1$ 的线性无关特征向量. 由特征值的性质，知 $\boldsymbol{\xi}_1$、$\boldsymbol{\xi}_2$、$\boldsymbol{\xi}_3$ 是 3 阶矩阵 $\boldsymbol{A}$ 的 3 个线性无关特征向量. 令

$$\boldsymbol{P}=[\boldsymbol{\xi}_1\ \boldsymbol{\xi}_2\ \boldsymbol{\xi}_3]=\begin{bmatrix}0&1&0\\1&0&1\\1&0&-1\end{bmatrix}$$

则 $\boldsymbol{P}$ 可逆，且使 $\boldsymbol{P}^{-1}\boldsymbol{AP}=\boldsymbol{D}$，由此解得

$$\boldsymbol{A}=\boldsymbol{PDP}^{-1}$$

$$=\begin{bmatrix}0&1&0\\1&0&1\\1&0&-1\end{bmatrix}\begin{bmatrix}-1&&\\&1&\\&&1\end{bmatrix}\begin{bmatrix}0&\frac{1}{2}&\frac{1}{2}\\1&0&0\\0&\frac{1}{2}&-\frac{1}{2}\end{bmatrix}=\begin{bmatrix}1&0&0\\0&0&-1\\0&-1&0\end{bmatrix}.\ \blacksquare$$

习　题　五

(A)

1. 设矩阵 $\boldsymbol{A}=(a_{ij})_{n\times n}$ 的每行元素之和都等于常数 λ_0，即 $\sum\limits_{j=1}^{n}a_{ij}=\lambda_0(i=1,2,\cdots,n)$，试证：$\lambda_0$ 为 $\boldsymbol{A}$ 的一个特征值且 $\boldsymbol{\xi}=(1,1,\cdots,1)^{\mathrm{T}}$ 为对应的一个特征向量.

2. 求下列矩阵的特征值及对应的线性无关特征向量：

(1) $\begin{bmatrix}3&4\\5&2\end{bmatrix}$　(2) $\begin{bmatrix}2&1&2\\0&3&2\\0&0&2\end{bmatrix}$　(3) $\begin{bmatrix}-1&4&-2\\-3&4&0\\-3&1&3\end{bmatrix}$　(4) $\begin{bmatrix}1&1&1\\-3&5&3\\-2&2&4\end{bmatrix}$.

3. 设矩阵 $\boldsymbol{A}=\begin{bmatrix}2&1&1\\1&2&1\\1&1&2\end{bmatrix}$，$\boldsymbol{x}=(1,k,1)^{\mathrm{T}}$ 是 $\boldsymbol{A}^{-1}$ 的一个特征向量，求常数 k 的值及与 $\boldsymbol{x}$ 对应的特征值 λ.

4. 证明性质 5.1 的(1)和(3).

5. 证明：对任何 n 阶矩阵 $\boldsymbol{A}$，$\boldsymbol{A}^{\mathrm{T}}$ 与 $\boldsymbol{A}$ 有相同的特征值.

6. 设 $\lambda=2$ 是可逆矩阵 $\boldsymbol{A}$ 的一个特征值，求矩阵 $\left(\frac{1}{3}\boldsymbol{A}^2\right)^{-1}$ 的一个特征值.

7. 设 4 阶矩阵 $\boldsymbol{A}$ 满足 $\det(3\boldsymbol{I}+\boldsymbol{A})=0$，$\boldsymbol{AA}^{\mathrm{T}}=2\boldsymbol{I}$，$\det(\boldsymbol{A})<0$，求 $\boldsymbol{A}$ 的伴随矩阵 $\boldsymbol{A}^*$ 的一个特征值.

8. 设 n 阶可逆矩阵 $\boldsymbol{A}$ 的每行元素之和都等于常数 a. 证明：$a\neq 0$ 且 $\boldsymbol{A}^{-1}$ 有特征值 $\frac{1}{a}$.

9. 设 $\boldsymbol{A}$ 为 3 阶矩阵，已知矩阵 $\boldsymbol{I}-\boldsymbol{A},\boldsymbol{I}+\boldsymbol{A},3\boldsymbol{I}-\boldsymbol{A}$ 都不可逆，试求 $\boldsymbol{A}$ 的行列式.

10. 设矩阵 $\boldsymbol{A}_{n\times n}$ 的全部特征值为 $\lambda_1,\lambda_2,\cdots,\lambda_n$，求矩阵 $\boldsymbol{A}-3\boldsymbol{I}$ 的全部特征值.

11. 设 3 阶矩阵 $\boldsymbol{A}$ 的特征值为 $1,-1,0$，对应的特征向量分别为 $\boldsymbol{x}_1,\boldsymbol{x}_2,\boldsymbol{x}_3$，若 $\boldsymbol{B}=\boldsymbol{A}^2-2\boldsymbol{A}+3\boldsymbol{I}$，求 $\boldsymbol{B}^{-1}$ 的特征值与特征向量.

12. 设矩阵 $\boldsymbol{A}_{3\times 3}$ 的特征值为 1,2,3，对应的特征向量分别为 $\boldsymbol{x}_1=(1,1,1)^{\mathrm{T}},\boldsymbol{x}_2=(1,2,4)^{\mathrm{T}},\boldsymbol{x}_3=(1,3,9)^{\mathrm{T}}$. 又向量 $\boldsymbol{\beta}=(1,1,3)^{\mathrm{T}}$.

(1) 将向量 $\boldsymbol{\beta}$ 用 $\boldsymbol{x}_1,\boldsymbol{x}_2,\boldsymbol{x}_3$ 线性表出；(2) 求 $\boldsymbol{A}^2\boldsymbol{\beta}$.

13. 设矩阵 $\boldsymbol{A}$ 与 $\boldsymbol{B}$ 相似，证明：

(1) 对任意正整数 m，$\boldsymbol{A}^m$ 与 $\boldsymbol{B}^m$ 相似；

(2) 若 $\boldsymbol{B}$ 为对角矩阵，则对任何多项式 $f(x)=a_mx^m+\cdots+a_1x+a_0$，$f(\boldsymbol{A})$ 与对角矩阵相似.

14. 设可逆矩阵 $\boldsymbol{A}$ 与对角矩阵相似. 证明：

(1) $\boldsymbol{A}^{-1}$ 与对角矩阵相似；(2) $\boldsymbol{A}^*$ 与对角矩阵相似.

15. 设矩阵 $\boldsymbol{A}$ 与 $\boldsymbol{B}$ 相似，即存在可逆矩阵 $\boldsymbol{P}$，使 $\boldsymbol{P}^{-1}\boldsymbol{A}\boldsymbol{P}=\boldsymbol{B}$，且知向量 $\boldsymbol{x}$ 是 $\boldsymbol{A}$ 的属于特征值 λ_0 的特征向量，问矩阵 $\boldsymbol{B}$ 的属于特征值 λ_0 的特征向量是什么？

16. 已知 3 阶矩阵 $\boldsymbol{A}$ 与 $\boldsymbol{B}$ 相似，$\boldsymbol{A}$ 的特征值为 $\frac{1}{2}$、$\frac{1}{3}$、$\frac{1}{4}$，则行列式 $\det(\boldsymbol{B}^{-1}-\boldsymbol{I})=$ ________.

17. 下列矩阵中哪些矩阵可对角化？哪些矩阵不能对角化？并对可对角化的矩阵 $\boldsymbol{A}$，求一个可逆矩阵 $\boldsymbol{P}$，使 $\boldsymbol{P}^{-1}\boldsymbol{A}\boldsymbol{P}$ 成对角矩阵；对不能对角化的矩阵，求出特征值及对应的线性无关特征向量：

(1) $\begin{bmatrix}2&1&-1\\1&2&1\\0&0&1\end{bmatrix}$　(2) $\begin{bmatrix}1&-1&-2\\2&2&-2\\-2&-1&1\end{bmatrix}$　(3) $\begin{bmatrix}3&-1&-1\\-12&0&5\\4&-2&-1\end{bmatrix}$

(4) $\begin{bmatrix}2&0&-2\\0&3&0\\0&0&3\end{bmatrix}$　(5) $\begin{bmatrix}4&-5&1\\1&0&-1\\0&1&-1\end{bmatrix}$　(6) $\begin{bmatrix}-2&0&1\\1&0&-1\\0&1&-1\end{bmatrix}$

(7) $\begin{bmatrix}1&-3&3\\3&-5&3\\6&-6&4\end{bmatrix}$　(8) $\begin{bmatrix}4&2&-5\\6&4&-9\\5&3&-7\end{bmatrix}$

18. 证明：矩阵 $\begin{bmatrix}a&1&0\\0&a&1\\0&0&b\end{bmatrix}$ 必不相似于对角矩阵.

19. 已知 λ 为 4 阶矩阵 $\boldsymbol{A}$ 的 3 重特征值，且 $r(\lambda\boldsymbol{I}-\boldsymbol{A})=1$，问 $\boldsymbol{A}$ 是否相似于对角矩阵？为什么？

20. 已知 λ 为 n 阶矩阵 $\boldsymbol{A}$ 的 n 重特征值，证明：$\boldsymbol{A}$ 可对角化 $\Leftrightarrow \boldsymbol{A}=\lambda\boldsymbol{I}$.

21. a 取何值时，下列矩阵可对角化？并在矩阵 $\boldsymbol{A}$ 可对角化时，求一个可逆矩阵 $\boldsymbol{P}$，使 $\boldsymbol{P}^{-1}\boldsymbol{A}\boldsymbol{P}=\boldsymbol{D}$ 成对角矩阵：

(1) $\begin{bmatrix}2&2&0\\8&2&a\\0&0&6\end{bmatrix}$　(2) $\begin{bmatrix}4&6&-2\\-1&-1&1\\0&0&a\end{bmatrix}$

22. 设矩阵 $\boldsymbol{A}=\begin{bmatrix}2&0&0\\0&4&0\\1&0&2\end{bmatrix}$，$\boldsymbol{B}=\begin{bmatrix}2&0&0\\-1&4&0\\-3&6&2\end{bmatrix}$. 问 $\boldsymbol{A}$、$\boldsymbol{B}$ 有相同的特征值吗？对应于同一特征值，$\boldsymbol{A}$ 与 $\boldsymbol{B}$ 有相同的特征向量吗？$\boldsymbol{A}$ 和 $\boldsymbol{B}$ 都相似于对角矩阵吗？$\boldsymbol{A}$ 与 $\boldsymbol{B}$ 相似吗？

23. 设 3 阶矩阵 $\boldsymbol{A}$ 满足 $\boldsymbol{A}\boldsymbol{\alpha}_k=k\boldsymbol{\alpha}_k\,(k=1,2,3)$，其中向量 $\boldsymbol{\alpha}_1=(1,2,2)^{\mathrm{T}}$，$\boldsymbol{\alpha}_2=(2,-2,1)^{\mathrm{T}}$，$\boldsymbol{\alpha}_3=(-2,-1,2)^{\mathrm{T}}$，求矩阵 $\boldsymbol{A}$.

24. 设 3 阶矩阵 $\boldsymbol{A}$ 的特征值为 $1,2,-3$，矩阵 $\boldsymbol{B}=\boldsymbol{A}^3-7\boldsymbol{A}+5\boldsymbol{I}$，求矩阵 $\boldsymbol{B}$.

25. 已知矩阵 $\boldsymbol{A}=\begin{bmatrix}2&0&0\\0&0&1\\0&1&x\end{bmatrix}$ 与矩阵 $\boldsymbol{B}=\begin{bmatrix}2&&\\&y&\\&&-1\end{bmatrix}$ 相似，

(1) 求 x 与 y；(2) 求一个满足 $\boldsymbol{P}^{-1}\boldsymbol{A}\boldsymbol{P}=\boldsymbol{B}$ 的可逆矩阵 $\boldsymbol{P}$.

26. 证明正交矩阵性质的(1)、(2)和(3).

27. 设 $\boldsymbol{A}=(a_{ij})_{n\times n}$ 为 n 阶正交矩阵，A_{ij} 为 a_{ij} 的代数余子式. 证明：$A_{ij}=\det(\boldsymbol{A})a_{ij}\,(i,j=1,2,\cdots,n)$.

28. 设 $\boldsymbol{\alpha}$ 为 n 维单位列向量，$\boldsymbol{I}$ 为 n 阶单位矩阵，证明：矩阵 $\boldsymbol{A}=\boldsymbol{I}-2\boldsymbol{\alpha}\boldsymbol{\alpha}^{\mathrm{T}}$ 是对称的正交矩阵.

29. 试利用施密特方法将下列向量组化成标准正交向量组.

$\boldsymbol{\alpha}_1=(1,1,1)^{\mathrm{T}}$，$\boldsymbol{\alpha}_2=(1,2,3)^{\mathrm{T}}$，$\boldsymbol{\alpha}_3=(1,4,9)^{\mathrm{T}}$

30. 对下列实对称矩阵 $\boldsymbol{A}$，求一个正交矩阵 $\boldsymbol{P}$，使 $\boldsymbol{P}^{-1}\boldsymbol{A}\boldsymbol{P}$ 成对角矩阵，并写出相应的对角矩阵：

(1) $\begin{bmatrix}9&-2\\-2&6\end{bmatrix}$　(2) $\begin{bmatrix}2&1&0\\1&3&1\\0&1&2\end{bmatrix}$　(3) $\begin{bmatrix}1&2&2\\2&1&2\\2&2&1\end{bmatrix}$　(4) $\begin{bmatrix}2&0&0\\0&-1&3\\0&3&-1\end{bmatrix}$

31. 设 3 阶实对称矩阵 $\boldsymbol{A}$ 的秩为 2，$\lambda_1=\lambda_2=6$ 是 $\boldsymbol{A}$ 的 2 重特征值，且 $\boldsymbol{\alpha}_1=(1,1,0)^{\mathrm{T}}$，$\boldsymbol{\alpha}_2=(2,1,1)^{\mathrm{T}}$，$\boldsymbol{\alpha}_3=(-1,2,-3)^{\mathrm{T}}$ 都是 $\boldsymbol{A}$ 的属于特征值 6 的特征向量. 求矩阵 $\boldsymbol{A}$.

(B)

1. 设矩阵 $\boldsymbol{A}=\begin{bmatrix}0&0&1\\x&1&y\\1&0&0\end{bmatrix}$，求 $\boldsymbol{A}$ 的特征值；若 $\boldsymbol{A}$ 有 3 个线性无关的特征向量，试求 x 与 y 满足的关系式.

2. 设 n 维向量 $\boldsymbol{\alpha}=(a_1,a_2,\cdots,a_n)^{\mathrm{T}}$ 及 $\boldsymbol{\beta}=(b_1,b_2,\cdots,b_n)^{\mathrm{T}}$ 都不是零向量，且 $\boldsymbol{\alpha}^{\mathrm{T}}\boldsymbol{\beta}=0$. 令

矩阵$\boldsymbol{A}=\boldsymbol{\alpha}\boldsymbol{\beta}^{\mathrm{T}}$,求:(1) $\boldsymbol{A}^2$;(2) $\boldsymbol{A}$的特征值与特征向量.

3. 已知矩阵$\boldsymbol{A}=\begin{bmatrix}1&-1&1\\x&4&y\\-3&-3&5\end{bmatrix}$相似于对角矩阵,$\lambda=2$是$\boldsymbol{A}$的2重特征值,(1)求常数$x$、$y$的值;(2)求一个可逆矩阵$\boldsymbol{P}$,使$\boldsymbol{P}^{-1}\boldsymbol{A}\boldsymbol{P}$成对角矩阵.

4. 设矩阵$\boldsymbol{A}=\begin{bmatrix}3&-2\\-2&3\end{bmatrix}$,试利用$\boldsymbol{A}$的正交相似对角化,求$\varphi(\boldsymbol{A})=\boldsymbol{A}^{10}-5\boldsymbol{A}^9$.

复 习 题 五

1. 填空题

(1) 矩阵$\boldsymbol{A}=\begin{bmatrix}2&-2\\0&2\end{bmatrix}$的线性无关特征向量的个数为________.

(2) 已知矩阵$\boldsymbol{A}$有一个特征值为2,则矩阵$\boldsymbol{B}=\boldsymbol{A}^2+\boldsymbol{A}-3\boldsymbol{I}$必有一个特征值为________.

(3) 设3阶矩阵$\boldsymbol{A}$的特征值为2、4、6,则行列式$|\boldsymbol{A}-3\boldsymbol{I}|=$________.

(4) 若矩阵$\boldsymbol{A}=\begin{bmatrix}3&a\\5&-3\end{bmatrix}$相似于对角矩阵$\begin{bmatrix}b&\\&-2\end{bmatrix}$,则$a=$________,$b=$________.

(5) 设λ_1和λ_2是3阶实对称矩阵$\boldsymbol{A}$的两个不同特征值,$\boldsymbol{\xi}_1=(1,1,3)^{\mathrm{T}}$和$\boldsymbol{\xi}_2=(4,5,a)^{\mathrm{T}}$依次是对应于$\lambda_1$和$\lambda_2$的特征向量,则常数$a=$________.

(6) 设3阶矩阵$\boldsymbol{A}$的特征值互不相同,且$\det(\boldsymbol{A})=0$,则$r(\boldsymbol{A})=$________.

(7) 设$\boldsymbol{A}$为2阶矩阵,$\boldsymbol{\alpha}_1$、$\boldsymbol{\alpha}_2$为线性无关的2维列向量,$\boldsymbol{A}\boldsymbol{\alpha}_1=\boldsymbol{0}$,$\boldsymbol{A}\boldsymbol{\alpha}_2=2\boldsymbol{\alpha}_1+\boldsymbol{\alpha}_2$,则$\boldsymbol{A}$的非零特征值为________.

(8) 设向量$\boldsymbol{\alpha}=(1,1,1)^{\mathrm{T}}$,$\boldsymbol{\beta}=(1,0,k)^{\mathrm{T}}$,矩阵$\boldsymbol{\alpha}\boldsymbol{\beta}^{\mathrm{T}}$相似于对角矩阵$\mathrm{diag}(3,0,0)$,则$k=$________.

(9) 设矩阵$\begin{bmatrix}1&1&1\\1&1&1\\0&0&a\end{bmatrix}$相似于对角矩阵,则$a$应满足条件________.

(10) 设4阶实对称矩阵$\boldsymbol{A}$满足$\boldsymbol{A}^2+\boldsymbol{A}=\boldsymbol{O}$,且$r(\boldsymbol{A})=3$.则$\boldsymbol{A}$相似于对角矩阵________.

2. 单项选择题

(1) 同阶矩阵$\boldsymbol{A}$与$\boldsymbol{B}$有相同的特征值是$\boldsymbol{A}$与$\boldsymbol{B}$相似的(　).

(A) 充分而非必要的条件　　(B) 必要而非充分的条件

(C) 充分必要条件　　(D) 既非充分条件也非必要条件

(2) n阶矩阵$\boldsymbol{A}$有n个互不相同的特征值是$\boldsymbol{A}$相似于对角矩阵的(　).

(A) 充分而非必要的条件　　(B) 必要而非充分的条件

(C) 充分必要条件　　(D) 既非充分条件也非必要条件

(3) n阶矩阵$\boldsymbol{A}$相似于对角矩阵的充分必要条件是(　).

(A) $\boldsymbol{A}$有n个互不相同的特征向量　　(B) $\boldsymbol{A}$有n个线性无关的特征向量

(C) $\boldsymbol{A}$ 有 n 个两两正交的特征向量　　(D) $\boldsymbol{A}$ 为可逆矩阵

(4) 设 λ 是 n 阶可逆矩阵 $\boldsymbol{A}$ 的一个特征值,则$(\boldsymbol{A}^*)^{-1}$必有一个特征值为(　).

(A) $\lambda|\boldsymbol{A}|$　　(B) $\dfrac{|\boldsymbol{A}|}{\lambda}$　　(C) $\dfrac{\lambda}{|\boldsymbol{A}|}$　　(D) $\lambda|\boldsymbol{A}|^n$

(5) 下列矩阵中不是正交矩阵的是(　).

(A) $\begin{bmatrix} 0 & -1 \\ 1 & 0 \end{bmatrix}$　　(B) $\begin{bmatrix} \cos\theta & \sin\theta \\ -\sin\theta & \cos\theta \end{bmatrix}$

(C) $\dfrac{1}{6}\begin{bmatrix} 1 & 5 & \sqrt{10} \\ 5 & 1 & -\sqrt{10} \\ \sqrt{10} & -\sqrt{10} & 4 \end{bmatrix}$　　(D) $\dfrac{1}{\sqrt{3}}\begin{bmatrix} \sqrt{3}+1 & \sqrt{3}-1 \\ \sqrt{3}-1 & -\sqrt{3}-1 \end{bmatrix}$

3. 求矩阵 $\boldsymbol{A}=\begin{bmatrix} 1 & 0 & 0 \\ 0 & 9 & 4 \\ 0 & 1 & 6 \end{bmatrix}$ 的特征值及对应的线性无关特征向量.

4. 已知 3 阶矩阵 $\boldsymbol{A}$ 的特征值为 1、2、3,求行列式 $\boldsymbol{D}=|\boldsymbol{A}^*+3\boldsymbol{A}+2\boldsymbol{I}|$.

5. 已知矩阵 $\boldsymbol{A}=\begin{bmatrix} 7 & -12 & 6 \\ 10 & -19 & 10 \\ 12 & -24 & 13 \end{bmatrix}$ 相似于对角矩阵 $\boldsymbol{D}=\begin{bmatrix} 1 & & \\ & 1 & \\ & & -1 \end{bmatrix}$,求可逆矩阵 $\boldsymbol{P}$,使 $\boldsymbol{P}^{-1}\boldsymbol{A}\boldsymbol{P}=\boldsymbol{D}$.

6. 已知 $\boldsymbol{\xi}=\begin{bmatrix} 1 \\ 1 \\ -1 \end{bmatrix}$ 是矩阵 $\boldsymbol{A}=\begin{bmatrix} 2 & -1 & 2 \\ 5 & a & 3 \\ -1 & b & -2 \end{bmatrix}$ 的一个特征向量.

(1) 求 a、b 的值及与 $\boldsymbol{\xi}$ 对应的特征值 λ;(2) $\boldsymbol{A}$ 是否相似对角矩阵? 为什么?

7. 对于实对称矩阵 $\boldsymbol{A}=\begin{bmatrix} 1 & 1 & 1 \\ 1 & 1 & 1 \\ 1 & 1 & 1 \end{bmatrix}$,求一个正交矩阵 $\boldsymbol{P}$,使 $\boldsymbol{P}^{-1}\boldsymbol{A}\boldsymbol{P}$ 成对角矩阵.

8. 设有实对称矩阵 $\boldsymbol{A}=\begin{bmatrix} 0 & -1 & 4 \\ -1 & 3 & a \\ 4 & a & 0 \end{bmatrix}$,正交矩阵 $\boldsymbol{Q}$ 使得 $\boldsymbol{Q}^{\mathrm{T}}\boldsymbol{A}\boldsymbol{Q}=\boldsymbol{D}$ 为对角矩阵,求常数 a 的值及矩阵 $\boldsymbol{Q}$、$\boldsymbol{D}$.

第6章　实二次型

本章介绍二次型的基本理论,主要内容包括利用矩阵工具解决化二次型为标准形的问题,以及正定二次型的概念和判别问题.

本章限于在实数域内讨论问题.

第1节　二次型及其标准形

6.1.1　二次型的定义与矩阵表示

二次型的研究起源于解析几何中二次曲线方程及二次曲面方程的化简问题.在解析几何中,为了便于研究二次曲线

$$ax^2+2bxy+cy^2=1 \tag{6.1}$$

的几何性质,我们可以选择适当的坐标旋转变换

$$\begin{cases}x=x'\cos\theta-y'\sin\theta\\ y=x'\sin\theta+y'\cos\theta\end{cases} \tag{6.2}$$

把方程(6.1)化为标准方程

$$\tilde{a}x'^2+\tilde{b}y'^2=1$$

从而判定其类型,研究其性质.式(6.1)的左边是一个关于变量x、y的二次齐次多项式,称其为2元二次型.从代数的观点看,化式(6.1)为标准方程的过程,就是用变量的线性变换式(6.2)化简一个二次型,使它只含变量的平方项而不含变量的交叉乘积项.这样的问题,在二次曲面方程的化简中同样存在.当然,二次型不只在几何中出现,其应用是十分广泛的.为了应用和研究的需要,我们需要将二次型的概念拓广到n元,并研究n元二次型的基本理论.

定义6.1(二次型)　称关于n个变量$x_1,x_2,\cdots,x_n$的二次齐次多项式函数

$$\begin{aligned}f(x_1,x_2,\cdots,x_n)=&a_{11}x_1^2+2a_{12}x_1x_2+2a_{13}x_1x_3+\cdots+2a_{1n}x_1x_n\\&+a_{22}x_2^2+2a_{23}x_2x_3+\cdots+2a_{2n}x_2x_n+\cdots+a_{nn}x_n^2\end{aligned} \tag{6.3}$$

为一个 n 元二次型①，其中的系数 $a_{ij}(i\leqslant j)$ 是实数，$\boldsymbol{x}=(x_1,x_2,\cdots,x_n)^{\mathrm{T}}$ 是 $\mathbf{R}^n$ 中的向量.

在二次型的讨论中，矩阵是一个有力的工具. 我们先讨论怎样用矩阵来表示二次型. 以 3 元二次型为例，3 元二次型的一般形式是

$$f(x_1,x_2,x_3)=a_{11}x_1^2+2a_{12}x_1x_2+2a_{13}x_1x_3+a_{22}x_2^2+2a_{23}x_2x_3+a_{33}x_3^2$$

令 $a_{ij}=a_{ji}(i,j=1,2,3)$，并利用矩阵乘法，就可将 f 写成

$$\begin{aligned}f(x_1,x_2,x_3)&=a_{11}x_1^2+a_{12}x_1x_2+a_{13}x_1x_3+a_{21}x_2x_1\\&\quad+a_{22}x_2^2+a_{23}x_2x_3+a_{31}x_3x_1+a_{32}x_3x_2+a_{33}x_3^2\\&=x_1(a_{11}x_1+a_{12}x_2+a_{13}x_3)\\&\quad+x_2(a_{21}x_1+a_{22}x_2+a_{23}x_3)+x_3(a_{31}x_1+a_{32}x_2+a_{33}x_3)\\&=[x_1\ x_2\ x_3]\begin{bmatrix}a_{11}x_1+a_{12}x_2+a_{13}x_3\\a_{21}x_1+a_{22}x_2+a_{23}x_3\\a_{31}x_1+a_{32}x_2+a_{33}x_3\end{bmatrix}\\&=[x_1\ x_2\ x_3]\begin{bmatrix}a_{11}&a_{12}&a_{13}\\a_{21}&a_{22}&a_{23}\\a_{31}&a_{32}&a_{33}\end{bmatrix}\begin{bmatrix}x_1\\x_2\\x_3\end{bmatrix}\\&=\boldsymbol{x}^{\mathrm{T}}\boldsymbol{A}\boldsymbol{x}\end{aligned}$$

其中 $\boldsymbol{x}=[x_1\ x_2\ x_3]^{\mathrm{T}}$ 为 3 维实向量，矩阵 $\boldsymbol{A}=(a_{ij})_{3\times3}$. 由于 $a_{ij}=a_{ji}(i,j=1,2,3)$，所以 $\boldsymbol{A}$ 为实对称矩阵. 显然，矩阵 $\boldsymbol{A}$ 的元素按下述规律由二次型 f 唯一确定：a_{ii} 是 f 中平方项 x_i^2 的系数，$a_{ij}=a_{ji}$ 是 f 中交叉乘积项 x_ix_j 的系数的一半.

一般地，按照上述方法，可将 n 元二次型(6.3)写成

$$f(x_1,x_2,\cdots,x_n)=f(\boldsymbol{x})=\boldsymbol{x}^{\mathrm{T}}\boldsymbol{A}\boldsymbol{x}\tag{6.4}$$

其中 $\boldsymbol{x}=(x_1,\cdots,x_n)^{\mathrm{T}}\in\mathbf{R}^n$，$\boldsymbol{A}=(a_{ij})_{n\times n}$ 为实对称矩阵. 称(6.4)式为二次型(6.3)的**矩阵表示式**，称实对称矩阵 $\boldsymbol{A}$ 为**二次型 $f(\boldsymbol{x})$ 的矩阵**，并把矩阵 $\boldsymbol{A}$ 的秩称为**二次型 $f(\boldsymbol{x})$ 的秩**.

例如，二次型 $f(x_1,x_2,x_3)=x_1^2-2x_2^2+3x_3^2-4x_1x_2+x_2x_3$ 用矩阵来表示，就是

$$f(x_1,x_2,x_3)=[x_1\ x_2\ x_3]\begin{bmatrix}1&-2&0\\-2&-2&\frac{1}{2}\\0&\frac{1}{2}&3\end{bmatrix}\begin{bmatrix}x_1\\x_2\\x_3\end{bmatrix}$$

---

① 为了讨论方便，我们将二次型中变量的交叉乘积项 x_ix_j 的系数写成 $2a_{ij}$.

由上所述，二次型 f 的矩阵 $\boldsymbol{A}$ 由 f 唯一确定，所以，给定一个 n 元二次型，也就给定了一个 n 阶实对称矩阵；反过来，任给一个 n 阶实对称矩阵 $\boldsymbol{A}$，也可由(6.4)式唯一确定一个 n 元二次型. 这样，就在 n 元二次型和 n 阶实对称矩阵之间建立了一一对应关系，从而使得研究二次型的问题与研究实对称矩阵的问题可以相互转化.

6.1.2 二次型的标准形

本节所讨论的主要问题之一，是寻求变量的可逆线性变换[①]

$$\begin{bmatrix} x_1 \\ x_2 \\ \vdots \\ x_n \end{bmatrix} = \begin{bmatrix} c_{11} & c_{12} & \cdots & c_{1n} \\ c_{21} & c_{22} & \cdots & c_{2n} \\ \vdots & \vdots & & \vdots \\ c_{n1} & c_{n2} & \cdots & c_{nn} \end{bmatrix} \begin{bmatrix} y_1 \\ y_2 \\ \vdots \\ y_n \end{bmatrix}$$

或

$$\boldsymbol{x} = \boldsymbol{C}\boldsymbol{y} \tag{6.5}$$

其中 $\boldsymbol{x}=(x_1,\cdots,x_n)^{\mathrm{T}}\in\mathbf{R}^n$，$\boldsymbol{y}=(y_1,\cdots,y_n)^{\mathrm{T}}\in\mathbf{R}^n$，$\boldsymbol{C}=(c_{ij})_{n\times n}$ 为可逆矩阵，使得通过变换(6.5)，能把二次型 $f=\boldsymbol{x}^{\mathrm{T}}\boldsymbol{A}\boldsymbol{x}$ 化成只含变量的平方项(而不含变量的交叉乘积项)的形式

$$f = d_1y_1^2 + d_2y_2^2 + \cdots + d_ny_n^2 \tag{6.6}$$

并称(6.6)式右端为**二次型 f 的标准形**. 显然标准形(6.6)的矩阵是对角矩阵

$$\boldsymbol{D} = \mathrm{diag}(d_1, d_2, \cdots, d_n)$$

标准形(6.6)的矩阵形式为

$$f = \boldsymbol{y}^{\mathrm{T}}\boldsymbol{D}\boldsymbol{y}$$

那么，怎样来找满足上述要求的可逆矩阵 $\boldsymbol{C}$ 呢？假设二次型 $f=\boldsymbol{x}^{\mathrm{T}}\boldsymbol{A}\boldsymbol{x}$ 经变换(6.5)化成了标准形 $f=\boldsymbol{y}^{\mathrm{T}}\boldsymbol{D}\boldsymbol{y}$，由于二次型由它的矩阵唯一确定，所以，$f$ 的矩阵 $\boldsymbol{A}$ 与它的标准形的矩阵 $\boldsymbol{D}$ 之间必存在一定的关系. 为此，将变换(6.5)代入 $f=\boldsymbol{x}^{\mathrm{T}}\boldsymbol{A}\boldsymbol{x}$，得

$$f = \boldsymbol{x}^{\mathrm{T}}\boldsymbol{A}\boldsymbol{x} \xlongequal{\boldsymbol{x}=\boldsymbol{C}\boldsymbol{y}} \boldsymbol{y}^{\mathrm{T}}(\boldsymbol{C}^{\mathrm{T}}\boldsymbol{A}\boldsymbol{C})\boldsymbol{y} = \boldsymbol{y}^{\mathrm{T}}\boldsymbol{D}\boldsymbol{y} \tag{6.7}$$

这样就有

$$\boldsymbol{C}^{\mathrm{T}}\boldsymbol{A}\boldsymbol{C} = \boldsymbol{D} \tag{6.8}$$

所以，从矩阵的角度看，寻求可逆线性变换 $\boldsymbol{x}=\boldsymbol{C}\boldsymbol{y}$ 把二次型 $f=\boldsymbol{x}^{\mathrm{T}}\boldsymbol{A}\boldsymbol{x}$ 化成标准形的问题，就等价于寻求一个可逆矩阵 $\boldsymbol{C}$，使得 $\boldsymbol{C}^{\mathrm{T}}\boldsymbol{A}\boldsymbol{C}$ 成为对角矩阵 $\boldsymbol{D}$. 那么，这样的可逆矩阵 $\boldsymbol{C}$ 是否必能找到呢？下面就来讨论这一问题.

用正交变换化二次型为标准形

---

① 可逆线性变换也称为满秩线性变换.

由定理 5.7 知道，对任何实对称矩阵 $\boldsymbol{A}$，总存在正交矩阵 $\boldsymbol{P}$，使得 $\boldsymbol{P}^{-1}\boldsymbol{A}\boldsymbol{P}=\boldsymbol{P}^{\mathrm{T}}\boldsymbol{A}\boldsymbol{P}$ 成为对角矩阵. 把这个结论用于二次型，就有

定理 6.1　对于二次型 $f(\boldsymbol{x})=\boldsymbol{x}^{\mathrm{T}}\boldsymbol{A}\boldsymbol{x}$(其中 $\boldsymbol{A}$ 为 n 阶实对称矩阵)，总存在正交变换 $\boldsymbol{x}=\boldsymbol{P}\boldsymbol{y}$($\boldsymbol{P}$ 为正交矩阵)，使得用它可将 f 化成标准形

$$f=\lambda_1 y_1^2+\lambda_2 y_2^2+\cdots+\lambda_n y_n^2$$

其中 $\lambda_1,\lambda_2,\cdots,\lambda_n$ 为 $\boldsymbol{A}$ 的全部特征值.

利用实对称矩阵的正交相似对角化的方法，就得到了用正交变换化二次型为标准形的方法.

例 6.1　求一个正交变换，把二次型 $f(x_1,x_2,x_3)=2x_1^2+5x_2^2+5x_3^2+4x_1x_2-4x_1x_3-8x_2x_3$ 化成标准形.

解　f 的矩阵为

$$\boldsymbol{A}=\begin{bmatrix}2 & 2 & -2\\ 2 & 5 & -4\\ -2 & -4 & 5\end{bmatrix}$$

求一个正交变换 $\boldsymbol{x}=\boldsymbol{P}\boldsymbol{y}$，将 f 化为标准形，其实质就是求一个正交矩阵 $\boldsymbol{P}$，使得 $\boldsymbol{P}^{-1}\boldsymbol{A}\boldsymbol{P}=\boldsymbol{P}^{\mathrm{T}}\boldsymbol{A}\boldsymbol{P}$ 成为对角矩阵. 在例 5.12 中，我们已经求到了正交矩阵

$$\boldsymbol{P}=\begin{bmatrix}0 & \dfrac{4}{3\sqrt{2}} & \dfrac{1}{3}\\ \dfrac{1}{\sqrt{2}} & -\dfrac{1}{3\sqrt{2}} & \dfrac{2}{3}\\ \dfrac{1}{\sqrt{2}} & \dfrac{1}{3\sqrt{2}} & -\dfrac{2}{3}\end{bmatrix}$$

它使得

$$\boldsymbol{P}^{-1}\boldsymbol{A}\boldsymbol{P}=\boldsymbol{P}^{\mathrm{T}}\boldsymbol{A}\boldsymbol{P}=\mathrm{diag}(1,1,10)$$

因此，通过正交变换 $\boldsymbol{x}=\boldsymbol{P}\boldsymbol{y}$，即

$$\begin{bmatrix}x_1\\ x_2\\ x_3\end{bmatrix}=\boldsymbol{P}\begin{bmatrix}y_1\\ y_2\\ y_3\end{bmatrix}$$

就可将 f 化为标准形

$$f=y_1^2+y_2^2+10y_3^2 \quad \blacksquare$$

例 6.2　已知二次型 $f(x_1,x_2,x_3)=2x_1^2+3x_2^2+3x_3^2+2ax_2x_3\ (a>0)$ 通过正交变换 $\begin{bmatrix}x_1\\ x_2\\ x_3\end{bmatrix}=\boldsymbol{P}\begin{bmatrix}y_1\\ y_2\\ y_3\end{bmatrix}$ 化成了标准形 $f=y_1^2+2y_2^2+5y_3^2$. 求参数 a 的值及所用正交变换的矩阵 $\boldsymbol{P}$.

解 二次型 f 及其标准形的矩阵分别为

$$A=\begin{bmatrix}2&0&0\\0&3&a\\0&a&3\end{bmatrix},\quad D=\begin{bmatrix}1&&\\&2&\\&&5\end{bmatrix}$$

由于所用正交变换 $x=Py$ 的矩阵为 P，故有

$$P^{-1}AP=P^{\mathrm T}AP=D$$

由 A 与 D 相似知 A 的特征值为 1、2、5. 把特征值 $\lambda=1$(或 $\lambda=5$)代入特征方程

$$\det(\lambda I-A)=(\lambda-2)(\lambda^2-6\lambda+9-a^2)=0$$

得 $a^2-4=0$，即 $a=\pm 2$，又因 $a>0$，故 $a=2$. 因此

$$A=\begin{bmatrix}2&0&0\\0&3&2\\0&2&3\end{bmatrix}$$

可求出 A 的对应于特征值 1、2、5 的单位特征向量分别可取为

$$e_1=\left(0,-\frac{1}{\sqrt2},\frac{1}{\sqrt2}\right)^{\mathrm T},\quad e_2=(1,0,0)^{\mathrm T},\quad e_3=\left(0,\frac{1}{\sqrt2},\frac{1}{\sqrt2}\right)^{\mathrm T}$$

e_1,e_2,e_3 就是 A 的标准正交的特征向量组，所以，所求的正交矩阵可取为

$$P=[e_1\ e_2\ e_3]=\begin{bmatrix}0&1&0\\-\frac{1}{\sqrt2}&0&\frac{1}{\sqrt2}\\\frac{1}{\sqrt2}&0&\frac{1}{\sqrt2}\end{bmatrix}$$ ▌

化二次型为标准形，如果不限于正交变换，则还有其他几种方法，下面仅介绍配方法.

***用配方法化二次型为标准形**

配方法就是中学代数中所讲的把二次齐次多项式配成完全平方和的方法，它是化二次型为标准形的另一种方法，我们举例说明这种方法.

例 6.3 用配方法将二次型 $f(x_1,x_2,x_3)=x_1^2+2x_1x_2-x_2x_3+x_3^2$ 化成标准形，并写出相应的可逆线性变换.

解 由于 f 中含变量 x_1 的平方项和交叉交积项，故把含 x_1 的项归并起来，对 x_1 配方可得

$$f=(x_1+x_2)^2-x_2^2-x_2x_3+x_3^2$$

上式右端除第 1 项外，已不再含 x_1，继续对 x_2 配方可得

$$f=(x_1+x_2)^2-(x_2+\frac{1}{2}x_3)^2+\frac{5}{4}x_3^2$$

作可逆线性变换
$$\begin{cases} y_1 = x_1 + x_2 \\ y_2 = x_2 + \frac{1}{2}x_3 \\ y_3 = x_3 \end{cases}$$

或
$$\begin{cases} x_1 = y_1 - y_2 + \frac{1}{2}y_3 \\ x_2 = y_2 - \frac{1}{2}y_3 \\ x_3 = y_3 \end{cases} \tag{6.9}$$

就把 f 化成了标准形 $f = y_1^2 - y_2^2 + \frac{5}{4}y_3^2$，而(6.9)式就是相应的可逆线性变换. ▌

例 6.4　用配方法化 $f(x_1, x_2, x_3) = x_1x_2 - x_2x_3$ 为标准形，并写出相应的可逆性线变换的矩阵.

解　f 中不含平方项，不好直接配方，但 f 中含乘积项 x_1x_2，为了使 f 出现平方项(然后就可利用上例的方法配方)，故先作可逆线性变换
$$\begin{cases} x_1 = y_1 + y_2 \\ x_2 = y_1 - y_2 \\ x_3 = y_3 \end{cases}$$

就将 f 化成为
$$f = y_1^2 - y_2^2 - y_1y_3 + y_2y_3$$

配方，得
$$f = (y_1 - \frac{1}{2}y_3)^2 - (y_2 - \frac{1}{2}y_3)^2$$

于是再作可逆线性变换
$$\begin{cases} z_1 = y_1 - \frac{1}{2}y_3 \\ z_2 = y_2 - \frac{1}{2}y_3 \\ z_3 = y_3 \end{cases} \quad 或 \quad \begin{cases} y_1 = z_1 + \frac{1}{2}z_3 \\ y_2 = z_2 + \frac{1}{2}z_3 \\ y_3 = z_3 \end{cases}$$

就将 f 化成了标准形
$$f = z_1^2 - z_2^2$$

前面两个线性变换的复合变换就是化 f 为标准形的可逆线性变换，其矩阵为
$$\begin{bmatrix} 1 & 1 & 0 \\ 1 & -1 & 0 \\ 0 & 0 & 1 \end{bmatrix} \begin{bmatrix} 1 & 0 & \frac{1}{2} \\ 0 & 1 & \frac{1}{2} \\ 0 & 0 & 1 \end{bmatrix} = \begin{bmatrix} 1 & 1 & 1 \\ 1 & -1 & 0 \\ 0 & 0 & 1 \end{bmatrix}$$ ▌

在配方法中，一般地，总可以用例 6.3 或例 6.4 的方法找到可逆线性变换，将任何二次型化成标准形.

但必须注意，用配方法化成的标准形中，变量平方项的系数不一定是二次型的矩阵 $\boldsymbol{A}$ 的特征值，而配方法中所用的可逆线性变换也不一定是正交变换. 因而，不能将配方法用于特征值问题和坐标旋转变换问题.

***惯性定理与二次型的规范形**

前面我们看到，用不同的可逆线性变换或配方法将二次型化成的标准形一般可能是不同的，那么，二次型的标准形中究竟有哪些量不依赖于所作的可逆线性变换、而由二次型本身唯一确定呢？首先，由(6.8)式知二次型 $f=\boldsymbol{x}^{\mathrm{T}}\boldsymbol{A}\boldsymbol{x}$ 经可逆线性变换 $\boldsymbol{x}=\boldsymbol{C}\boldsymbol{y}$(其中方阵 $\boldsymbol{C}$ 可逆)化成的标准形矩阵是对角矩阵 $\boldsymbol{C}^{\mathrm{T}}\boldsymbol{A}\boldsymbol{C}=\boldsymbol{D}$，由于用可逆方阵乘矩阵后矩阵的秩不变，所以有 $r(\boldsymbol{A})=r(\boldsymbol{D})$，即经可逆线性变换，二次型的秩不改变，而对角矩阵 $\boldsymbol{D}$ 的秩就等于它的主对角线上非零元素的个数，即二次型 f 的标准形中系数不等于零的平方项的个数，由前面的讨论知它等于 f 的秩，因而由 f 本身唯一确定而不依赖于所作的可逆线性变换. 其次，我们有下述定理(证明从略)：

定理 6.2 (惯性定理) 设二次型 $f(\boldsymbol{x})=\boldsymbol{x}^{\mathrm{T}}\boldsymbol{A}\boldsymbol{x}$ 的秩为 r，则不论用怎样的可逆线性变换把 f 化成标准形，标准形中系数为正的平方项的个数 p(从而系数为负的平方项的个数 $r-p$)由 f 本身唯一确定，它并不依赖于所用的可逆线性变换. 通常称 p 与 $r-p$ 分别为 f 的**正惯性指数**与**负惯性指数**.

设 n 元二次型 f 经可逆线性变换化成了标准形，不失一般性，设其标准形为

$$f=d_1y_1^2+\cdots+d_py_p^2-d_{p+1}y_{p+1}^2-\cdots-d_ry_r^2$$

其中 $d_i>0(i=1,2,\cdots,r)$，r 为 f 的秩，p 为 f 的正惯性指数. 如果再作可逆线性变换

$$y_1=\frac{1}{\sqrt{d_1}}z_1,\cdots,y_r=\frac{1}{\sqrt{d_r}}z_r,\ y_{r+1}=z_{r+1},\cdots,y_n=z_n$$

就将 f 化成了系数为 1 或 -1 的更简单形式

$$f=z_1^2+\cdots+z_p^2-z_{p+1}^2-\cdots-z_r^2$$

称上式为二次型 f 的**规范形**. 根据惯性定理，规范形中的 p 及 $r-p$ 由 f 本身唯一确定，因此可以认为二次型的规范形是唯一的.

如果二次型 $f(\boldsymbol{x})=\boldsymbol{x}^{\mathrm{T}}\boldsymbol{A}\boldsymbol{x}$ 经可逆线性变换 $\boldsymbol{x}=\boldsymbol{C}\boldsymbol{y}$ 化成了二次型 $g(\boldsymbol{y})=\boldsymbol{y}^{\mathrm{T}}\boldsymbol{B}\boldsymbol{y}$(其中 $\boldsymbol{B}=\boldsymbol{C}^{\mathrm{T}}\boldsymbol{A}\boldsymbol{C}$)，则称 $f(\boldsymbol{x})$ 与 $g(\boldsymbol{y})$ 是**等价的二次型**. 由惯性定理知，等价的二次型有相同的规范形.

第 2 节　正定二次型

在二次型中，正定二次型是一种重要的二次型. 本节讨论它的基本性质及常用的判别条件.

定义 6.2（正定二次型与正定矩阵）　设 $f(\boldsymbol{x})=\boldsymbol{x}^{\mathrm{T}}\boldsymbol{A}\boldsymbol{x}$ 是一个 n 元二次型，如果对任意非零向量 $\boldsymbol{x}=(x_1,x_2,\cdots,x_n)^{\mathrm{T}}\in\mathbf{R}^n$，都有 $\boldsymbol{x}^{\mathrm{T}}\boldsymbol{A}\boldsymbol{x}>0$（即对任意一组不全为零的实数 $x_1,x_2,\cdots,x_n$，都有 $f(x_1,x_2,\cdots,x_n)>0$），则称 f 为正定二次型，并称实对称矩阵 $\boldsymbol{A}$ 为正定矩阵.

例如，二次型

$f(x_1,x_2,x_3)=x_1^2+2x_2^2+3x_3^2$ 是正定的（由定义即知）；

$\varphi(x_1,x_2,x_3)=x_1^2-2x_2^2+3x_3^2$ 不是正定的（因为 $\varphi(0,1,0)=-2<0$）；

$g(x_1,x_2,x_3)=x_1^2+2x_2^2$ 不是正定的（因为 $g(0,0,1)=0$）.

上面的二次型都是标准形，因而可以直接从系数的正负号对其是否正定加以判别. 一般地，对于不是标准形的二次型，如何来判别其正定性呢？下面就来讨论这个问题.

首先由定义可得关于正定性的一个性质

定理 6.3　二次型经可逆线性变换，其正定性不变.

证　设二次型 $f(\boldsymbol{x})=\boldsymbol{x}^{\mathrm{T}}\boldsymbol{A}\boldsymbol{x}$ 经可逆线性变换 $\boldsymbol{x}=\boldsymbol{C}\boldsymbol{y}$ 化成了二次型

$$f(\boldsymbol{y})=\boldsymbol{y}^{\mathrm{T}}\boldsymbol{C}^{\mathrm{T}}\boldsymbol{A}\boldsymbol{C}\boldsymbol{y}.$$

若 $\boldsymbol{x}^{\mathrm{T}}\boldsymbol{A}\boldsymbol{x}$ 正定，即 $\forall\,\boldsymbol{x}\in\mathbf{R}^n,\boldsymbol{x}\neq\boldsymbol{0}$，恒有 $\boldsymbol{x}^{\mathrm{T}}\boldsymbol{A}\boldsymbol{x}>0$. 于是，$\forall\,\boldsymbol{y}\in\mathbf{R}^n,\boldsymbol{y}\neq\boldsymbol{0}$，有 $\boldsymbol{C}\boldsymbol{y}\neq\boldsymbol{0}$，得 $\boldsymbol{y}^{\mathrm{T}}\boldsymbol{C}^{\mathrm{T}}\boldsymbol{A}\boldsymbol{C}\boldsymbol{y}=(\boldsymbol{C}\boldsymbol{y})^{\mathrm{T}}\boldsymbol{A}(\boldsymbol{C}\boldsymbol{y})>0$，因此，二次型 $\boldsymbol{y}^{\mathrm{T}}\boldsymbol{C}^{\mathrm{T}}\boldsymbol{A}\boldsymbol{C}\boldsymbol{y}$ 正定. 反过来也是对的. 故 $\boldsymbol{x}^{\mathrm{T}}\boldsymbol{A}\boldsymbol{x}$ 与 $\boldsymbol{y}^{\mathrm{T}}\boldsymbol{C}^{\mathrm{T}}\boldsymbol{A}\boldsymbol{C}\boldsymbol{y}$ 有相同的正定性.　▎

从定理 6.3 的证明中还可看出，对于实对称矩阵 $\boldsymbol{A}$，$\boldsymbol{A}$ 与 $\boldsymbol{C}^{\mathrm{T}}\boldsymbol{A}\boldsymbol{C}$（其中方阵 $\boldsymbol{C}$ 可逆）有相同的正定性.

由定理 6.1 我们又知道，n 元的实二次型 $f=\boldsymbol{x}^{\mathrm{T}}\boldsymbol{A}\boldsymbol{x}$ 必能经正交变换将其化为标准形

$$f=\lambda_1y_1^2+\lambda_2y_2^2+\cdots+\lambda_ny_n^2$$

其中，$\lambda_1,\lambda_2,\cdots,\lambda_n$ 为矩阵 $\boldsymbol{A}$ 的特征值. 容易看出，这个标准形为正定的充分必要条件是 $\lambda_i>0(i=1,2,\cdots,n)$，于是立即可得

定理 6.4　n 元实二次型 $f=\boldsymbol{x}^{\mathrm{T}}\boldsymbol{A}\boldsymbol{x}$ 为正定的充分必要条件是 $\boldsymbol{A}$ 的所有特征值都大于零.

例 6.5　设 $\boldsymbol{A}$ 为正定矩阵，证明：$\det(\boldsymbol{A}+\boldsymbol{I})>1$.

证　因为 $\boldsymbol{A}$ 是正定矩阵，故存在正交矩阵 $\boldsymbol{P}$，使得

$$P^{-1}AP = \mathrm{diag}(\lambda_1, \cdots, \lambda_n)$$

其中 λ_i 是 $\boldsymbol{A}$ 的特征值.且由 $\boldsymbol{A}$ 为正定矩阵知 $\lambda_i>0(i=1,\cdots,n)$.因此有

$$\boldsymbol{P}^{-1}(\boldsymbol{A}+\boldsymbol{I})\boldsymbol{P} = \boldsymbol{P}^{-1}\boldsymbol{A}\boldsymbol{P}+\boldsymbol{I} = \mathrm{diag}(\lambda_1+1, \cdots, \lambda_n+1)$$

上式两端取行列式,即得

$$\det(\boldsymbol{A}+\boldsymbol{I}) = \prod_{i=1}^{n}(\lambda_i+1) > 1 \quad \blacksquare$$

推论 6.1 如果 $\boldsymbol{A}$ 为正定矩阵,则 $\det(\boldsymbol{A})>0$.(读者自行证明)

注意推论 6.1 的逆命题不成立.例如,对角矩阵 $\boldsymbol{A}=\mathrm{diag}(1,-1,-1)$ 的行列式大于零,但 $\boldsymbol{A}$ 不是正定矩阵.

例 6.6 设 $\boldsymbol{A}$ 为 3 阶实对称矩阵,且满足 $\boldsymbol{A}^2+2\boldsymbol{A}=\boldsymbol{O}$,$r(\boldsymbol{A})=2$.(1)求 $\boldsymbol{A}$ 的全部特征值;(2)实数 k 为何值时,二次型 $\boldsymbol{x}^{\mathrm{T}}(\boldsymbol{A}+k\boldsymbol{I})\boldsymbol{x}$ 是正定的.

解 (1)设 λ 为 $\boldsymbol{A}$ 的特征值且 $\boldsymbol{\xi}$ 为对应的特征向量,则有 $\boldsymbol{A\xi}=\lambda\boldsymbol{\xi}$,及 $\boldsymbol{A}^2\boldsymbol{\xi}=\lambda^2\boldsymbol{\xi}$,从而有 $(\boldsymbol{A}^2+2\boldsymbol{A})\boldsymbol{\xi}=(\lambda^2+2\lambda)\boldsymbol{\xi}=\boldsymbol{0}$,因 $\boldsymbol{\xi}\neq\boldsymbol{0}$,得 $\lambda^2+2\lambda=0$,于是得 $\lambda=0$ 或 $\lambda=-2$.由 $r(\boldsymbol{A})=2$ 知 $\boldsymbol{A}$ 的非零特征值有 2 个,有 1 个特征值为零.所以 $\boldsymbol{A}$ 的全部特征值为 $\lambda_1=0,\lambda_2=\lambda_3=-2$.

(2)因为 $\boldsymbol{A}$ 的全部特征值为 $0,-2,-2$,所以 $\boldsymbol{A}+k\boldsymbol{I}$ 的全部特征值为 $k,k-2,k-2$,令 $\boldsymbol{A}+k\boldsymbol{I}$ 的特征值都大于零,解得 $k>2$,又 $\boldsymbol{A}+k\boldsymbol{I}$ 为实对称矩阵,于是由定理 6.5 知当 $k>2$ 时,二次型 $\boldsymbol{x}^{\mathrm{T}}(\boldsymbol{A}+k\boldsymbol{I})\boldsymbol{x}$ 是正定的. $\blacksquare$

对于 n 阶矩阵 $\boldsymbol{A}=(a_{ij})$,称它的左上角的 r 阶主子方阵的行列式

$$\Delta_r = \begin{vmatrix} a_{11} & a_{12} & \cdots & a_{1r} \\ a_{21} & a_{22} & \cdots & a_{2r} \\ \vdots & \vdots & & \vdots \\ a_{r1} & a_{r2} & \cdots & a_{rr} \end{vmatrix}$$

为 $\boldsymbol{A}$ 的 r 阶**顺序主子式**($r=1,2,\cdots,n$).下面要介绍的判定实对称矩阵是否为正定矩阵的方法,直接依赖实对称矩阵的各阶顺序主子式的值.

定理 6.5 实对称矩阵 $\boldsymbol{A}$ 为正定矩阵的充要条件是 $\boldsymbol{A}$ 的各阶顺序主子式都大于零.

定理 6.5 必要性的证明留给读者作为练习(习题六(B)第 3 题),充分性的证明从略.

例 6.7 试确定实数 t 的取值范围,使得二次型 $f(x_1,x_2,x_3)=x_1^2+x_2^2+5x_3^2+2tx_1x_2-2x_1x_3+4x_2x_3$ 为正定二次型.

解 f 的矩阵为

$$\boldsymbol{A} = \begin{bmatrix} 1 & t & -1 \\ t & 1 & 2 \\ -1 & 2 & 5 \end{bmatrix}$$

$\boldsymbol{A}$ 的顺序主子式分别为

$$\Delta_1 = 1,\quad \Delta_2 = \begin{vmatrix} 1 & t \\ t & 1 \end{vmatrix} = 1 - t^2,\quad \Delta_3 = \det(\boldsymbol{A}) = -t(5t+4)$$

已有 $\Delta_1>0$,再令 $\Delta_2>0,\Delta_3>0$,得 $-\frac{4}{5}<t<0$. 于是由定理 6.5 知当且仅当 t 满足 $-\frac{4}{5}<t<0$ 时,f 是正定的. ▌

除了正定二次型,还有其他类型的二次型.

定义 6.3　一个 n 阶实对称矩阵 $\boldsymbol{A}$ 和二次型 $\boldsymbol{x}^{\mathrm{T}}\boldsymbol{A}\boldsymbol{x}$ 称为

半正定的,如果对任意 $\boldsymbol{x}\in\mathbf{R}^n,\boldsymbol{x}\neq\boldsymbol{0}$,都有 $\boldsymbol{x}^{\mathrm{T}}\boldsymbol{A}\boldsymbol{x}\geqslant 0$,且存在 $\boldsymbol{x}_0\neq\boldsymbol{0}$,使得 $\boldsymbol{x}_0^{\mathrm{T}}\boldsymbol{A}\boldsymbol{x}_0=0$;

负定的,如果对任意 $\boldsymbol{x}\in\mathbf{R}^n,\boldsymbol{x}\neq\boldsymbol{0}$,都有 $\boldsymbol{x}^{\mathrm{T}}\boldsymbol{A}\boldsymbol{x}<0$;

半负定的,如果对任意 $\boldsymbol{x}\in\mathbf{R}^n,\boldsymbol{x}\neq\boldsymbol{0}$,都有 $\boldsymbol{x}^{\mathrm{T}}\boldsymbol{A}\boldsymbol{x}\leqslant 0$,且存在 $\boldsymbol{x}_0\neq\boldsymbol{0}$,使得 $\boldsymbol{x}_0^{\mathrm{T}}\boldsymbol{A}\boldsymbol{x}_0=0$;

不定的,如果 $\boldsymbol{x}^{\mathrm{T}}\boldsymbol{A}\boldsymbol{x}$ 既能取到正值又能取到负值.

显然,$\boldsymbol{A}$ 是负定的 $\Leftrightarrow -\boldsymbol{A}$ 是正定的. 因此可由以上关于正定矩阵的充要条件得到负定矩阵的充要条件(习题六(B)第 4 题).

*第 3 节[①]　二次曲面的标准方程

本节利用前面介绍的用正交变换化二次型为标准形的方法,讨论一般二次曲面方程的化简问题.

6.3.1　坐标变换

如果空间直角坐标系的坐标原点为 O,3 个坐标轴正向上的单位向量分别为 $\boldsymbol{i},\boldsymbol{j},\boldsymbol{k}$,且 $\boldsymbol{i},\boldsymbol{j},\boldsymbol{k}$ 构成右手系,我们把这个坐标系记为 $\{O;\boldsymbol{i},\boldsymbol{j},\boldsymbol{k}\}$. 设空间直角坐标系 $\{O;\boldsymbol{i},\boldsymbol{j},\boldsymbol{k}\}$ 变成了空间的另一个直角坐标系 $\{P;\boldsymbol{e}_1,\boldsymbol{e}_2,\boldsymbol{e}_3\}$,(图 6.1),我们来讨论空间点关于这两个坐标系的坐标之间有何关系,即点的坐标如何变化. 设第 2 个坐标系在第 1 个坐标系中的位置如下确定:

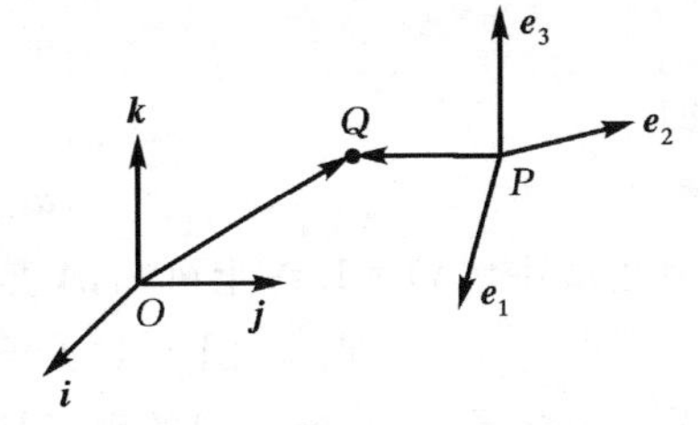

图 6.1

① 本节可作为已学习过空间解析几何的读者选学

$$\begin{cases}\overrightarrow{OP} = a_1\boldsymbol{i} + a_2\boldsymbol{j} + a_3\boldsymbol{k} \\ \boldsymbol{e}_1 = a_{11}\boldsymbol{i} + a_{21}\boldsymbol{j} + a_{31}\boldsymbol{k} \\ \boldsymbol{e}_2 = a_{12}\boldsymbol{i} + a_{22}\boldsymbol{j} + a_{32}\boldsymbol{k} \\ \boldsymbol{e}_3 = a_{13}\boldsymbol{i} + a_{23}\boldsymbol{j} + a_{33}\boldsymbol{k}\end{cases}$$

写成矩阵形式就是

$$\overrightarrow{OP} = [\boldsymbol{i}\ \boldsymbol{j}\ \boldsymbol{k}]\begin{bmatrix}a_1 \\ a_2 \\ a_3\end{bmatrix} = [\boldsymbol{i}\ \boldsymbol{j}\ \boldsymbol{k}]\boldsymbol{\alpha}$$

$$[\boldsymbol{e}_1\ \boldsymbol{e}_2\ \boldsymbol{e}_3] = [\boldsymbol{i}\ \boldsymbol{j}\ \boldsymbol{k}]\begin{bmatrix}a_{11} & a_{12} & a_{13} \\ a_{21} & a_{22} & a_{23} \\ a_{31} & a_{32} & a_{33}\end{bmatrix} = [\boldsymbol{i}\ \boldsymbol{j}\ \boldsymbol{k}]\boldsymbol{A}$$

其中 $\boldsymbol{\alpha}$ 为列向量，$\boldsymbol{A}$ 为 3 阶矩阵：

$$\boldsymbol{\alpha} = \begin{bmatrix}a_1 \\ a_2 \\ a_3\end{bmatrix}, \quad \boldsymbol{A} = \begin{bmatrix}a_{11} & a_{12} & a_{13} \\ a_{21} & a_{22} & a_{23} \\ a_{31} & a_{32} & a_{33}\end{bmatrix}$$

上述矩阵 $\boldsymbol{A}$ 有怎样的性质？首先，可以证明 $\boldsymbol{A}$ 是正交矩阵. 事实上，由于 $\boldsymbol{e}_1,\boldsymbol{e}_2,\boldsymbol{e}_3$ 是标准正交基，所以有

$$\langle \boldsymbol{e}_i, \boldsymbol{e}_j \rangle = \sum_{k=1}^{3} a_{ki}a_{kj} = \begin{cases}1, & i = j \\ 0, & i \neq j\end{cases}$$

由此知矩阵 $\boldsymbol{A}$ 的列向量组为标准正交向量组，所以 $\boldsymbol{A}$ 为正交矩阵. 其次，由于 $\boldsymbol{e}_1,\boldsymbol{e}_2,\boldsymbol{e}_3$ 成右手系，所以向量积

$$\boldsymbol{e}_1 \times \boldsymbol{e}_2 = \boldsymbol{e}_3$$

因而混合积

$$[\boldsymbol{e}_1\ \boldsymbol{e}_2\ \boldsymbol{e}_3] = (\boldsymbol{e}_1 \times \boldsymbol{e}_2) \cdot \boldsymbol{e}_3 = \boldsymbol{e}_3 \cdot \boldsymbol{e}_3 = 1$$

即

$$\begin{vmatrix}a_{11} & a_{21} & a_{31} \\ a_{12} & a_{22} & a_{32} \\ a_{13} & a_{23} & a_{33}\end{vmatrix} = 1$$

由此知 $\det(\boldsymbol{A})=1$. 综上可知，$\boldsymbol{A}$ 是行列式为 1 的正交矩阵.

设空间中一点 Q(图 6.1)关于坐标系 $\{O;\boldsymbol{i},\boldsymbol{j},\boldsymbol{k}\}$ 的坐标是 $(x,y,z)^{\mathrm{T}}$，再设 Q 关于坐标系 $\{P;\boldsymbol{e}_1,\boldsymbol{e}_2,\boldsymbol{e}_3\}$ 的坐标是 $(x',y',z')^{\mathrm{T}}$，则

$$\overrightarrow{OQ} = x\boldsymbol{i} + y\boldsymbol{j} + z\boldsymbol{k} = [\boldsymbol{i}\ \boldsymbol{j}\ \boldsymbol{k}]\begin{bmatrix}x \\ y \\ z\end{bmatrix}$$

另一方面

$$\overrightarrow{OQ}=\overrightarrow{OP}+\overrightarrow{PQ}=[\boldsymbol{i}\ \boldsymbol{j}\ \boldsymbol{k}]\begin{bmatrix}a_1\\a_2\\a_3\end{bmatrix}+[\boldsymbol{e}_1\ \boldsymbol{e}_2\ \boldsymbol{e}_3]\begin{bmatrix}x'\\y'\\z'\end{bmatrix}$$

$$=[\boldsymbol{i}\ \boldsymbol{j}\ \boldsymbol{k}]\boldsymbol{\alpha}+[\boldsymbol{i}\ \boldsymbol{j}\ \boldsymbol{k}]\boldsymbol{A}\begin{bmatrix}x'\\y'\\z'\end{bmatrix}$$

$$=[\boldsymbol{i}\ \boldsymbol{j}\ \boldsymbol{k}]\left[\boldsymbol{\alpha}+\boldsymbol{A}\begin{bmatrix}x'\\y'\\z'\end{bmatrix}\right]$$

因此，点 Q 关于这两个坐标系的坐标 $(x,y,z)^{\mathrm{T}}$ 与 $(x',y',z')^{\mathrm{T}}$ 之间的关系为

$$\begin{bmatrix}x\\y\\z\end{bmatrix}=\boldsymbol{\alpha}+\boldsymbol{A}\begin{bmatrix}x'\\y'\\z'\end{bmatrix}\tag{6.10}$$

或

$$\begin{cases}x=a_1+a_{11}x'+a_{12}y'+a_{13}z'\\y=a_2+a_{21}x'+a_{22}y'+a_{23}z'\\z=a_3+a_{31}x'+a_{32}y'+a_{33}z'\end{cases}\tag{6.11}$$

式(6.10)或式(6.11)就是坐标变换的公式. 特别当 $[\boldsymbol{i}\ \boldsymbol{j}\ \boldsymbol{k}]=[\boldsymbol{e}_1\ \boldsymbol{e}_2\ \boldsymbol{e}_3]$，即 $\boldsymbol{A}=\boldsymbol{I}$ 时，就有坐标平移的公式

$$\begin{cases}x=a_1+x'\\y=a_2+y'\\z=a_3+z'\end{cases}\tag{6.12}$$

而当点 P 与 O 为同一点（两个坐标系有同一原点），即 $\boldsymbol{\alpha}=\boldsymbol{0}$ 时，就得到坐标旋转的公式

$$\begin{bmatrix}x\\y\\z\end{bmatrix}=\boldsymbol{A}\begin{bmatrix}x'\\y'\\z'\end{bmatrix}\tag{6.13}$$

注意 $\boldsymbol{A}$ 是一个正交矩阵，所以式(6.13)是 $\mathbf{R}^3$ 到 $\mathbf{R}^3$ 的一个正交变换，且 $\boldsymbol{A}$ 的行列式为 1. 因此，**若 $\boldsymbol{A}$ 是行列式为 1 的正交矩阵，则变换式(6.13)代表空间的一个旋转变换.**

6.3.2　二次曲面方程的化简

二次曲面的一般方程为

$$a_{11}x^2+a_{22}y^2+a_{33}z^2+2a_{12}xy+2a_{13}xz+2a_{23}yz+2b_1x+2b_2y+2b_3z+c=0 \tag{6.14}$$

令实对称矩阵 $\boldsymbol{A}=(a_{ij})_{3\times3}(a_{ij}=a_{ji},i,j=1,2,3)$，$\boldsymbol{x}=(x_1,x_2,x_3)^{\mathrm{T}}$，$\boldsymbol{B}=(b_1,b_2,b_3)^{\mathrm{T}}$，则(6.14)式可写为

$$\boldsymbol{x}^{\mathrm{T}}\boldsymbol{A}\boldsymbol{x}+2\boldsymbol{B}^{\mathrm{T}}\boldsymbol{x}+c=0 \tag{6.15}$$

前面已经指出，可用适当的旋转变换(正交变换)$\boldsymbol{x}=\boldsymbol{P}\boldsymbol{y}$ 将二次型 $\boldsymbol{x}^{\mathrm{T}}\boldsymbol{A}\boldsymbol{x}$ 化为标准形 $\boldsymbol{y}^{\mathrm{T}}\boldsymbol{D}\boldsymbol{y}$(其中 $\boldsymbol{P}^{\mathrm{T}}\boldsymbol{A}\boldsymbol{P}=\boldsymbol{D}$ 为对角矩阵)，从而由此变换可将方程(6.15)化为

$$\boldsymbol{y}^{\mathrm{T}}\boldsymbol{D}\boldsymbol{y}+2\boldsymbol{B}'^{\mathrm{T}}\boldsymbol{y}+c=0$$

或

$$\lambda_1x'^2+\lambda_2y'^2+\lambda_3z'^2+2b'_1x'+2b'_2y'+2b'_3z'+c=0 \tag{6.16}$$

其中

$$\boldsymbol{D}=\boldsymbol{P}^{\mathrm{T}}\boldsymbol{A}\boldsymbol{P}=\begin{bmatrix}\lambda_1 & & \\ & \lambda_2 & \\ & & \lambda_3\end{bmatrix},\quad \boldsymbol{B}'=\boldsymbol{B}^{\mathrm{T}}\boldsymbol{P}=\begin{bmatrix}b'_1\\ b'_2\\ b'_3\end{bmatrix},\ \boldsymbol{y}=\begin{bmatrix}x'\\ y'\\ z'\end{bmatrix}$$

这就说明了，用坐标系的旋转可以消去二次方程中变量的交叉乘积项.现在对方程(6.16)再分下面几种情况讨论：

(1) 如果在方程(6.16)中有某个变量的平方项和1次项，则可经过配方，再平移而消去这个1次项.例如，对方程

$$4x^2+36y^2-9z^2-16x-216y+304=0$$

配方，得

$$4(x-2)^2+36(y-3)^2-9z^2=36$$

把原点移到点(2,3,0)，就消去了1次项，从而将曲面方程化成为

$$\frac{x'^2}{9}+y'^2-\frac{z'^2}{4}=1$$

从解析几何知道，它是一个单叶双曲面的标准方程.

(2) 如果在方程(6.16)中有某变量的1次项，但没有它的平方项，则可以经过平移消去常数项.例如，对方程组

$$4(x-2)^2+9z^2-6y-12=0$$

对 y 有一次项，但没有平方项，则作坐标平移变换；$x'=x-2$，$y'=y+2$，$z'=z$ 后就化为

$$4x'^2+9z'^2-6y'=0$$

它是一个椭圆抛物面的标准方程.

(3) 经(1)与(2)的化简后，如果方程中有两个1次项，但没有它们的平方项，则它必是下面的形式

$$\lambda_1 x'^2 + b'_2 y' + b'_3 z' = 0 \quad (\lambda_1 b'_2 b'_3 \neq 0)$$

它与平面 $x'=0$ 的截线是直线

$$\begin{cases} b'_2 y' + b'_3 z' = 0 \\ x' = 0 \end{cases}$$

把 z' 轴绕 x' 轴转到这条直线上来，即作旋转变换

$$\begin{cases} x' = x'' \\ y' = \dfrac{1}{\sqrt{b'^2_2 + b'^2_3}}(b'_2 y'' - b'_3 z'') \\ z' = \dfrac{1}{\sqrt{b'^2_2 + b'^2_3}}(b'_3 y'' + b'_2 z'') \end{cases}$$

方程就化成为

$$\lambda_1 x''^2 + \sqrt{b'^2_2 + b'^2_3}\, y'' = 0$$

故两个 1 次项可以化成为一个. 因为方程是 2 次的，至少有一个平方项，所以不能有 3 个 1 次项，即经过化简后方程至多有一个 1 次项.

总之，选取适当的坐标系，就可以使二次曲面的方程符合下列条件：

(1) 没有交叉乘积项；

(2) 如果有某个变量的平方项，就没有它的 1 次项；

(3) 如果有 1 次项，就没有常数项；

(4) 至多有一个 1 次项.

这样的二次曲面方程就叫做**二次曲面的标准方程**.

根据以上讨论，可知化二次曲面方程为标准方程的一般步骤是：首先用适当的坐标旋转变换(正交变换)消去方程中的交叉乘积项，然后通过坐标平移化为标准方程. 旋转变换将坐标轴转到与曲面的主轴平行，平移则使得新坐标轴与曲面的主轴重合. 我们通过下面的例子，来具体说明这个方法.

例 6.8　试将二次曲面方程

$$2x^2 + 2y^2 + 2z^2 - 2xy - 2yz - 2zx = 3a^2$$

化成标准方程.

解　曲面方程左端的二次型为

$$f(x,y,z) = 2x^2 + 2y^2 + 2z^2 - 2xy - 2yz - 2zx$$

f 的矩阵为

$$\boldsymbol{A} = \begin{bmatrix} 2 & -1 & -1 \\ -1 & 2 & -1 \\ -1 & -1 & 2 \end{bmatrix}$$

可求出行列式为 1 的正交矩阵

$$P=\begin{bmatrix}\frac{1}{\sqrt{2}} & \frac{1}{\sqrt{6}} & \frac{1}{\sqrt{3}}\\ -\frac{1}{\sqrt{2}} & \frac{1}{\sqrt{6}} & \frac{1}{\sqrt{3}}\\ 0 & -\frac{2}{\sqrt{6}} & \frac{1}{\sqrt{3}}\end{bmatrix}$$

使

$$P^{-1}AP=P^{\mathrm{T}}AP=\begin{bmatrix}3 & & \\ & 3 & \\ & & 0\end{bmatrix}$$

因此,经正交变换

$$\begin{bmatrix}x\\y\\z\end{bmatrix}=P\begin{bmatrix}u\\v\\w\end{bmatrix}\tag{6.17}$$

可将曲面方程化成标准方程

$$3u^2+3v^2=3a^2$$

即

$$u^2+v^2=a^2$$

这显然为一圆柱面的方程,圆柱面的对称轴为 w 轴.如果在(6.17)式中取$(u,v,w)^{\mathrm{T}}=(0,0,1)^{\mathrm{T}}$,则得$(x,y,z)^{\mathrm{T}}=\frac{1}{\sqrt{3}}(1,1,1)^{\mathrm{T}}$,故 w 轴正向上的单位向量是原坐标系$\{O;\boldsymbol{i},\boldsymbol{j},\boldsymbol{k}\}$中的向量$\frac{1}{\sqrt{3}}\boldsymbol{i}+\frac{1}{\sqrt{3}}\boldsymbol{j}+\frac{1}{\sqrt{3}}\boldsymbol{k}$,即经旋转变换(6.17)后,新坐标系中的 w 轴与柱面的对称轴——直线 $x=y=z$ 重合了. ▎

例 6.9 将二次曲面方程

$$2x_1^2+x_2^2-4x_1x_2-4x_2x_3+4x_1+4x_2=2$$

化成标准方程.

解 二次曲面方程可写成

$$\boldsymbol{x}^{\mathrm{T}}A\boldsymbol{x}+2\boldsymbol{B}^{\mathrm{T}}\boldsymbol{x}=2$$

其中

$$A=\begin{bmatrix}2 & -2 & 0\\ -2 & 1 & -2\\ 0 & -2 & 0\end{bmatrix},\quad \boldsymbol{x}=\begin{bmatrix}x_1\\x_2\\x_3\end{bmatrix},\quad \boldsymbol{B}^{\mathrm{T}}=(2,2,0)$$

计算得 A 的特征值为$-2,4,1$,可求出行列式为 1 的正交矩阵

$$P=\frac{1}{3}\begin{bmatrix}1 & 2 & 2\\ 2 & -2 & 1\\ 2 & 1 & -2\end{bmatrix}$$

使得
$$P^{\mathrm{T}}AP=\begin{bmatrix}-2&&\\&4&\\&&1\end{bmatrix}=D$$

因此，作正交变换 $\boldsymbol{x}=\boldsymbol{P}\boldsymbol{y}$，则二次曲面方程化为

$$\boldsymbol{y}^{\mathrm{T}}\boldsymbol{D}\boldsymbol{y}+2\boldsymbol{B}^{\mathrm{T}}\boldsymbol{P}\boldsymbol{y}=2$$

即
$$-2y_1^2+4y_2^2+y_3^2+4y_1+4y_3=2$$

配方，得
$$-2(y_1-1)^2+4y_2^2+(y_3+2)^2=4$$

将原点移到(1,0,−2)，得曲面的标准方程为

$$-\frac{x'^2}{2}+y'^2+\frac{z'^2}{4}=1$$

于是由解析几何知道曲面为单叶双曲面. ▌

例 6.10　将二次曲面方程 $z=xy$ 化成标准方程.

解　二次型 $f(x,y,z)=xy$ 的矩阵为

$$A=\begin{bmatrix}0&\frac{1}{2}&0\\\frac{1}{2}&0&0\\0&0&0\end{bmatrix}$$

可求出行列式为 1 的正交矩阵

$$P=\begin{bmatrix}\frac{1}{\sqrt{2}}&-\frac{1}{\sqrt{2}}&0\\\frac{1}{\sqrt{2}}&\frac{1}{\sqrt{2}}&0\\0&0&1\end{bmatrix}$$

使得
$$P^{\mathrm{T}}AP=\begin{bmatrix}\frac{1}{2}&&\\&-\frac{1}{2}&\\&&0\end{bmatrix}$$

因此，经正交变换

$$\begin{cases}x=\frac{1}{\sqrt{2}}x'-\frac{1}{\sqrt{2}}y'\\y=\frac{1}{\sqrt{2}}x'+\frac{1}{\sqrt{2}}y'\\z=z'\end{cases}$$

即
$$\begin{bmatrix}x\\y\\z\end{bmatrix}=\boldsymbol{P}\begin{bmatrix}x'\\y'\\z'\end{bmatrix}$$

便可将二次曲面方程 $z=xy$ 化成标准方程

$$z'=\frac{1}{2}x'^2-\frac{1}{2}y'^2$$

于是由解析几何知道曲面为双曲抛物面. ▌

习 题 六

(A)

1. 写出二次型 $f(x_1,x_2,x_3)=6x_1^2+5x_2^2+7x_3^2-4x_1x_2+4x_1x_3$ 的矩阵,并求 f 的秩.

2. 用正交变换把下列二次型化成标准形,并写出标准形及所用正交变换的矩阵.

(1) $f(x_1,x_2,x_3)=2x_1^2+x_2^2+x_3^2-2x_2x_3$

(2) $f(x_1,x_2,x_3)=x_1^2+x_2^2+2x_3^2+4x_1x_2+2x_1x_3+2x_2x_3$

(3) $f(x_1,x_2,x_3)=5x_1^2+5x_2^2+8x_3^2+8x_1x_2-4x_1x_3+4x_2x_3$

(4) $f(x_1,x_2,x_3)=8x_1^2-7x_2^2+8x_3^2+8x_1x_2-2x_1x_3+8x_2x_3$

3. 试将二次型 $f(x_1,x_2,x_3)=2x_1^2+3x_2^2+3x_3^2+4x_2x_3$ 分别用正交变换和配方法化成标准形,并写出 f 的标准形.

4. 用配方法化下列二次型为标准形,并写出所用的可逆线性变换.

(1) $f(x_1,x_2,x_3)=2x_1^2+x_2^2-4x_3^2-4x_1x_2-2x_2x_3$

(2) $f(x_1,x_2,x_3)=x_1x_2+4x_1x_3+x_2x_3$

5. 设 $\boldsymbol{A}$、$\boldsymbol{B}$ 为同阶方阵,如果存在同阶可逆矩阵 $\boldsymbol{C}$,使 $\boldsymbol{C}^{\mathrm{T}}\boldsymbol{A}\boldsymbol{C}=\boldsymbol{B}$,则称矩阵 $\boldsymbol{A}$ 与 $\boldsymbol{B}$ 是合同的.

(1) 设二次型 $\boldsymbol{x}^{\mathrm{T}}\boldsymbol{A}\boldsymbol{x}$ 经过可逆线性变换 $\boldsymbol{x}=\boldsymbol{C}\boldsymbol{y}$ 变成了二次型 $\boldsymbol{y}^{\mathrm{T}}\boldsymbol{B}\boldsymbol{y}$,试证矩阵 $\boldsymbol{A}$ 与 $\boldsymbol{B}$ 是合同的;

(2) 矩阵 $\boldsymbol{A}=\begin{bmatrix}1&1&1\\1&1&1\\1&1&1\end{bmatrix}$ 与 $\boldsymbol{D}=\begin{bmatrix}3&&\\&0&\\&&0\end{bmatrix}$ 是否相似?是否合同?

6. 设二次型 $f(x_1,x_2,x_3)=x_1^2+x_2^2+x_3^2+2\alpha x_1x_2+2\beta x_2x_3+2x_1x_3$ 经正交变换化成了标准形 $f=y_2^2+2y_3^2$,试求常数 α、β.

7. 已知二次型 $f(x_1,x_2,x_3)=x_1^2+ax_2^2+x_3^2+2bx_1x_2+2x_1x_3+2x_2x_3$ 经正交变换化成了标准形 $f=y_2^2+4y_3^2$,求 a、b 的值及所用正交变换的矩阵.

8. 已知二次型 $f(x_1,x_2,x_3)=5x_1^2+5x_2^2+cx_3^2-2x_1x_2+6x_1x_3-6x_2x_3$ 的秩为 2,求常数 c 的值及 f 经正交变换化成的标准形.

9. 已知二次型 $f(x_1,x_2,x_3)=ax_1^2+2x_2^2-2x_3^2+2bx_2x_3\,(b>0)$，其中二次型 f 的矩阵 $\boldsymbol{A}$ 的特征值之和为 1，特征值之积为 -12. (1)求 a、b 的值；(2)求一个正交变换，把 f 化成标准形.

10. 已知二次型 $f(x_1,x_2,x_3)=\boldsymbol{x}^{\mathrm{T}}\boldsymbol{A}\boldsymbol{x}$ 在正交变换 $\boldsymbol{x}=\boldsymbol{Q}\boldsymbol{y}$ 下化成的标准形为 $f=y_1^2+y_2^2$，且正交矩阵 $\boldsymbol{Q}$ 的第 3 列为 $\dfrac{1}{\sqrt{2}}(1,0,1)^{\mathrm{T}}$. (1)求矩阵 $\boldsymbol{A}$；(2)证明 $\boldsymbol{A}+\boldsymbol{I}$ 为正定矩阵，其中 $\boldsymbol{I}$ 为 3 阶单位矩阵.

11. 判定下列实对称矩阵是否为正定矩阵.

(1) $\begin{bmatrix} 2 & -1 & -1 \\ -1 & 2 & -1 \\ -1 & -1 & 2 \end{bmatrix}$　　(2) $\begin{bmatrix} 1 & 1 & 1 \\ 1 & 2 & 2 \\ 1 & 2 & 3 \end{bmatrix}$

(3) $\begin{bmatrix} 2 & 2 & -2 \\ 2 & 5 & -4 \\ -2 & -4 & 5 \end{bmatrix}$　　(4) $\begin{bmatrix} 1 & -\frac{1}{2} & -1 \\ -\frac{1}{2} & 1 & 2 \\ -1 & 2 & 5 \end{bmatrix}$

12. 实数 λ 取何值时，$f(x_1,x_2,x_3)=5x_1^2+x_2^2+\lambda x_3^2+4x_1x_2-2x_1x_3-2x_2x_3$ 为正定二次型？

13. 证明：正定矩阵的主对角线元素都大于零.

14. 设 $\boldsymbol{A}$、$\boldsymbol{B}$ 都是 n 阶正定矩阵，λ、μ 为任意正常数. 证明：矩阵 $\lambda\boldsymbol{A}+\mu\boldsymbol{B}$ 为正定矩阵.

15. 设 $\boldsymbol{A}$ 为 n 阶正定矩阵，证明：$\boldsymbol{A}^2$、$\boldsymbol{A}^{-1}$、$\boldsymbol{A}^*$ 均为正定矩阵.

* **16.** 利用坐标系的旋转和平移把下列二次曲面方程化成标准方程.

(1) $x^2+3y^2+3z^2-2yz-2x-2y+6z+3=0$

(2) $2y^2-2xy+2xz-2yz-x-2y+3z-2=0$

(B)

1. 实数 a_1,a_2,a_3 满足何条件时，二次型 $f(x_1,x_2,x_3)=(x_1+a_1x_2)^2+(x_2+a_2x_3)^2+(x_3+a_3x_1)^2$ 为正定二次型？

2. 设 $\boldsymbol{A}$ 为 $m\times n$ 实矩阵，试证：当 $\lambda>0$ 时，矩阵 $\boldsymbol{B}=\lambda\boldsymbol{I}+\boldsymbol{A}^{\mathrm{T}}\boldsymbol{A}$ 为正定矩阵，其中 $\boldsymbol{I}$ 为 n 阶单位矩阵.

3. 证明定理 6.5 的必要性.

4. 写出 n 阶实对称矩阵为负定矩阵的充要条件.

复 习 题 六

1. 填空题

(1) 二次型 $f(x_1,x_2,x_3)=[x_1\ x_2\ x_3]\begin{bmatrix} 1 & -4 & 2 \\ 2 & 3 & 9 \\ 0 & -1 & 5 \end{bmatrix}\begin{bmatrix} x_1 \\ x_2 \\ x_3 \end{bmatrix}$ 的矩阵为________.

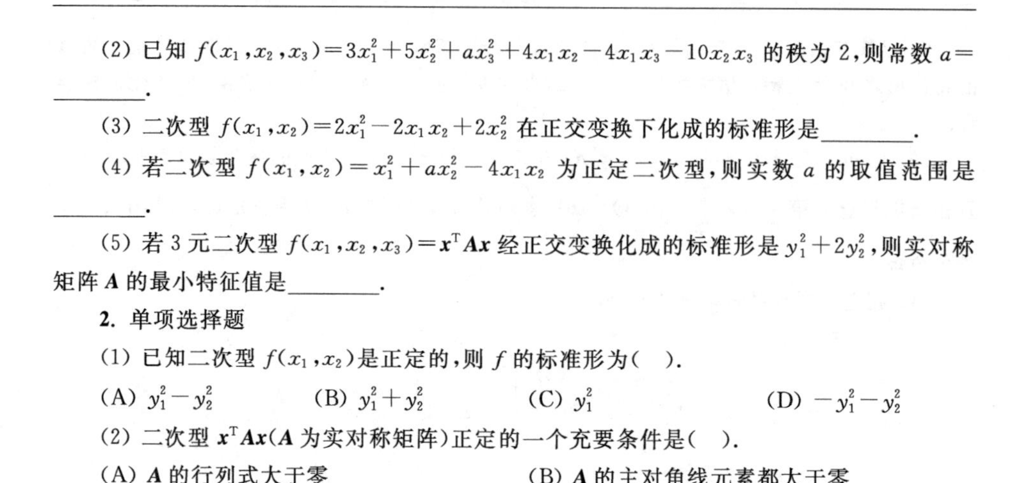

(2) 已知 $f(x_1,x_2,x_3)=3x_1^2+5x_2^2+ax_3^2+4x_1x_2-4x_1x_3-10x_2x_3$ 的秩为 2,则常数 $a=$ ________.

(3) 二次型 $f(x_1,x_2)=2x_1^2-2x_1x_2+2x_2^2$ 在正交变换下化成的标准形是________.

(4) 若二次型 $f(x_1,x_2)=x_1^2+ax_2^2-4x_1x_2$ 为正定二次型,则实数 a 的取值范围是________.

(5) 若 3 元二次型 $f(x_1,x_2,x_3)=\boldsymbol{x}^{\mathrm{T}}\boldsymbol{A}\boldsymbol{x}$ 经正交变换化成的标准形是 $y_1^2+2y_2^2$,则实对称矩阵 $\boldsymbol{A}$ 的最小特征值是________.

2. 单项选择题

(1) 已知二次型 $f(x_1,x_2)$是正定的,则 f 的标准形为( ).

(A) $y_1^2-y_2^2$　　(B) $y_1^2+y_2^2$　　(C) y_1^2　　(D) $-y_1^2-y_2^2$

(2) 二次型 $\boldsymbol{x}^{\mathrm{T}}\boldsymbol{A}\boldsymbol{x}$($\boldsymbol{A}$ 为实对称矩阵)正定的一个充要条件是( ).

(A) $\boldsymbol{A}$ 的行列式大于零　　(B) $\boldsymbol{A}$ 的主对角线元素都大于零

(C) $\boldsymbol{A}$ 为实对称矩阵　　(D) $\boldsymbol{A}$ 的特征值都大于零

(3) 设 $\boldsymbol{A}$ 为 2 阶实对称矩阵,已知矩阵 $\boldsymbol{I}+\boldsymbol{A}$,$2\boldsymbol{I}+\boldsymbol{A}$ 都是不可逆矩阵,则二次型 $\boldsymbol{x}^{\mathrm{T}}\boldsymbol{A}\boldsymbol{x}$ 经正交变换化成的标准形为( ).

(A) $-y_1^2-2y_2^2$　　(B) $y_1^2+2y_2^2$

(C) $-y_1^2+2y_2^2$　　(D) $y_1^2-2y_2^2$

(4) 若二次型 $f(x_1,x_2,x_3)=2x_1^2+x_2^2+ax_3^2-4x_1x_2-4x_2x_3$ 经正交变换化成的标准形是 $f=y_1^2+4y_2^2-2y_3^2$,则常数 a 为( ).

(A) 0　　(B) 1　　(C) 2　　(D) 3

3. 求一个正交变换,将二次型 $f(x_1,x_2,x_3)=2x_1^2+3x_2^2+3x_3^2+4x_2x_3$ 化成标准形.

4. 已知二次型 $f(x_1,x_2)=5x_1^2+2ax_1x_2+5x_2^2\ (a>0)$经正交变换 $\boldsymbol{x}=\boldsymbol{P}\boldsymbol{y}$ 化成了标准形 $f=7y_1^2+by_2^2$,求 a、b 的值及所用正交变换的矩阵 $\boldsymbol{P}$.

5. 设 $\boldsymbol{A}$ 为 $m\times n$ 实矩阵,证明:矩阵 $\boldsymbol{A}^{\mathrm{T}}\boldsymbol{A}$ 为正定矩阵$\Leftrightarrow\boldsymbol{A}$ 的秩为 n.

6. 设 $\boldsymbol{A}$ 为 n 阶实对称矩阵. 证明:$\boldsymbol{A}$ 为正定矩阵的充分必要条件为:存在 n 阶可逆矩阵 $\boldsymbol{M}$,使 $\boldsymbol{A}=\boldsymbol{M}^{\mathrm{T}}\boldsymbol{M}$.

*第 7 章　MATLAB 在线性代数中的应用

MATLAB 是 MathWorks 公司于 1984 年推出的一套功能非常强大且应用广泛的科学计算软件,它具有数值分析、优化、统计、微分方程数值解、信号处理、图像处理等若干领域的计算和图形显示功能. 它将不同数学分支的算法以函数的形式分类成库,使用时直接调用这些函数并赋予实际参数就可以解决问题,快速而且准确. 目前,MATLAB 已经发展成为适合多学科、多种工作平台的功能强大的大型软件,被广泛用于科学研究和解决各种具体问题. 可以说,无论你从事工程方面的哪个学科,都能在 MATLAB 里找到适用的功能. 了解并掌握它的功能,有助于我们学好数学,用好数学,这里仅对 MATLAB 的主要功能及其在线性代数中的应用做简单介绍.

第 1 节　MATLAB 的运行方式

当计算机安装 MATLAB 软件后,在 Windows 桌面上将会出现 MATLAB 图标,双击此图标,就可以进入 MATLAB. 在 MATLAB 界面下,进入 MATLAB 命令窗口,各种功能的执行必须在此窗口下才能实现. MATLAB 系统的提示符为“≫”,在提示符后面紧跟光标,在光标处输入具体指令,按回车键就会立即执行,并输出结果. 若所写的程序或命令不符合要求时,则会出现提示信息.

MATLAB 还提供了两种运行方式:命令行方式和函数 M 文件方式.

本书以函数 M 文件方式为主. 编写 M 文件要在 M 文件的编辑器窗口里进行. 可以从命令窗口中选择菜单 File:New:M－File 进入编辑器窗口,以编写自己的 M 文件. M 函数文件的格式有严格规定,它必须以“function”开头. 详细格式为

function 输出变量＝函数名称(输入变量)

再输入你要定义的具体函数,并以 **fun.m** 将函数文件存盘后退出编辑状态. 这样就可以在命令窗口里使用该函数了. 实例见例 7.3.

数据的基本格式是矩阵. 常用的二维矩阵是一个 m 行 n 列的数组,整个数组必须用方括号“[ ]”括起来. 生成二维数组(如矩阵)的方法是各行的元素逐

个输入,元素之间用逗号(或空格)分隔,而行与行之间要用分号分隔,如[1,2,3;4,5,6]表示矩阵$\begin{bmatrix}1 & 2 & 3\\4 & 5 & 6\end{bmatrix}$. 生成一维数组(如行向量)的方法是将元素逐个输入,元素之间用逗号 (或空格)分隔.

第2节 常用函数与符号

7.2.1 数学运算符号及特殊字符

+ 加法运算,适合于两个数或两个矩阵的相加

- 减法运算

* 乘法运算,适合于矩阵的相乘,也可用于数与矩阵相乘

.* 点乘运算,适合于两个同阶矩阵对应元素相乘,例如,[1 2 3].*[-1 1 2]=[-1 2 6]

./ 点除运算,适合于两个同阶矩阵对应元素相除,例如,[1 2 3]./[-1 1 2]=[-1 2 1.5]

\ 表示左除,例如 X=A\B 就表示 AX=B 的解

^ 乘幂运算, 例如,x^2 表示为 x^2

pi 数学符号 π

7.2.2 基本数学函数

常用的基本函数在 MATLAB 中的表示见表 7.1.

表 7.1 基本数学函数

函数	名称	函数	名称
sin(x)	正弦函数	asin(x)	反正弦函数
cos(x)	余弦函数	acos(x)	反余弦函数
tan(x)	正切函数	atan(x)	反正切函数
abs(x)	绝对值	max(x)	最大值
min(x)	最小值	sum(x)	元素的总和
sqrt(x)	平方根	exp(x)	以 e 为底的指数函数
log(x)	自然对数	loga(x)	以 a 为底的对数函数
sign(x)	符号函数	fix(x)	取整

7.2.3 基本示例

例7.1 计算 $\ln|\arctan\sqrt{5}+1|$.

解 在命令窗口键入命令：

```
≫ log(abs(atan(sqrt(5))+1))  (回车)
```

显示结果如下：

```
ans=
    0.7656
```

例7.2 设 $f(x)=\sqrt{\sin x}+1$，求 $f(\pi)$、$f(\frac{\pi}{2})$、$f(\frac{\pi}{4})$、$f(\frac{\pi}{8})$、$f(0)$的值.

解 这时可以把五个自变量组成一个数组后，代入函数一起算出. 方法如下：

在命令窗口录入下列两行：

```
≫ x=[pi,pi/2,pi/4,pi/8,0];      %:指令后带“分号”表示此指令的结果不显示
≫ y=sqrt(sin(x))+1  (回车)
y=
    1.0   2.0000   1.8409   1.6186   1.0000
```

说明：(1) 上述第一行指令中，[pi,pi/2,pi/4,pi/8,0]是五个自变量组成的行向量.

(2) 符号“%”后是对命令的解释.

例7.3 计算二元函数 $f(x,y)=100(y-x^2)^2+(1-x)^2$ 在(1,2)处的函数值.

解 在M文件编辑窗口录入下列两行：

```
function f=fun(x)
f=100*(x(2)-x(1)^2)^2+(1-x(1))^2
```

以fun.m将文件存盘后退出编辑状态，在MATLAB命令窗口输入指令

```
≫ x=[1 2];
≫ fun(x)  (回车)
```

显示计算结果为

```
ans=100
```

MATLAB作图是通过描点、连线来实现的. 在画一个曲线图形之前，必须先取得该图形上的一系列点的坐标(即横坐标和纵坐标)，将该点集的坐标传给MATLAB函数画图.

MATLAB 软件提供的绘制二维曲线的指令是 plot,其格式为:

plot(x,y,′s′) 该指令描绘了点集所表示的曲线.其中 x,y 是向量,分别表示点集的横坐标和纵坐标.s 是可选参数,用来指定曲线的线型、颜色、数据点形状等,如表 7.2 所示.线型、数据点和颜色可以同时选择,也可只选一部分,不选则用 MATLAB 设定的默认值.

表 7.2 plot 指令参数表

线型	—		—.		——		:	
	实线(默认值)		点划线		虚线		点线	
颜色	y	m	c	r	g	b	w	k
	黄	紫	青	红	绿	蓝	白	黑

例 7.4 在同一个坐标系下画函数在区间$[0,2\pi]$上的图形:用红色实线画 $y=0.2e^{0.1x}\sin 0.5x$,用黑色虚线画 $y=0.2e^{0.1x}\cos 0.5x$.

解 编写程序如下:

```
≫ x=0:0.1:2*pi;                          %:自变量的起点,间隔,终点
≫ y1=0.2*exp(0.1*x).*sin(0.5*x);
≫ y2=0.2*exp(0.1*x).*cos(0.5*x);
≫ plot(x,y1,′r—′,x,y2,′k——′)
```

运行后显示结果如图 7.1 所示.

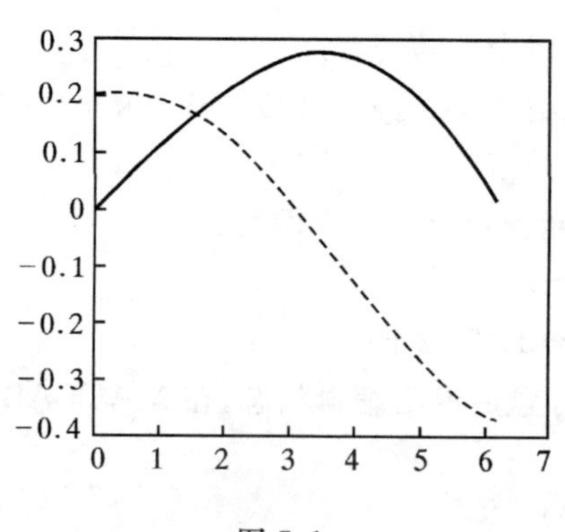

图 7.1

第 3 节　MATLAB 在线性代数中的应用举例

7.3.1　矩阵运算指令

MATLAB 软件不仅矩阵运算功能强大，而且提供了丰富而简洁的运算指令. 见表 7.3.

表 7.3　矩阵运算的指令

指令	含义	指令	含义
A+B	矩阵相加	A*B	矩阵相乘
det(A)	矩阵 **A** 的行列式	[A,B]	**AX**=**B** 的增广矩阵
A′	**A** 的转置矩阵	A\B	**B** 左除 **A**(**AX**=**B** 的解)
inv(A)	**A** 的逆矩阵	A/B	**B** 右除 **A**(**XA**=**B** 的解)
rank(A)	**A** 的秩	rref(A)	**A** 的最简化阶梯矩阵
null(A)	**AX**=**0**的基础解系	solve('方程')	求方程的解
format rat	有理式格式输出	syms a b	将 a,b 都定义为符号变量

7.3.2　应用实例

例 7.5　求行列式 $\begin{vmatrix} 1 & 2 & 3 \\ 4 & 5 & 6 \\ 7 & 8 & 0 \end{vmatrix}$.

解　录入命令

```
≫ A=[1 2 3;4 5 6;7 8 0];
≫ det(A) （回车）            %:A 的行列式
ans =
    27
```

例 7.6　矩阵的转置.

解　录入命令

```
≫ A=[1 2 3;4 5 6;7 8 9];
≫ A′或 transpose(A) （回车） %:A 的转置
A′=
    1  4  7
```

```
   2  5  8
   3  6  9
```

例 7.7 矩阵的乘法.

解 录入命令

```
≫ A=[6 -1 2;1 0 3];
≫ B=[1 -1;2 3;0 1];
≫ A*B (回车)
ans=
    4  -7
    1   2
```

例 7.8 矩阵求逆.

解 录入指令

```
≫ A=[1 2 3;4 5 6;7 8 0];
≫ det(A) (回车)
ans=
   -1.7778    0.8889   -0.1111
    1.5556   -0.7778    0.2222
   -0.1111    0.2222    0.1111
```

为了得到以分数表达的数据,可用指令:format rat

```
≫ format rat
≫ inv(A) (回车)
ans=
   -16.9       8/9     -1/9
    14/9      -7/9      2/9
   -1/9        2/9     -1/9
```

例 7.9 求矩阵的秩.

解 录入指令

```
≫ A=[-1 2 3 0;0 3 -2 1;4 0 3 2];
≫ rank (A) (回车)
ans=3
```

例 7.10 将矩阵化为行最简化阶梯形矩阵.

解 录入指令

```
≫ A=[-1 2 3 0;0 3 -2 1;4 0 3 2];
≫ rref (A) (回车)
```

```
ans=
    1.0000  0       0       0.5246
    0       1.0000  0       0.3115
    0       0       1.0000  -0.0328
```

例 7.11　求解线性方程组

(1) $\begin{cases} x_1-x_2+x_3=0 \\ 2x_1-x_2+3x_3=-1 \\ 3x_1-2x_2-x_3=4 \end{cases}$　(2) $\begin{cases} x_1+5x_2-x_3-x_4=-1 \\ x_1-2x_2+x_3+3x_4=3 \\ 3x_1+8x_2-x_3+x_4=1 \\ x_1-9x_2+3x_3+7x_4=7 \end{cases}$

解　(1) 录入系数矩阵数据及指令

```
≫ A=[1 -1 1;2 -1 3;3 -2 -1];
≫ B=[0; -1; 4];
≫ A\B (回车)
ans=
    1
    0
   -1
```

这时,线性方程组有唯一解 $x_1=1,x_2=0,x_3=-1$.

(2) 录入系数矩阵数据及指令

```
≫ A=[1 5 -1 -1;1 -2 1 3;3 8 -1 1;1 -9 3 7];
≫ B=[-1;3;1;7];
≫ A\B (回车)
```

这时显示错误,得不到解,那是因为该方程可能无解或有无穷多解,所以需要应用线性方程组的判定定理去分析和判断. 为此通过系数矩阵和增广矩阵的秩来判断无解还是有无穷多解,在有解时,对增广矩阵作初等行变换求出它的通解.

```
≫ rank(A) (回车)
ans=
    2
≫ C=[A,B] (回车)
C=
    1   5  -1  -1  -1
    1  -2   1   3   3
    3   8  -1   1   1
```

```
    1  -9   3   7   7
≫ rank(C) (回车)
ans=
    2
```

因为系数矩阵与增广矩阵的秩相同,故有无穷多解.

```
≫ rref(C) (回车)
ans=
    1  0    3/7   13/7   13/7
    0  1   -2/7   -4/7   -4/7
    0  0     0      0      0
    0  0     0      0      0
```

于是对应的线性方程组的通解为

$$\begin{cases} x_1=-\dfrac{3}{7}c_1-\dfrac{13}{7}c_2+\dfrac{13}{7} \\ x_2=-\dfrac{2}{7}c_1+\dfrac{4}{7}c_2-\dfrac{4}{7} \\ x_3=c_1 \\ x_4=c_2 \end{cases} \quad \text{即} \quad \begin{bmatrix} x_1 \\ x_2 \\ x_3 \\ x_4 \end{bmatrix}=\begin{bmatrix} -3/7 \\ -2/7 \\ 1 \\ 0 \end{bmatrix}c_1+\begin{bmatrix} -13/7 \\ 4/7 \\ 0 \\ 1 \end{bmatrix}c_2+\begin{bmatrix} 13/7 \\ -4/7 \\ 0 \\ 0 \end{bmatrix}$$

例 7.12 某城市市区的交叉路口由两条单向车道组成,图 7.2 给出了在交通高峰时段,每小时进入和离开路口的车辆数,计算在四个交叉路口间车辆的数量.

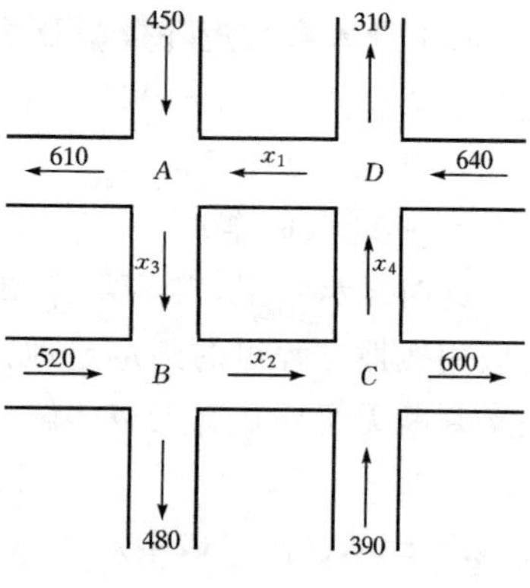

解 在每一个路口,必有进入的车辆数与离开的车辆数相等. 例如,在路口 A,进入该路口的车辆数为 x_1+450,离开路口的车辆数为 x_2+610,因此

$$x_1+450=x_2+610 \quad (\text{路口 } A)$$

类似地,有

$$x_2+520=x_3+480 \quad (\text{路口 } B)$$

$$x_3+390=x_4+600 \quad (\text{路口 } C)$$

$$x_4+640=x_1+310 \quad (\text{路口 } D)$$

图 7.2

联立这四个方程,求四个未知量 x_1,x_2,x_3,x_4. 为求此线性方程组的解. 该方程组的系数的矩阵为

$$A=\begin{bmatrix}1&-1&0&0\\0&1&-1&0\\0&0&1&-1\\-1&0&0&1\end{bmatrix},\quad B=\begin{bmatrix}160\\-40\\210\\-330\end{bmatrix}$$

现在用 MATLAB 来求解. 先录入系数矩阵数据及指令

```
≫ A=[1 -1 0 0;0 1 -1 0;0 0 1 -1;-1 0 0 1];
≫ B=[160;-40;210;-330];
≫ A\B （回车）
```

这时显示错误,得不到解，所以应用线性方程组的判定定理去分析和判断. 为此通过系数矩阵和增广矩阵的秩来判断无解还是有无穷多解.

```
≫ rank(A) （回车）
ans=
    3
≫ C=[A,B] （回车）
C=
       1   -1    0    0    160
       0    1   -1    0    -40
       0    0    1   -1    210
      -1    0    0    1   -330
≫ rref(C) （回车）
ans=
     1  0  0  -1  330
     0  1  0  -1  170
     0  0  1  -1  210
     0  0  0   0    0
≫ rank(C) （回车）
ans=
    3
```

于是对应的线性方程组的通解为带一个任意常数的无穷多解

$$\begin{cases}x_1=x_4+330\\x_2=x_4+170\\x_3=x_4+210\end{cases}\quad 或\quad \begin{bmatrix}x_1\\x_2\\x_3\\x_4\end{bmatrix}=\begin{bmatrix}1\\1\\1\\1\end{bmatrix}k+\begin{bmatrix}330\\170\\210\\0\end{bmatrix}$$

如果知道在某一路口的车辆数,例如假设在路口 C 和 D 之间的平均车辆数

为$x_4=k=220$时，则其他路口的车辆数了即可求得，即

$$x_1 = 530,\ x_2 = 370,\ x_3 = 410,\ x_4 = 220$$

例 7.13 当 a 分别为何值时，方程组 $\begin{cases} ax_1+x_2+x_3=1 \\ x_1+ax_2+x_3=1 \\ x_1+x_2+ax_3=1 \end{cases}$ 分别无解、有唯一解和有无穷多解？当方程组有解时，求通解.

解 这是一个带参数符号的方程组，所以在程序中要用指令 syms. 先计算系数行列式，并求出 a，使行列式等于 0.

```
≫ syms a;
≫ A=[a,1,1;1,a,1;1,1,a];
≫ D=det(A)   (回车)
D=a^3-3*a+2
≫ a=solve('a^3-3*a+2=0')   (回车)
a=
    -2
     1
     1
```

所以，当 $a\neq-2,a\neq1$ 时，方程组有唯一解. 再求出符号方程的解.

```
≫ [x,y,z]=solve('a*x+y+z=1','x+a*y+z=1','x+y+a*z=1')
                                                    (回车)
x=1/(a+2)
y=1/(a+2)
z=1/(a+2)
```

所以，当 $a=2$ 时，无解. 当 $a=1$ 时，将 1 代入 a，再解方程组.

```
≫ [x,y,z]=solve('x+y+z=1','x+y+z=1','x+y+z=1')   (回车)
x=1-y-z
y=y
z=z
```

说明方程组有无穷多解. 它的通解为：

$$\begin{bmatrix} x \\ y \\ z \end{bmatrix} = \begin{bmatrix} 1 \\ 0 \\ 0 \end{bmatrix} + c_1 \begin{bmatrix} -1 \\ 1 \\ 0 \end{bmatrix} + c_2 \begin{bmatrix} -1 \\ 0 \\ 1 \end{bmatrix}$$

例 7.14 求矩阵 $\boldsymbol{A}=\begin{bmatrix} 3 & -6 & -3 \\ 3 & -6 & -3 \\ -4 & 8 & 4 \end{bmatrix}$ 的特征值和特征向量.

解 录入指令

```
≫ A=[3 -6 -3;3 -6 -3;-4 8 4];
≫ eig(A) (回车)
ans=
     0.0000
    -0.0000
     1.0000
≫ [P,D]=eig(A) (回车)                 %:P 为 A 的特征向量组成的可逆
                                          矩阵,D 为 A 的对角化矩阵
P=
     0.5145   -0.7294   -0.5434
     0.5145   -0.0228   -0.5767
    -0.6860   -0.6837    0.6100
D=
    1.0000    0          0
    0        -0.0000     0
    0         0          0.0000
```

计算结果:特征值为:$\lambda_1=1,\lambda_2=0,\lambda_3=0$;相对应的特征向量为:

$$\boldsymbol{x}_1=\begin{bmatrix} 0.5145 \\ 0.5145 \\ -0.6860 \end{bmatrix},\quad \boldsymbol{x}_2=\begin{bmatrix} -0.7294 \\ -0.0228 \\ -0.6837 \end{bmatrix},\quad \boldsymbol{x}_3=\begin{bmatrix} -0.5434 \\ -0.5767 \\ 0.6100 \end{bmatrix}$$

例 7.15 植物基因的分布问题

若某种植物的基因型为 AA,Aa,aa,当采用 AA 型植物与每种基因型植物相结合的方式培育植物后代,分析若干年以后三种基因型植物的分布情况.假设双亲体基因型与其后代基因型的概率如下表所示.

		父体—母体基因型		
		AA—AA	AA—Aa	AA—aa
后代基因类型的概率	AA	1	1/2	0
	Aa	0	1/2	1
	aa	0	0	0

设第 n 代植物中，基因型 AA，Aa，aa 的植物占植物总数的百分比分别为 a_n,b_n,c_n，第 n 代植物基因型分布为 $\boldsymbol{x}^{(n)}=(a_n,b_n)^{\mathrm{T}}$. 若初始分布(即 $n=0$ 时的分布)为 $\boldsymbol{x}^{(0)}=(a_0,b_0,c_0)^{\mathrm{T}}$，则显然有

$$a_0+b_0+c_0=1$$

由上表可得如下关系式：

$$a_n=1\cdot a_{n-1}+\frac{1}{2}\cdot b_{n-1}+0\cdot c_{n-1}$$

$$b_n=0\cdot a_{n-1}+\frac{1}{2}\cdot b_{n-1}+1\cdot c_{n-1}$$

$$c_n=0\cdot a_{n-1}+0\cdot b_{n-1}+0\cdot c_{n-1}$$

写成矩阵形式，即为 $\boldsymbol{x}^{(n)}=\boldsymbol{M}\boldsymbol{x}^{(n-1)}$，其中

$$\boldsymbol{M}=\begin{bmatrix}1 & 1/2 & 0\\0 & 1/2 & 1\\0 & 0 & 0\end{bmatrix}$$

从而有 $\boldsymbol{x}^{(n)}=\boldsymbol{M}\boldsymbol{x}^{(n-1)}=\boldsymbol{M}^2\boldsymbol{x}^{(n-2)}=\cdots=\boldsymbol{M}^n\boldsymbol{x}^{(0)}$

这样就将问题转化为求 $\boldsymbol{M}^n$ 的问题，为了求 $\boldsymbol{M}^n$，首先将 $\boldsymbol{M}$ 对角化，即求出可逆矩阵 $\boldsymbol{P}$，使得 $\boldsymbol{P}^{-1}\boldsymbol{M}\boldsymbol{P}=\boldsymbol{D}$，于是，$\boldsymbol{M}=\boldsymbol{P}\boldsymbol{D}\boldsymbol{P}^{-1}$，$\boldsymbol{M}^n=\boldsymbol{P}\boldsymbol{D}^n\boldsymbol{P}^{-1}$，因此

$$\boldsymbol{x}^{(n)}=\boldsymbol{M}^n\boldsymbol{x}^{(0)}=\boldsymbol{P}\boldsymbol{D}^n\boldsymbol{P}^{-1}\boldsymbol{x}^{(0)}$$

由第 5 章知，对角矩阵 $\boldsymbol{D}$ 的对角元素即为矩阵 $\boldsymbol{M}$ 的特征值，而矩阵 $\boldsymbol{P}$ 的各列即为与特征值对应的特征向量. MATLAB 软件提供了相应的命令：

(1) d=eig(A)

该命令用于求方阵 $\boldsymbol{A}$ 的特征值.

(2) [V,D]=eig(A)

该命令用于计算矩阵 $\boldsymbol{A}$ 的特征向量及特征值，用特征值做对角元素生成相应的对角矩阵 D，而用相应的特征向量生成矩阵 $\boldsymbol{V}$，满足 $\boldsymbol{AV}=\boldsymbol{VD}$.

以上模型可以用 MATLAB 来实现. 假设开始时基因型 AA，Aa，aa 的植物占植物总数的比例分别为 1/2，1/3 和 1/6，编写程序如下：

```
M=[1 1/2 0;0 1/2 1;0 0 0];
a0=1/2;b0=1/3;c0=1/6;
y0=[a0 b0 c0];
x0=y0'
syms n;
n=5;
```

```
xn=M^n*x0;
[P,D]=eig(M);
Dn=D^n;
xn=P*Dn*inv(P)*x0
```

运行该程序,结果如下:

```
x0=
    0.5000
    0.3333
    0.1667
xn=
    0.9792
    0.0208
    0
```

以上结果说明,经过 5 代以后,基因型 AA,Aa,aa 的植物占植物总数的比例分别为 97.92%,2.08%和 0,若在以上程序中取 $n=10$,则运行结果为

```
x0=
    0.5000
    0.3333
    0.1667
xn=
    0.9993
    0.0007
    0
```

当取 $n=100$ 时,运行结果为:

```
x0=
    0.5000
    0.3333
    0.1667
xn=
    1.0000
    0.0000
    0
```

以上结果显示,经过若干代以后,所培育的植物的基因型都是 AA 型.

习 题 七

1. 在教材中的前五章中,每章选择2～3个数字题用MATLAB加以验证.

2. 确定下图中给出的交通流量 x_1,x_2,x_3 和 x_4.

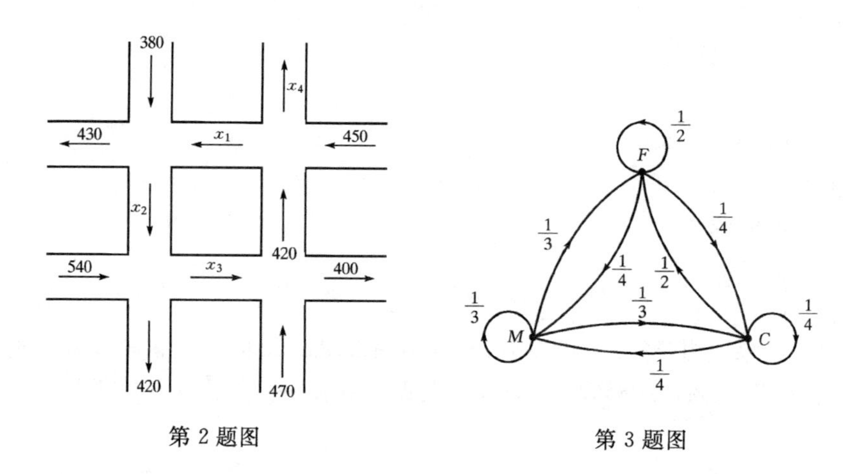

第2题图　　　　第3题图

3. 设某个社会中的人们从事三种职业:农业生产、工具的手工业者、制衣工. 又设在此社会中没有货币制度,所有商品和服务均为实物交换. 三类人分别记为 F、M、C,实物的交易系统如图所示,其中

F 留1/2给自身,1/4给 M,1/4给 C;

M 留1/3给自身,1/3给 F,1/3给 C;

C 留1/4给自身,1/2给 F,1/4给 M;

现在的问题是如何给这三种商品定价可以公平地体现当前的实物交换情况?

(提示:设所有的 F、M、C 的总价分别为 x_1,x_2,x_3)

4. 在MATLAB里有一种命令可以产生随机的矩阵:

rand(n) %:产生一个 $n\times n$ 的矩阵,其元素为0～1之间的随机数.

rand(m,n) %:产生一个 $m\times n$ 的矩阵,其元素为0～1之间的随机数.

(1) 随机产生两个方阵,分别求出它们的行列式、逆矩阵和转置矩阵;

(2) 随机产生两个矩阵,分别求出它们的秩和所相应的齐次线性方程组的解;

(3) 你能用MATLAB将二次型标准化吗?请在第6章中选择2～3例,算出结果.

5. 向量组 $\boldsymbol{\alpha}_1=(1,2,3,4)^{\mathrm{T}},\boldsymbol{\alpha}_2=(2,3,4,5)^{\mathrm{T}},\boldsymbol{\alpha}_3=(3,4,5,6)^{\mathrm{T}}$ 是否线性相关?如线性相关,求出它的一个极大线性无关组.

6. 求方程组 $\begin{cases}x_1-x_2+2x_3+x_4=1\\2x_1-x_2+x_3+2x_4=3\\x_1-x_3+x_4=2\\3x_1-x_2+3x_3=5\end{cases}$ 的解.

7. 当 a,b 为何值时，方程组 $\begin{cases} x_1+x_2+x_3+x_4=0 \\ x_2+2x_3+2x_4=1 \\ -x_2+(a-3)x_3-2x_4=b \\ 3x_1+2x_2+x_3+ax_4=-1 \end{cases}$ 有唯一解、无解、有无穷多解？并对后者求通解.

8. 求方阵 $\mathbf{A}=\begin{bmatrix} -1 & 2 & 2 \\ 2 & -1 & -2 \\ 2 & -2 & -1 \end{bmatrix}$ 的特征值与对应的特征向量.

9. 方阵 $\mathbf{A}=\begin{bmatrix} 0 & -1 & 2 \\ 0 & 2 & 0 \\ 1 & -1 & 1 \end{bmatrix}$ 是否与对角阵相似?

习题答案

习题一(A)

1. $x_1=-2, x_2=6$.　　**2.** (1) $A_{22}=12$, $A_{34}=-104$　(2) 0

3. (1) -100,(2) 0　(3) $4abcdef$　(4) $abcd+ab+cd+ad+1$

5. (1) $a^{n-2}(a^2-1)$　(2) $(-1)^{n-1}(n-1)$　(3) $[x+(n-1)a](x-a)^{n-1}$

(4) $a_1a_2\cdots a_n(1+\sum_{k=1}^{n}\frac{1}{a_k})$

6. (1) $x_1=3, x_2=1, x_3=1$　(2) $x_1=1, x_2=2, x_3=3, x_4=-1$

7. (1) $\lambda\neq 1$　(2) $\lambda\neq 0,2,3$

习题一(B)

1. (1) $-2(x^3+y^3)$　(2) $(a+b+c)(b-a)(c-a)(c-b)$

2. $\prod_{n+1\geqslant i>j\geqslant 1}(i-j)$　　**4.** $\lambda\neq 1$ 及 $\mu\neq 0$

复习题一

1. (1) -6　(2) 0,0　(3) 0　(4) -18　(5) $\lambda\neq 1$

2. (1) D　(2) D　(3) C　(4) B　(5) B

3. (1) -18　(2) $-3(x-1)(x+1)(x-2)(x+2)$

4. $5a_1a_2a_3a_4$　　**5.** $x_1=\frac{1}{2}, x_2=x_3=x_4=0$

习题二(A)

1. $\begin{bmatrix} 22 & 19 & 13 \\ -26 & 7 & 11 \\ 28 & 5 & -11 \end{bmatrix}$, $\begin{bmatrix} 8 & -8 & 10 \\ 7 & 3 & 1 \\ 5 & 3 & -3 \end{bmatrix}$

2. (1) 14　(2) $\begin{bmatrix} -2 & 4 \\ -1 & 2 \\ -3 & 6 \end{bmatrix}$　(3) $\begin{bmatrix} 22 & 15 \\ 22 & 2 \end{bmatrix}$

(4) $[a_{11}x_1^2+a_{22}x_2^2+a_{33}x_3^2+2a_{12}x_1x_2+2a_{13}x_1x_3+2a_{23}x_2x_3]$

3. $\begin{bmatrix} 2 & 1 \\ -10 & 3 \\ -7 & 9 \end{bmatrix}$　　**5.** $\boldsymbol{A}^k=\begin{bmatrix} 1 & 0 \\ k\lambda & 1 \end{bmatrix}$　　**6.** $\lambda^{k-2}\begin{bmatrix} \lambda^2 & k\lambda & \frac{k(k-1)}{2} \\ 0 & \lambda^2 & k\lambda \\ 0 & 0 & \lambda^2 \end{bmatrix}$

7. (1) $\begin{bmatrix} 5 & -2 \\ -2 & 1 \end{bmatrix}$ (2) $\begin{bmatrix} \cos\theta & \sin\theta \\ -\sin\theta & \cos\theta \end{bmatrix}$ (3) $\begin{bmatrix} -2 & 1 & 0 \\ -\frac{13}{2} & 3 & -\frac{1}{2} \\ -16 & 7 & -1 \end{bmatrix}$

(4) $\mathrm{diag}(\frac{1}{a_1},\frac{1}{a_2},\cdots,\frac{1}{a_n})$

8. (1) $\boldsymbol{X}=\begin{bmatrix} 2 & -23 \\ 0 & 8 \end{bmatrix}$ (2) $\boldsymbol{X}=\begin{bmatrix} -2 & 2 & 1 \\ -\frac{8}{3} & 5 & -\frac{2}{3} \end{bmatrix}$ (3) $\boldsymbol{X}=\begin{bmatrix} 1 & 1 \\ \frac{1}{4} & 0 \end{bmatrix}$

(4) $\boldsymbol{X}=\begin{bmatrix} 2 & -1 & 0 \\ 1 & 3 & -4 \\ 1 & 0 & -2 \end{bmatrix}$

9. (1) $x_1=1,x_2=0,x_3=0$ (2) $x_1=5,x_2=0,x_3=3$

11. $\boldsymbol{A}^{-1}=\frac{1}{2}(\boldsymbol{A}-\boldsymbol{I})$; $(\boldsymbol{A}+2\boldsymbol{I})^{-1}=\frac{1}{4}(3\boldsymbol{I}-\boldsymbol{A})$ **12.** -16

13. $\begin{bmatrix} 0 & 3 & 3 \\ -1 & 2 & 3 \\ 1 & 1 & 0 \end{bmatrix}$ **14.** $4\begin{bmatrix} 1 & 1 & 1 \\ 1 & 1 & 1 \\ 1 & 1 & 1 \end{bmatrix}$

15. $-\frac{1}{10}\boldsymbol{A}$ **16.** $-(k-1)^2(k+2)$ **18.** (1) $\boldsymbol{A}^2=4\boldsymbol{I}$, $\boldsymbol{A}^{-1}=\frac{1}{4}\boldsymbol{A}$ (2) $\boldsymbol{B}=\boldsymbol{I}-\frac{3}{4}\boldsymbol{A}$

19. $\begin{bmatrix} 1 & 2 & 5 & 2 \\ 0 & 1 & 2 & -4 \\ 0 & 0 & -4 & 3 \\ 0 & 0 & 0 & 9 \end{bmatrix}$

20. $\boldsymbol{AB}=\begin{bmatrix} 5 & 19 & 0 & 0 & 0 \\ 1 & 1 & 0 & 0 & 0 \\ 3 & 3 & 4 & -1 & 0 \\ 6 & 9 & 14 & 7 & 6 \\ 5 & 4 & 8 & 2 & 4 \end{bmatrix}$; $\boldsymbol{C}^{-1}=\begin{bmatrix} \frac{1}{2} & 0 & 0 & 0 \\ 0 & \frac{1}{3} & 0 & 0 \\ 0 & 0 & 1 & -2 \\ 0 & 0 & -2 & 5 \end{bmatrix}$

21. (1) $\begin{bmatrix} \boldsymbol{O} & \boldsymbol{B}^{-1} \\ \boldsymbol{A}^{-1} & \boldsymbol{O} \end{bmatrix}$ (2) $\begin{bmatrix} \boldsymbol{A}^{-1} & \boldsymbol{O} \\ -\boldsymbol{B}^{-1}\boldsymbol{C}\boldsymbol{A}^{-1} & \boldsymbol{B}^{-1} \end{bmatrix}$

22. (1) $\begin{bmatrix} 1 & -2 & 0 & 0 \\ -2 & 5 & 0 & 0 \\ 0 & 0 & 2 & -3 \\ 0 & 0 & -5 & 8 \end{bmatrix}$ (2) $\frac{1}{24}\begin{bmatrix} 24 & 0 & 0 & 0 \\ -12 & 12 & 0 & 0 \\ -12 & 4 & 8 & 0 \\ 3 & -5 & -2 & 6 \end{bmatrix}$

习题二(B)

2. $\boldsymbol{B}=2\mathrm{diag}(1,-2,1)$ **3.** $(-1)^{n-1}\frac{2^{2n-1}}{3}$ **5.** $\frac{1}{3}\begin{bmatrix} 1+2^{13} & 4+2^{13} \\ -1-2^{11} & -4-2^{11} \end{bmatrix}$

复习题二

2. (1) -8 (2) $n\times s$ (3) $\begin{bmatrix} 5 & -3 \\ -3 & 2 \end{bmatrix}$ (4) 对称矩阵 (5) $|\boldsymbol{A}|=0$ (6) $\begin{bmatrix} 1 & 2 \\ 3 & 3 \end{bmatrix}$

(7) $\boldsymbol{A}$ (8) 0

3. (1) × (2) √ (3) √ (4) × (5) √ (6) √ (7) × (8) ×

4. (1) C (2) D (3) D (4) B (5) D (6) C (7) A (8) D

5. $\boldsymbol{X}=\begin{bmatrix} 2 & 0 & 1 \\ 0 & 3 & 0 \\ 1 & 0 & 2 \end{bmatrix}$ **6.** $\begin{bmatrix} 1 & 0 & 0 & \cdots & 0 & 0 \\ -a & 1 & 0 & \cdots & 0 & 0 \\ 0 & -a & 1 & \cdots & 0 & 0 \\ \vdots & \vdots & \vdots & & \vdots & \vdots \\ 0 & 0 & 0 & \cdots & 1 & 0 \\ 0 & 0 & 0 & \cdots & -a & 1 \end{bmatrix}$

7. 提示:用分块矩阵及数学归纳法证明

8. 提示:考察 $\boldsymbol{A}^2$ 主对角线上的元素,并注意 $\boldsymbol{A}^{\mathrm{T}}=\boldsymbol{A}$

9. $(\boldsymbol{A}+\boldsymbol{I})^{-1}=\boldsymbol{A}-3\boldsymbol{I}$, $(\boldsymbol{A}-3\boldsymbol{I})^{-1}=\boldsymbol{A}+\boldsymbol{I}$

习题三(A)

1. (1) $\begin{bmatrix} 1 & 0 & 0 & 5 \\ 0 & 0 & 1 & -3 \\ 0 & 0 & 0 & 0 \end{bmatrix}$ (2) $\begin{bmatrix} 0 & 1 & 0 & 5 \\ 0 & 0 & 1 & 3 \\ 0 & 0 & 0 & 0 \end{bmatrix}$ (3) $\begin{bmatrix} 1 & -1 & 0 & 2 & -3 \\ 0 & 0 & 1 & -2 & 2 \\ 0 & 0 & 0 & 0 & 0 \\ 0 & 0 & 0 & 0 & 0 \end{bmatrix}$

(4) $\begin{bmatrix} 1 & 0 & 2 & 0 & -2 \\ 0 & 1 & -1 & 0 & 3 \\ 0 & 0 & 0 & 1 & 4 \\ 0 & 0 & 0 & 0 & 0 \end{bmatrix}$ **2.** $\begin{bmatrix} 4 & 5 & 2 \\ 1 & 2 & 2 \\ 7 & 8 & 2 \end{bmatrix}$

3. (1) $\begin{bmatrix} \frac{7}{6} & \frac{2}{3} & -\frac{3}{2} \\ -1 & -1 & 2 \\ -\frac{1}{2} & 0 & \frac{1}{2} \end{bmatrix}$ (2) $\begin{bmatrix} 1 & 1 & -2 & -4 \\ 0 & 1 & 0 & -1 \\ -1 & -1 & 3 & 6 \\ 2 & 1 & -6 & -10 \end{bmatrix}$

4. (1) $\begin{bmatrix} 10 & 2 \\ -15 & -3 \\ 12 & 4 \end{bmatrix}$ (2) $\begin{bmatrix} 2 & -1 & -1 \\ -4 & 7 & 4 \end{bmatrix}$ **5.** $\begin{bmatrix} 0 & 1 & -1 \\ -1 & 0 & 1 \\ 1 & -1 & 0 \end{bmatrix}$

6. 都有可能. **7.** $\begin{bmatrix} 1 & 0 & 1 & 0 & 0 \\ 1 & -1 & 0 & 0 & 0 \\ 0 & 0 & 1 & 0 & 0 \\ 0 & 0 & 0 & 1 & 0 \\ 0 & 0 & 0 & 0 & 0 \end{bmatrix}$

8. (1) $r=2$，$\begin{vmatrix} 3 & 1 \\ 1 & -1 \end{vmatrix} \neq 0$　(2) $r=3$，$\begin{vmatrix} 3 & 2 & -1 \\ 2 & -1 & -3 \\ 7 & 0 & -8 \end{vmatrix} \neq 0$

(3) $r=3$，$\begin{vmatrix} 2 & 1 & 7 \\ 2 & -3 & -5 \\ 1 & 0 & 0 \end{vmatrix} \neq 0$

9. (1) $k=1$　(2) $k=-2$　(3) $k\neq 1$ 且 $k\neq -2$　　**10.** $x=2$

11. (1) $\begin{bmatrix} x_1 \\ x_2 \\ x_3 \\ x_4 \end{bmatrix} = c\begin{bmatrix} \frac{4}{3} \\ -3 \\ \frac{4}{3} \\ 1 \end{bmatrix}$　(2) $\begin{bmatrix} x_1 \\ x_2 \\ x_3 \\ x_4 \end{bmatrix} = c_1\begin{bmatrix} -2 \\ 1 \\ 0 \\ 0 \end{bmatrix} + c_2\begin{bmatrix} 1 \\ 0 \\ 0 \\ 1 \end{bmatrix}$　(3) 只有零解

(4) $\begin{bmatrix} x_1 \\ x_2 \\ x_3 \\ x_4 \end{bmatrix} = c_1\begin{bmatrix} \frac{3}{17} \\ \frac{19}{17} \\ 1 \\ 0 \end{bmatrix} + c_2\begin{bmatrix} -\frac{13}{17} \\ -\frac{20}{17} \\ 0 \\ 1 \end{bmatrix}$

12. (1) 无解　(2) $\begin{bmatrix} x \\ y \\ z \end{bmatrix} = c\begin{bmatrix} -2 \\ 1 \\ 1 \end{bmatrix} + \begin{bmatrix} -1 \\ 2 \\ 0 \end{bmatrix}$　(3) $\begin{bmatrix} x \\ y \\ z \\ w \end{bmatrix} = c_1\begin{bmatrix} 1 \\ -2 \\ 0 \\ 0 \end{bmatrix} + c_2\begin{bmatrix} 0 \\ 1 \\ 1 \\ 0 \end{bmatrix} + \begin{bmatrix} 0 \\ 1 \\ 0 \\ 0 \end{bmatrix}$

(4) $\begin{bmatrix} x \\ y \\ z \\ w \end{bmatrix} = c_1\begin{bmatrix} \frac{1}{7} \\ \frac{5}{7} \\ 1 \\ 0 \end{bmatrix} + c_2\begin{bmatrix} \frac{1}{7} \\ -\frac{9}{7} \\ 0 \\ 1 \end{bmatrix} + \begin{bmatrix} \frac{6}{7} \\ -\frac{5}{7} \\ 0 \\ 0 \end{bmatrix}$

13. $\begin{cases} x_1 - 2x_3 + 2x_4 = 0 \\ x_2 + 3x_3 - 4x_4 = 0 \end{cases}$　　**14.** (1) $\lambda\neq 1, \lambda\neq -2$　(2) $\lambda=-2$　(3) $\lambda=1$

15. $\lambda=1$ 时有解 $\begin{bmatrix} x_1 \\ x_2 \\ x_3 \end{bmatrix} = c\begin{bmatrix} 1 \\ 1 \\ 1 \end{bmatrix} + \begin{bmatrix} 1 \\ 0 \\ 0 \end{bmatrix}$；　$\lambda=-2$ 时有解 $\begin{bmatrix} x_1 \\ x_2 \\ x_3 \end{bmatrix} = c\begin{bmatrix} 1 \\ 1 \\ 1 \end{bmatrix} + \begin{bmatrix} 2 \\ 2 \\ 0 \end{bmatrix}$

16. $\lambda\neq 1$，且 $\lambda\neq 10$ 时有唯一解；$\lambda=10$ 时无解；$\lambda=1$ 时有无穷多解，通解为

$$\begin{bmatrix} x_1 \\ x_2 \\ x_3 \end{bmatrix} = c_1\begin{bmatrix} -2 \\ 1 \\ 0 \end{bmatrix} + c_2\begin{bmatrix} 2 \\ 0 \\ 1 \end{bmatrix} + \begin{bmatrix} 1 \\ 0 \\ 0 \end{bmatrix}$$

17. (1) 当 $a\neq 2$ 时有唯一解；(2) 当 $a=2$ 且 $b\neq 1$ 时无解；

(3) 当 $a=2$ 且 $b=1$ 时有无穷多解，通解为 $\begin{bmatrix}x_1\\x_2\\x_3\\x_4\end{bmatrix}=c\begin{bmatrix}0\\-2\\1\\0\end{bmatrix}+\begin{bmatrix}-8\\3\\0\\2\end{bmatrix}$

18. (1) $\lambda=17,\mu\neq2$ (2) $\lambda\neq17$ (3) $\lambda=17,\mu=2$

习题三(B)

1. $k=-2$ **2.** 当 $a+b=0$ 时为 1；当 $a+b\neq0$ 时为 2 **3.** $m+n$

4. 提示：将 $A_{m\times n}B_{n\times l}=0$ 写成 $A(b_1,b_2,\cdots,b_l)=(0,0,\cdots,0)$，考察 $Ab_i=0$ 的解集.

复习题三

1. (1) 相容的 (2) 互换两个方程的位置 用一非零常数乘某一方程 把一个方程的倍数加到另一个方程上去 (3) 系数矩阵的秩 增广矩阵的秩 自变量的个数 方程个数

2. (1) 当 $\lambda=3$ 时无解 (2) 当 $\lambda\neq1$ 且 $\lambda\neq3$ 时有唯一解：$x_1=-1,x_2=\dfrac{4-\lambda}{3-\lambda},x_3=\dfrac{1}{3-\lambda}$ (3) 当 $\lambda=1$ 时有无穷多解，通解为 $x_1=-x_2-x_3+1$

3. 提示：有效方程个数 $r=n-(n-r)=3-2=1,x_1+2x_2-3x_3=0$.

5. $\lambda=1$ 时，$r(\bar{\mathbf{A}})=r(\mathbf{A})=2<4$. $\begin{bmatrix}x_1\\x_2\\x_3\\x_4\end{bmatrix}=\begin{bmatrix}1\\1\\1\\1\end{bmatrix}+k_1\begin{bmatrix}0\\1\\0\\1\end{bmatrix}+k_2\begin{bmatrix}3\\1\\5\\0\end{bmatrix}$，$k_1$、$k_2$ 为任意常数

习题四(A)

1. $\boldsymbol{\beta}=\dfrac{5}{4}\boldsymbol{\alpha}_1+\dfrac{1}{4}\boldsymbol{\alpha}_2-\dfrac{1}{4}\boldsymbol{\alpha}_3-\dfrac{1}{4}\boldsymbol{\alpha}_4$.

2. 当 $a\neq1$ 时，$\boldsymbol{\beta}=\dfrac{b-a+2}{a-1}\boldsymbol{\alpha}_1+\dfrac{a-2b-3}{a-1}\boldsymbol{\alpha}_2+\dfrac{b+1}{a-1}\boldsymbol{\alpha}_3$；当 $a=1$ 且 $b\neq-1$ 时，$\boldsymbol{\beta}$ 不能由 $\boldsymbol{\alpha}_1,\boldsymbol{\alpha}_2,\boldsymbol{\alpha}_3$ 线性表示；当 $a=1$ 且 $b=-1$ 时，$\boldsymbol{\beta}=(-1+c)\boldsymbol{\alpha}_1+(1-2c)\boldsymbol{\alpha}_2+c\boldsymbol{\alpha}_3$（$c$ 为任意常数）.

3. (1)、(2) 不正确；(3)、(4) 正确. **4.** $\lambda=1$ 或 $\lambda=-\dfrac{1}{2}$.

5. (1) 线性无关；(2) 线性相关；(3) 当 $a=-1$ 时线性相关，当 $a\neq-1$ 时线性无关.

6. (1) 线性无关；(2) 线性相关. **7.** (1) 能；(2) 不能. **8.** 利用定义.

9. 利用定义及 $\mathbf{A}\boldsymbol{\alpha}_j=\mathbf{0}(j=1,\cdots,t),\mathbf{A}\boldsymbol{\beta}\neq\mathbf{0}$.

10. 可利用定义及反证法. **12.** $a=2,b=5$.

13. (1) $\boldsymbol{\alpha}_1,\boldsymbol{\alpha}_2,\boldsymbol{\alpha}_4$；秩为 3；且有 $\boldsymbol{\alpha}_3=3\boldsymbol{\alpha}_1+\boldsymbol{\alpha}_2,\boldsymbol{\alpha}_5=2\boldsymbol{\alpha}_1+\boldsymbol{\alpha}_2$；

(2) $\boldsymbol{\alpha}_1,\boldsymbol{\alpha}_2,\boldsymbol{\alpha}_3$；秩为 3；且有 $\boldsymbol{\alpha}_4=\boldsymbol{\alpha}_1-\boldsymbol{\alpha}_2+\boldsymbol{\alpha}_3,\boldsymbol{\alpha}_5=2\boldsymbol{\alpha}_1-2\boldsymbol{\alpha}_2+\boldsymbol{\alpha}_3$.

14. (1) $p\neq 2,\boldsymbol{\beta}=2\boldsymbol{\alpha}_1+\dfrac{3p-4}{p-2}\boldsymbol{\alpha}_2+\boldsymbol{\alpha}_3+\dfrac{1-p}{p-2}\boldsymbol{\alpha}_4$;

(2) $p=2$，秩为 3，$\boldsymbol{\alpha}_1,\boldsymbol{\alpha}_2,\boldsymbol{\alpha}_3$ 是一个极大无关组.

16. (1) $\boldsymbol{\xi}_1=(-2,3,0,0,0)^{\mathrm{T}},\boldsymbol{\xi}_2=(-4,0,3,3,0)^{\mathrm{T}},\boldsymbol{\xi}_3=(-8.0,9,0,3)^{\mathrm{T}}$，$\boldsymbol{x}=c_1\boldsymbol{\xi}_1+c_2\boldsymbol{\xi}_2+c_3\boldsymbol{\xi}_3$； (2) 当 $a=-8$ 时，$\boldsymbol{\xi}_1=(4,-2,1,0)^{\mathrm{T}},\boldsymbol{\xi}_2=(-1,-2,0,1)^{\mathrm{T}},\boldsymbol{x}=c_1\boldsymbol{\xi}_1+c_2\boldsymbol{\xi}_2$；当 $a\neq-8$ 时，$\boldsymbol{\xi}=(-1,-2,0,1)^{\mathrm{T}},\boldsymbol{x}=c\boldsymbol{\xi}$.

17. $a=1,\boldsymbol{x}=c_1(1,-1,1,0)^{\mathrm{T}}+c_2(0,-1,0,1)^{\mathrm{T}}$ **18.** $\begin{bmatrix}1&0&-3&2\\2&-3&0&1\end{bmatrix}$

19. 只要证明 $\boldsymbol{\beta}_1,\boldsymbol{\beta}_2,\boldsymbol{\beta}_3$ 是 $\boldsymbol{Ax}=\boldsymbol{0}$的 3 个线性无关解向量即可.

20. 即证 $\boldsymbol{\xi}=(1,1,\cdots,1)^{\mathrm{T}}$ 是 $\boldsymbol{Ax}=\boldsymbol{0}$的基础解系.

21. (1) $\boldsymbol{x}=(\frac{5}{4},-\frac{1}{4},0,0)^{\mathrm{T}}+c_1(3,3,2,0)^{\mathrm{T}}+c_2(-3,7,0,4)^{\mathrm{T}}$;

(2) $\boldsymbol{x}=(0,0,13,19,-34)^{\mathrm{T}}+c_1(1,0,0,-3,0)^{\mathrm{T}}+c_2(0,1,0,-2,0)^{\mathrm{T}}$.

22. 当 $a\neq-4$ 时，$\boldsymbol{\beta}=(5b+1)\boldsymbol{\alpha}_1-\dfrac{4ab+10b+a+4}{a+4}\boldsymbol{\alpha}_2-\dfrac{3b}{a+4}\boldsymbol{\alpha}_3$；当 $a=-4$ 且 $b\neq0$ 时，$\boldsymbol{\beta}$ 不能由 $\boldsymbol{\alpha}_1,\boldsymbol{\alpha}_2,\boldsymbol{\alpha}_3$ 线性表示；当 $a=-4$ 且 $b=0$ 时，$\boldsymbol{\beta}=\boldsymbol{\alpha}_1+(-1-2c)\boldsymbol{\alpha}_2+c\boldsymbol{\alpha}_3$（$c$ 为任意常数）

23. $x_1=c+\sum\limits_{i=1}^{4}a_i$，$x_2=c+\sum\limits_{i=2}^{4}a_i$，$x_3=c+a_3+a_4$，$x_4=c+a_4$，$x_5=c$（$c$ 为任意常数）.

24. (1) $b\neq-2$ 时无解；$b=-2$ 且 $a\neq-8$ 时，通解为 $\boldsymbol{x}=(-1,1,0,0)^{\mathrm{T}}+c(-1,-2,0,1)^{\mathrm{T}}$；$b=-2$ 且 $a=-8$ 时，通解为 $\boldsymbol{x}=(-1,1,0,0)^{\mathrm{T}}+c_1(4,-2,1,0)^{\mathrm{T}}+c_2(-1,-2,0,1)^{\mathrm{T}}$；

(2) 当 $a\neq1$ 且 $b\neq0$ 时有唯一解 $\boldsymbol{x}=\left(\dfrac{1-2b}{b(1-a)},\dfrac{1}{b},\dfrac{4b-2ab-1}{b(1-a)}\right)^{\mathrm{T}}$；当 $a=1$ 且 $b\neq\dfrac{1}{2}$时无解；当 $a=1$ 且 $b=\dfrac{1}{2}$时通解为 $\boldsymbol{x}=(2,2,0)^{\mathrm{T}}+c(-1,0,1)^{\mathrm{T}}$；当 $b=0$ 时无解.

25. $\boldsymbol{x}=(1,2,3,4)^{\mathrm{T}}+c(0,1,2,3)^{\mathrm{T}}$ **26.** $(1,2,0)^{\mathrm{T}},(0,0,3)^{\mathrm{T}}$ **27.** V_1 是，V_2 不是.

28. $(2,-1,3)^{\mathrm{T}}$ **29.** 只要证明向量组$\{\boldsymbol{\alpha}_1,\boldsymbol{\alpha}_2\}$与$\{\boldsymbol{\beta}_1,\boldsymbol{\beta}_2\}$等价.

30. $\begin{bmatrix}1&0&0\\-2&-2&0\\4&4&4\end{bmatrix}$

习题四(B)

1. (Ⅰ)的极大无关组可由(Ⅱ)的极大无关组线性表示，以及方程个数小于未知量个数的齐次线性方程组必有非零解.

2. 利用线性相关的定义及 $\boldsymbol{A}^m\boldsymbol{\alpha}=\boldsymbol{0}(m=k,k+1,\cdots)$

3. 利用(B)组第 1 题的结论及 $r(\boldsymbol{\alpha}_1,\cdots,\boldsymbol{\alpha}_n)\leqslant n$

4. 充分性利用上题，必要性利用 $n+1$ 个 n 维向量必线性相关.

5. (1) 利用定义；(2) 利用 $\boldsymbol{B}^{\mathrm{T}}\boldsymbol{A}^{\mathrm{T}}=\boldsymbol{I}_n$ 及本题(1)的结论.

6. 利用 $\boldsymbol{AB}$ 的列(行)向量组可由 $\boldsymbol{A}$ 的列($\boldsymbol{B}$ 的行)向量组线性表示，及(B)组第 1 题的结论.

7. 利用基础解系所含向量个数为 $n-r(\boldsymbol{A})=n-r(\boldsymbol{B})$.

8. 先证明方程组 $\boldsymbol{ABx}=\boldsymbol{0}$ 与 $\boldsymbol{Bx}=\boldsymbol{0}$ 同解，再利用上题.

10. $t_1\neq -t_2$.

复习题四

1. (1) 8 (2) -2 (3) 1 (4) 1 (5) 2 **2.** (1) C (2) D (3) B (4) B (5) C

3. 秩为 3，$\boldsymbol{\alpha}_1,\boldsymbol{\alpha}_2,\boldsymbol{\alpha}_3$ 为一个极大无关组，$\boldsymbol{\alpha}_4=\boldsymbol{\alpha}_1-\boldsymbol{\alpha}_2+2\boldsymbol{\alpha}_3$.

4. $\boldsymbol{\xi}_1=(-1,2,1,0)^{\mathrm{T}},\boldsymbol{\xi}_2=(1,-1,0,1)^{\mathrm{T}},\boldsymbol{x}=c_1\boldsymbol{\xi}_1+c_2\boldsymbol{\xi}_2$.

5. 当 $a\neq4$ 时有唯一解；当 $a=4$ 且 $b\neq1$ 时无解；当 $a=4$ 且 $b=1$ 时，通解 $\boldsymbol{x}=(-1,1,0,0)^{\mathrm{T}}+c_1(1,-2,1,0)^{\mathrm{T}}+c_2(1,-2,0,1)^{\mathrm{T}}$.

7. $\boldsymbol{x}=(1,2,3,4)^{\mathrm{T}}+c(0,2,-1,1)^{\mathrm{T}}$.

习题五(A)

2. (1) $\lambda_1=7$, $(1,1)^{\mathrm{T}}$; $\lambda_2=-2$, $(4,-5)^{\mathrm{T}}$; (2) $\lambda_1=\lambda_2=2$, $(1,0,0)^{\mathrm{T}}$, $(0,-2,1)^{\mathrm{T}}$; $\lambda_3=3$, $(1,1,0)^{\mathrm{T}}$; (3) $\lambda_1=1$, $(1,1,1)^{\mathrm{T}}$; $\lambda_2=2$, $(2,3,3)^{\mathrm{T}}$; $\lambda_3=3$, $(1,3,4)^{\mathrm{T}}$; (4) $\lambda_1=\lambda_2=2$, $(1,1,0)^{\mathrm{T}}$, $(1,0,1)^{\mathrm{T}}$; $\lambda_3=6$, $(1,3,2)^{\mathrm{T}}$.

3. $k=-2,\lambda=1$；或 $k=1,\lambda=\dfrac{1}{4}$ **6.** $\dfrac{3}{4}$ **7.** $\dfrac{4}{3}$ **9.** -3

10. λ_i-3, $i=1,2,\cdots,n$ **11.** $\dfrac{1}{2},k_1\boldsymbol{x}_1$; $\dfrac{1}{6}$, $k_2\boldsymbol{x}_2$; $\dfrac{1}{3}$, $k_3\boldsymbol{x}_3\,(k_i\neq0,i=1,2,3)$

12. (1) $\boldsymbol{\beta}=2\boldsymbol{x}_1-2\boldsymbol{x}_2+\boldsymbol{x}_3$ (2) $(3,13,51)^{\mathrm{T}}$ **15.** $\boldsymbol{P}^{-1}\boldsymbol{x}$ **16.** 6.

17. (1) $\lambda_1=\lambda_2-1$, $(1,-1,0)^{\mathrm{T}}$; $\lambda_3=3$, $(1,1,0)^{\mathrm{T}}$;

(2) $\begin{bmatrix}1&1&0\\0&-3&-2\\1&1&1\end{bmatrix},\begin{bmatrix}-1&&\\&2&\\&&3\end{bmatrix}$; (3) $\begin{bmatrix}3&1&1\\-1&-1&2\\7&2&2\end{bmatrix},\begin{bmatrix}1&&\\&2&\\&&-1\end{bmatrix}$;

(4) $\begin{bmatrix}1&-2&0\\0&0&1\\0&1&0\end{bmatrix},\begin{bmatrix}2&&\\&3&\\&&3\end{bmatrix}$; (5) $\begin{bmatrix}1&3&7\\1&2&3\\1&1&1\end{bmatrix},\begin{bmatrix}0&&\\&1&\\&&2\end{bmatrix}$;

(6) $\lambda_1=\lambda_2=\lambda_3=-1$, $(1,0,1)^{\mathrm{T}}$，不能对角化；

(7) $\begin{bmatrix}1&-1&1\\1&0&1\\0&1&2\end{bmatrix},\begin{bmatrix}-2&&\\&-2&\\&&4\end{bmatrix}$;

(8) $\lambda_1=\lambda_2=0$, $(1,3,2)^{\mathrm{T}}$; $\lambda_3=1$, $(1,1,1)^{\mathrm{T}}$，不能对角化.

21. (1) $a=0,\begin{bmatrix}1&0&1\\2&0&-2\\0&1&0\end{bmatrix},\begin{bmatrix}6&&\\&6&\\&&-2\end{bmatrix}$;

(2) 特征值为 $a,1,2$；当 $a\neq1$ 且 $a\neq2$ 时，$\begin{bmatrix}-2&-2&-3\\1&1&1\\a-1&0&0\end{bmatrix},\begin{bmatrix}a&&\\&1&\\&&2\end{bmatrix}$;

当 $a=2$ 时，$\begin{bmatrix}-3 & 1 & -2\\ 1 & 0 & 1\\ 0 & 1 & 0\end{bmatrix}$，$\begin{bmatrix}2 & & \\ & 2 & \\ & & 1\end{bmatrix}$；当 $a=1$ 时不能对角化.

22. $\boldsymbol{A}$ 与 $\boldsymbol{B}$ 有相同的特征值:2,2,4；$\boldsymbol{P}=\begin{bmatrix}2 & 0 & 0\\ 1 & 0 & 1\\ 0 & 1 & 3\end{bmatrix}$,使 $\boldsymbol{P}^{-1}\boldsymbol{B}\boldsymbol{P}=\mathrm{diag}(2,2,4)$;$\boldsymbol{A}$ 不能对角化;$\boldsymbol{A}$ 与 $\boldsymbol{B}$ 不相似.

23. $\frac{1}{3}\begin{bmatrix}7 & 0 & -2\\ 0 & 5 & -2\\ -2 & -2 & 6\end{bmatrix}$；　**24.** $-\boldsymbol{I}$

25. (1) $x=0,y=1$,$\boldsymbol{A}$ 的特征值为 $2,y,-1$,可利用性质 5.2；(2) $\begin{bmatrix}1 & 0 & 0\\ 0 & 1 & 1\\ 0 & 1 & -1\end{bmatrix}$

29. $\frac{1}{\sqrt{3}}(1,1,1)^{\mathrm{T}}$,$\frac{1}{\sqrt{2}}(-1,0,1)^{\mathrm{T}}$,$\frac{1}{\sqrt{6}}(1,-2,1)^{\mathrm{T}}$.

30. (1) $\frac{1}{\sqrt{5}}\begin{bmatrix}1 & 2\\ 2 & -1\end{bmatrix}$,$\begin{bmatrix}5 & \\ & 10\end{bmatrix}$；(2) $\begin{bmatrix}\frac{1}{\sqrt{3}} & \frac{1}{\sqrt{2}} & \frac{1}{\sqrt{6}}\\ -\frac{1}{\sqrt{3}} & 0 & \frac{2}{\sqrt{6}}\\ \frac{1}{\sqrt{3}} & -\frac{1}{\sqrt{2}} & \frac{1}{\sqrt{6}}\end{bmatrix}$,$\begin{bmatrix}1 & & \\ & 2 & \\ & & 4\end{bmatrix}$；

(3) $\begin{bmatrix}-\frac{1}{\sqrt{2}} & \frac{1}{\sqrt{6}} & \frac{1}{\sqrt{3}}\\ \frac{1}{\sqrt{2}} & \frac{1}{\sqrt{6}} & \frac{1}{\sqrt{3}}\\ 0 & -\frac{2}{\sqrt{6}} & \frac{1}{\sqrt{3}}\end{bmatrix}$,$\begin{bmatrix}-1 & & \\ & -1 & \\ & & 5\end{bmatrix}$；(4) $\frac{1}{\sqrt{2}}\begin{bmatrix}\sqrt{2} & 0 & 0\\ 0 & 1 & 1\\ 0 & 1 & -1\end{bmatrix}$,$\begin{bmatrix}2 & & \\ & 2 & \\ & & -4\end{bmatrix}$

31. $\boldsymbol{A}$ 的另一特征值为 0,利用例 5.13 的方法,得 $\boldsymbol{A}=\begin{bmatrix}4 & 2 & 2\\ 2 & 4 & -2\\ 2 & -2 & 4\end{bmatrix}$

习题五(B)

1. $\lambda_1=\lambda_2=1,\lambda_3=-1;x+y=0$

2. (1) $\boldsymbol{O}$；(2) 不妨设 $a_1b_1\neq 0$,$\boldsymbol{A}$ 的特征值全为 0,对应的全部特征向量为 $c_1(-\frac{b_2}{b_1},1,0,\cdots,0)^{\mathrm{T}}+c_2(-\frac{b_3}{b_1},0,1,\cdots,0)^{\mathrm{T}}+\cdots+c_{n-1}(-\frac{b_n}{b_1},0,0,\cdots,1)^{\mathrm{T}}$,其中 $c_1,\cdots,c_{n-1}$ 为不全为零的任意常数.

3. (1) 利用 $3-r(2\boldsymbol{I}-\boldsymbol{A})=2$,或 $r(2\boldsymbol{I}-\boldsymbol{A})=1$,得 $x=2,y=-2$；

(2) $\boldsymbol{P}=\begin{bmatrix}1&1&1\\-1&0&-2\\0&1&3\end{bmatrix}$, $\boldsymbol{P}^{-1}\boldsymbol{AP}=\begin{bmatrix}2&&\\&2&\\&&6\end{bmatrix}$.

4. $\boldsymbol{P}=\dfrac{1}{\sqrt{2}}\begin{bmatrix}1&1\\1&-1\end{bmatrix}$, $\boldsymbol{P}^{-1}\boldsymbol{AP}=\boldsymbol{P}^{\mathrm{T}}\boldsymbol{AP}=\begin{bmatrix}1&\\&5\end{bmatrix}$, $\varphi(\boldsymbol{A})=-2\begin{bmatrix}1&1\\1&1\end{bmatrix}$

复习题五

1. (1) 1 (2) 3 (3) -3 (4) $a=-1, b=2$ (5) -3 (6) 2 (7) 1 (8) 2 (9) $a\neq 2$ (10) $\mathrm{diag}(-1,-1,-1,0)$.

2. (1) B (2) A (3) B (4) C (5) D

3. $\lambda_1=1$, $(1,0,0)^{\mathrm{T}}$; $\lambda_2=5$, $(0,-1,1)^{\mathrm{T}}$; $\lambda_3=10$, $(0,4,1)^{\mathrm{T}}$

4. -25

5. $\begin{bmatrix}2&-1&3\\1&0&5\\0&1&6\end{bmatrix}$

6. (1) $a=-3, b=0, \lambda=-1$; (2) 不与对角矩阵相似,因为 $\boldsymbol{A}$ 的特征值为 $\lambda_1=\lambda_2=\lambda_3=-1$,但矩阵 $-\boldsymbol{I}-\boldsymbol{A}$ 的秩为 2,或用反证法可说明 $\boldsymbol{A}$ 不相似于对角矩阵.

7. $\begin{bmatrix}\frac{1}{\sqrt{3}}&-\frac{1}{\sqrt{2}}&\frac{1}{\sqrt{6}}\\\frac{1}{\sqrt{3}}&\frac{1}{\sqrt{2}}&\frac{1}{\sqrt{6}}\\\frac{1}{\sqrt{3}}&0&-\frac{2}{\sqrt{6}}\end{bmatrix}$, $\begin{bmatrix}3&&\\&0&\\&&0\end{bmatrix}$

8. $a=-1$, $\boldsymbol{Q}=\begin{bmatrix}\frac{1}{\sqrt{6}}&\frac{1}{\sqrt{3}}&-\frac{1}{\sqrt{2}}\\\frac{2}{\sqrt{6}}&-\frac{1}{\sqrt{3}}&0\\\frac{1}{\sqrt{6}}&\frac{1}{\sqrt{3}}&\frac{1}{\sqrt{2}}\end{bmatrix}$, $\boldsymbol{D}=\mathrm{diag}(2,5,-4)$.

习题六(A)

1. $\begin{bmatrix}6&-2&2\\-2&5&0\\2&0&7\end{bmatrix}$,秩为 3.

2. (1) $2y_1^2+2y_2^2$, $\begin{bmatrix}1&0&0\\0&\frac{1}{\sqrt{2}}&\frac{1}{\sqrt{2}}\\0&-\frac{1}{\sqrt{2}}&\frac{1}{\sqrt{2}}\end{bmatrix}$ (2) $4y_1^2-y_2^2+y_3^2$, $\begin{bmatrix}\frac{1}{\sqrt{3}}&\frac{1}{\sqrt{2}}&\frac{1}{\sqrt{6}}\\\frac{1}{\sqrt{3}}&-\frac{1}{\sqrt{2}}&\frac{1}{\sqrt{6}}\\\frac{1}{\sqrt{3}}&0&-\frac{2}{\sqrt{6}}\end{bmatrix}$

(3) $9y_1^2+9y_2^2$，$\frac{1}{3}\begin{bmatrix}1 & 2 & 2\\ 2 & 1 & -2\\ 2 & -2 & 1\end{bmatrix}$ (4) $9y_1^2+9y_2^2-9y_3^2$，$\begin{bmatrix}\frac{2}{3} & \frac{1}{\sqrt{2}} & \frac{1}{3\sqrt{2}}\\ \frac{1}{3} & 0 & -\frac{4}{3\sqrt{2}}\\ \frac{2}{3} & -\frac{1}{\sqrt{2}} & \frac{1}{3\sqrt{2}}\end{bmatrix}$

3. 用正交变换化成的标准形为 $f=y_1^2+2y_2^2+5y_3^2$；用配方法化成的标准形为 $f=2z_1^2+3z_2^2+\frac{5}{3}z_3^2$.

4. (1) $2y_1^2-y_2^2-3y_3^2$，$\boldsymbol{x}=\boldsymbol{C}\boldsymbol{y},\boldsymbol{C}=\begin{bmatrix}1 & 1 & -1\\ 0 & 1 & -1\\ 0 & 0 & 1\end{bmatrix}$；

(2) $y_1^2-y_2^2-4y_3^2$，$\boldsymbol{x}=\boldsymbol{C}\boldsymbol{y},\boldsymbol{C}=\begin{bmatrix}1 & 1 & -1\\ 1 & -1 & -4\\ 0 & 0 & 1\end{bmatrix}$

5. (2)既是相似的，又是合同的. **6.** $\alpha=\beta=0$

7. $a=3,b=1$，$\begin{bmatrix}\frac{1}{\sqrt{2}} & \frac{1}{\sqrt{3}} & \frac{1}{\sqrt{6}}\\ 0 & -\frac{1}{\sqrt{3}} & \frac{2}{\sqrt{6}}\\ -\frac{1}{\sqrt{2}} & \frac{1}{\sqrt{3}} & \frac{1}{\sqrt{6}}\end{bmatrix}$.

8. $c=3$，$4y_2^2+9y_3^2$

9. $a=1,b=2,\boldsymbol{Q}=\frac{1}{\sqrt{5}}\begin{bmatrix}2 & 0 & 1\\ 0 & \sqrt{5} & 0\\ 1 & 0 & -2\end{bmatrix}$. f 经正交变换 $\boldsymbol{x}=\boldsymbol{Q}\boldsymbol{y}$ 化成 $2y_1^2+2y_2^2-3y_3^2$.

10. (1) $\boldsymbol{A}$ 的特征值为 1,1,0,$(1,0,1)^{\mathrm{T}}$ 为 $\boldsymbol{A}$ 的属于 $\lambda_3=0$ 的特征向量，可利用例 5.13 的方法求得 $\boldsymbol{A}=\frac{1}{2}\begin{bmatrix}1 & 0 & -1\\ 0 & 2 & 0\\ -1 & 0 & 1\end{bmatrix}$；(2) 由 $\boldsymbol{A}$ 的特征值得 $\boldsymbol{A}+\boldsymbol{I}$ 的特征值为 2,2,1，再利用定理 6.5.

11. (1) 不是，(2)、(3)及(4)是. **12.** $\lambda>2$

13. 利用 $\boldsymbol{e}_i^{\mathrm{T}}\boldsymbol{A}\boldsymbol{e}_i=a_{ii}$，其中 $\boldsymbol{e}_i=(0,\cdots,1,0,\cdots,0)^{\mathrm{T}}$，$\boldsymbol{A}=(a_{ij})_{n\times n}$.

14. 只要证明对于任意 $\boldsymbol{x}\in\mathbf{R}^n$，$\boldsymbol{x}\neq 0$，恒有 $\boldsymbol{x}^{\mathrm{T}}(\lambda\boldsymbol{A}+\mu\boldsymbol{B})\boldsymbol{x}>0$

15. 利用定理 6.5. **16.** (1) $x'^2+2y'^2+4z'^2=1$；(2) $6y'^2-2z'^2=1$

习题六(B)

1. $1+a_1a_2a_3\neq 0$

2. 只要证明对于 $\mathbf{R}^n$ 中任意非零向量 $\boldsymbol{x}$，都有 $\boldsymbol{x}^{\mathrm{T}}(\lambda\boldsymbol{I}+\boldsymbol{A}^{\mathrm{T}}\boldsymbol{A})\boldsymbol{x}>0$，并利用 $\boldsymbol{x}^{\mathrm{T}}\boldsymbol{A}^{\mathrm{T}}\boldsymbol{A}\boldsymbol{x}=\|\boldsymbol{A}\boldsymbol{x}\|^2\geqslant 0$

3. 对于任意 $\boldsymbol{x}=(x_1,x_2,\cdots,x_k,0,\cdots,0)^{\mathrm{T}}\neq\mathbf{0}$，由 $\boldsymbol{A}$ 正定，恒有 $\boldsymbol{x}^{\mathrm{T}}\boldsymbol{A}\boldsymbol{x}>0$，即 $\sum\limits_{i=1}^{k}\sum\limits_{j=1}^{k}a_{ij}x_ix_j>0$，这表明矩阵 $(a_{ij})_{k\times k}$ 为正定矩阵，再利用推论 6.1，知 $\det(a_{ij})_{k\times k}=\Delta_k>0$ $(k=1,2,\cdots,n)$.

4. $\boldsymbol{A}$ 的所有特征值都小于零；$\boldsymbol{A}$ 的奇数阶顺序主子式都小于零，而偶数阶顺序主子式都大于零.

复习题六

1. (1) $\begin{bmatrix}1&-1&1\\-1&3&4\\1&4&5\end{bmatrix}$；(2) $a=5$；(3) $y_1^2+3y_2^2$；(4) $a>4$；(5) 0.

2. (1) B (2) D (3) A (4) A

3. $2y_1^2+y_2^2+5y_3^2$，$\boldsymbol{x}=\boldsymbol{P}\boldsymbol{y}$，$\boldsymbol{P}=\dfrac{1}{\sqrt{2}}\begin{bmatrix}\sqrt{2}&0&0\\0&-1&1\\0&1&1\end{bmatrix}$ **4.** $a=2$，$b=3$，$\boldsymbol{P}=\dfrac{1}{\sqrt{2}}\begin{bmatrix}1&-1\\1&1\end{bmatrix}$

5. 若 $\boldsymbol{A}^{\mathrm{T}}\boldsymbol{A}$ 为正定矩阵，则它是可逆矩阵，有 $n=r(\boldsymbol{A}^{\mathrm{T}}\boldsymbol{A})\leqslant r(\boldsymbol{A})\leqslant n$，从而得 $r(\boldsymbol{A})=n$；若 $r(\boldsymbol{A})=n$，则对于 $\mathbf{R}^n$ 中任意非零向量 $\boldsymbol{x}$，都有 $\boldsymbol{A}\boldsymbol{x}\neq 0$（否则 $\boldsymbol{A}\boldsymbol{x}=\mathbf{0}$，则 $\boldsymbol{x}=\mathbf{0}$），从而对 $\mathbf{R}^n$ 中任意非零向量 $\boldsymbol{x}$，都有 $\boldsymbol{x}^{\mathrm{T}}(\boldsymbol{A}^{\mathrm{T}}\boldsymbol{A})\boldsymbol{x}=(\boldsymbol{A}\boldsymbol{x})^{\mathrm{T}}(\boldsymbol{A}\boldsymbol{x})=\|\boldsymbol{A}\boldsymbol{x}\|^2>0$，故由定义知实对称矩阵 $\boldsymbol{A}^{\mathrm{T}}\boldsymbol{A}$ 是正定矩阵.

6. 充分性：利用定义；必要性：设 $\boldsymbol{A}$ 为正定矩阵，则存在正交矩阵 $\boldsymbol{P}$，使 $\boldsymbol{A}=\boldsymbol{P}\mathrm{diag}(\lambda_1,\lambda_2,\cdots,\lambda_n)\boldsymbol{P}^{\mathrm{T}}$，其中 $\lambda_i>0(i=1,\cdots,n)$，$\Rightarrow$ $\boldsymbol{A}=\boldsymbol{P}\mathrm{diag}(\sqrt{\lambda_1},\sqrt{\lambda_2},\cdots,\sqrt{\lambda_n})\boldsymbol{P}^{\mathrm{T}}\boldsymbol{P}\mathrm{diag}(\sqrt{\lambda_1},\sqrt{\lambda_2},\cdots,\sqrt{\lambda_n})\boldsymbol{P}^{\mathrm{T}}$ $=\boldsymbol{M}^{\mathrm{T}}\boldsymbol{M}$，其中矩阵 $\boldsymbol{M}=\boldsymbol{P}\mathrm{diag}(\sqrt{\lambda_1},\sqrt{\lambda_2},\cdots,\sqrt{\lambda_n})\boldsymbol{P}^{\mathrm{T}}$ 为可逆矩阵.